工业信息化技术丛书

分布式制造系统智能协调控制理论与模型

顾文斌　郑　堃　戴　敏　著

电子工业出版社

Publishing House of Electronics Industry

北京·BEIJING

内 容 简 介

本书从分布式制造系统、智能控制系统和生物系统学科交叉的角度，系统、详细地介绍了如何利用生物有机体的神经—体液—免疫自适应调控机制和规律来解决智能制造系统的自适应、自组织和全局优化控制等问题。全书共 9 章，主要内容包括：现代制造系统研究进展，基于生物启发的智能制造系统仿生控制体系，基于 BIMS 的生产资源动态调度，基于生物启发式智能算法的绿色工艺规划，基于内分泌调节机制的柔性流水车间绿色调度问题，基于内分泌激素调节机制的 AGV 与机床在线同时调度，基于神经内分泌免疫调节机制的 BIMS 扰动处理研究，基于激素反应扩散原理的制造系统动态协调机制，基于神经内分泌多重反馈机制的 WIP 库存优化控制。

本书可作为高等学校机械类本科生、研究生的辅助教材，也可作为企业工程师的参考资料，还可为科学研究人员提供参考。

图书在版编目（CIP）数据

分布式制造系统智能协调控制理论与模型 / 顾文斌，郑堃，戴敏著. —北京：电子工业出版社，2020.12
（工业信息化技术丛书）

ISBN 978-7-121-38656-5

Ⅰ. ①分… Ⅱ. ①顾… ②郑… ③戴… Ⅲ. ①智能制造系统—协调控制—研究 Ⅳ. ①TH166

中国版本图书馆 CIP 数据核字（2020）第 037255 号

责任编辑：刘志红（lzhmails@phei.com.cn）　　　　特约编辑：李　娇　顾慧芳
印　　刷：三河市鑫金马印装有限公司
装　　订：三河市鑫金马印装有限公司
出版发行：电子工业出版社
　　　　　北京市海淀区万寿路 173 信箱　邮编：100036
开　　本：700×1 000　1/16　印张：17.5　字数：282 千字
版　　次：2020 年 12 月第 1 版
印　　次：2020 年 12 月第 1 次印刷
定　　价：128.00 元

凡所购买电子工业出版社图书有缺损问题，请向购买书店调换。若书店售缺，请与本社发行部联系，联系及邮购电话：（010）88254888，88258888。

质量投诉请发邮件至 zlts@phei.com.cn，盗版侵权举报请发邮件至 dbqq@phei.com.cn。

本书咨询联系方式：（010）88254479，lzhmails@phei.com.cn。

前　言

随着世界经济一体化、市场竞争的加剧，用户驱动越来越左右产品的生产，我国制造业面临越来越多的挑战：产品多样化，用户需求个性化，产品生命周期缩短，产品更新的速度不断加快，产品批量的减少，等等。这使分布式制造系统的生产组织模式必须从单纯的面向产品生产转变为面向市场和客户的需求，要求其能够针对瞬息变化的市场环境做出快速、有效的调整。分布式制造系统内部运行环境也面临着挑战，不确定性随机事件频繁发生，如订单变更、人员缺席、设备故障等。为了应对这些挑战，在分布式制造系统的组织和调控层面，要求其具有处理动态事件的自组织能力、加工复杂产品所需的柔性，以及应对干扰保持系统稳健性的能力。在分布式制造系统决策层面，要求决策技术能及时响应干扰，并且能满足多目标要求（如时间、质量、成本、柔性等）。因此，如何寻找合理的分布式制造系统自组织调控方式和决策优化技术来有效地应对动态的制造环境，并快速地适应各种变化的需求是当前分布式制造系统必须考虑的关键问题。

目前，国内的制造技术已达到相当高的水平，不少制造企业正在按照中国制造强国战略稳步发展，并取得了一定的阶段性成果。但是要真正实现中国制造强国战略目标，不仅需要先进的分布式制造系统应用技术，还需要研究解决当前分布式制造系统的瓶颈，即分布式制造系统的基础理论方面的问题。目前制造工程领域存在的"制造系统应用技术发达而制造系统基础研究薄弱"这种明显不对称现象，正在制约着我国制造业、制造技术和制造工程学科的发展。

在此背景下，本专著以动态环境中的分布式制造系统为研究对象，借鉴生物系统的激素调控规律提出基于生物启发的分布式制造系统智能协调与控制理论方法，并对问题模型的建立进行分析。首先，借鉴生物体的激素调节规律提出分布式制造系统的数字激素，对分布式制造系统的数字激素调控行为进行分析；通过分析生产资源数字激素的释放与反应机理，设计局部生产资源之间动态、有机的自组织调控运作方式；基于数字激素的全局主导和局部自治特性，研究干扰环境下分布式制造系统的实时决策方法及平衡生产计划局部与全局决策优化技术；基于生物启发式智能算法，研究其在分布式制造系统中的绿色工艺规划和生产调度问题中的应用；基于内分泌激素调节机制，研究分布式制造系统中物流系统与生产设备之间的协同调度问题；基于神经内分泌多重反馈机制，研究分布式制造系统中 WIP 库存优化控制问题。本专著将深入研究分布式制造系统的相关智能协调控制技术与理论，以期为中国制造强国战略的实施做出应有的贡献。

感谢国家自然科学基金（编号：51875171，51805244）、中央高校基本科研业务费（编号：2019B21614）、南京工程学院人才引进基金（编号：YKJ201622）及江苏省先进数控技术重点实验室开放基金（编号：KXJ201606）对本书研究工作的支持。在撰写本书过程中，得到了课题组同仁们的大力支持，感谢唐敦兵教授一直以来的帮助和指导，感谢郑堃博士和戴敏博士的协同配合。作者希望本书的出版能对提升企业的智能制造水平具有一定的参考价值；同时，还希望对培养分布式制造系统智能协调控制领域的本科生、研究生有所帮助。

由于作者学术水平有限，书中难免存在不足之处，恳请同行和读者批评指正。

顾文斌

2020 年 1 月 16 日

目　录

第 1 章

现代制造系统研究进展

1.1 现代制造系统发展趋势

制造技术是人类社会生存、发展的前提和基础。自两次工业革命以来，人类制造技术获得了空前发展，生活水平也有了极大的提升，尽管当前以金融、文化、旅游等为要素的第三产业蓬勃发展，但制造业仍然是国民经济的基础与支柱，与国家安全也有着密不可分的联系，是今后我国经济"创新驱动、转型升级"的主战场。18 世纪中叶开启工业文明以来，世界强国的兴衰史和中华民族的奋斗史一再证明，没有强大的制造业，就没有国家和民族的强盛。因此，各个国家都非常重视制造业乃至制造技术的更新换代，这在日本、德国、美国等传统制造强国中表现尤为明显。我国已经成为制造大国，但仍然不是制造强国。因此，打造中国制造新优势，实现由制造大国向制造强国的转变，对我国新时期的经济发展很重要，也很迫切。打造具有国际竞争力的制造业，是我国提升综合国力、保障国家安全、建设世界强国的必由之路。

随着嵌入式计算机技术、信息网络技术和物联网技术等技术的快速发展，当前国际制造业出现了新的发展趋势，国际制造业大国纷纷提出了自己的先进制造业发展规划，如德国的"工业 4.0"战略计划、美国的"先进制造业伙伴关系"和"先进制造业国家战略"计划、英国的"高价值制造战略"，以及中国的"中国制造强国战略"等。随着未来制造业向着高度信息化、自动化、智能化的方向发展，现代制造系统的概念、模式和实施手段在不断地延伸和变化。

世界经济一体化、市场竞争的加剧及用户驱动对产品的生产提出了更高的要求，这使制造系统的生产组织模式必须从单纯的面向产品生产转变为面向市场和客户的需求，要求其能够针对瞬息变化的市场环境做出快速、有效的调整。制造系统内部运行环境也面临着挑战，不确定性随机事件频繁发生。为了应对这些挑战，在制造系统的协调和组织结构层面，要求其具有处理动态事件的自组织和自适应能力、加工复杂产品所需的柔性，以及应对干扰保持系统稳健性的能力；在制造系统调度层面，要求调度技术能及时响应干扰，并且能满足多目标的优化（如时间、质量、成本、柔性等）。因此，如何寻找合理的制造系统生产协调方式和调度技术来有效地应对动态的制造环境，并快速地适应各种动态变化的需求是现代制造系统在当前形势下必须考虑的关键问题。

为了满足现代制造系统对自组织性、自适应性和稳健性的需求，国内外众多专家学者针对制造系统的控制系统中的一些共性问题（如控制系统的自适应性、动态自组织性和稳健性等）进行研究，在网络化技术、计算机信息科学技术和人工智能技术发展的基础上，以制造系统关键需求和应对战略为源驱动力，从制造系统控制结构和组织模式等多方面入手，提出了很多新的先进制造系统的智能控制与协调组织模式，如多智能体制造系统（Multi-Agent Manufacturing System，MAMS）、分形制造系统（Fractal Manufacturing System，FrMS）、Holonic 制造系统（Holonic Manufacturing System，HMS）、生物型制造系统（Biological Manufacturing System，BMS）等。这些智能制造系统控制协调模式基本上是相互独立的，并且针对制造需求也各不相同，没有一种智能控制模型能够适应所有类型的制造系统，各自均有自己的优越性、局限性和使用范围。然而，在对制造系统智能控制系统的结构和组织模型进行研究时，发现其中智能、自适应、自组织、敏捷、自律协同等很多具有生物学意义的关键词出现得越来越多，而生物系统的最基本特性恰恰是自组织与自适应，这引起了研究者的注意。地球上的生物系统经过漫长的自然进化，生命结构与功能一直在不断优化与完善，其复杂多样的控制结构、器官功能及内部各种协调机制在生命系统运作过程中所表现出来的适应性、高效性和可靠性等优良特性尤其值得我们在研究复杂的制造系统智能控制协调机制时借鉴和参考。

那么，生物系统内部的一些优良特性能够为现代制造系统建模提供什么样的启示呢？随着人工智能控制技术的发展，相关专家、学者对人体自身信息处理系统的研究也越来越多。通过对人体信息处理系统自适应、自组织、分布式信息处理等特点的研究，人们提出了很多不同的智能算法，如人工神经网络、遗传算法、人工免疫算法等。然而，在人体生理调节系统中起到重要作用的内分泌系统的信息处理机制的研究才刚刚起步，但其中的分布式调节机制却与现代制造系统中的很多控制情况相似。从生物控制论的角度解释了人体的一些自适应控制机制和规律，并对生物系统的子系统与工程控制中的一些系统结构与功能进行了对比，发现两者在很多方面具有惊人的相似性，并且都可以通过相同或相似的组成部分来描述其控制机制。如果从结构上将复杂制造系统与生物系统进行类比，我们会发现两者有很多相似之处，生物系统中的很多控制协调特性可以借鉴并用到制造系统中（见图 1.1）。

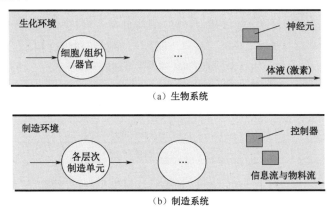

图 1.1　生物系统与制造系统的类比

因此，在这种情况下，对生物内分泌协调控制机制在现代智能制造系统协调控制中的应用进行了研究，提出了基于神经内分泌调节机制的类生物化智能制造系统（Bio-inspired Intelligent Manufacturing System，BIMS）的概念。这是以系统的自组织、小规模自治及自组织为主要特征，通过生物控制论、大系统建模、人工智能等多学科交叉的手段，实现快速响应和高效生产的新型智能制造系统。

生命系统是由最底层的细胞在微观上根据具体生命形态构成的基本组织，然后不同的组织根据外界刺激和生命体的需要构成具有一定功能的器官，再由不同功能的器官组成不同的生命形态。与生命系统类似，现代制造系统也是由许多基础的组成实体（如物料运输设备、机器人、AGV、加工设备及其他制造资源）构成的一个高度分散的自治式制造系统。表 1.1 中可以比较清晰地看出生物系统与制造系统之间存在着深度的相似之处，如细胞类比于制造资源（机床、AGV 等），组织类比于制造单元，器官类比于车间，应激源类比于任务（订单）等。在制造业日趋信息化，而生命科学走向工程化的今天，这种相似性显得更加突出。因此，在搭建复杂而庞大的现代制造系统时，参考模拟生物系统的结构形式，赋予制造系统的组成实体或子系统一定的自治能力，不仅可以简化系统各单元的耦合关系，有效提高系统的开放性、灵活性、可重组性和可扩展性，而且可以有效提高整个系统的智能自组织能力和对环境的动态自适应能力。因此，本书受生物内分泌调节机制及其控制结构的启发，分别从激素的分泌、传递及反馈等方面对类生物化制造系统的控制结构及协调机制进行了相关研究。

表 1.1 制造系统与生命系统的类比

制 造 系 统	生 命 系 统
生产设备	细胞
制造单元	组织（腺体）
车间	器官
任务（订单）	激励
制造资源重构	生物自组织
加工设备对任务的吸引程度	体液循环中激素浓度

续表

制 造 系 统	生 命 系 统
信息流、物料流	体液循环
生产成本、加工时间等自优化	体温、血压、消化过程等自适应调节
制造资源模型（设备 单元 车间 企业）	生物系统结构（细胞—组织—器官—系统）

综上所述，本书将"基于神经内分泌系统的智能制造系统控制与协调技术"作为主要研究方向，通过对大量国内外关于智能制造系统的最新研究成果进行研究和分析，实时把握其最新发展动向，密切关注大系统控制论、仿生智能控制、协调算法与智能机器等相关学科的最新研究进展。根据上述分析发现的制造系统存在的问题和实际需求，对类生物化制造系统中的基本组织模型、控制结构、调度算法及协调机制等方面进行深入研究，积极探索新的解决现代制造系统控制协调中的不足、优化制造系统性能的组织模式和控制协调方法，以便将基于神经内分泌系统的优良调控机制更快地推向实际应用，从而提高我国现代制造系统对动态化市场需求的快速敏捷的响应能力，使我国企业能够在全球化市场的激烈竞争中具有更大的优势。

1.2 制造系统生产调度问题研究现状

1.2.1 制造系统生产调度问题的复杂性

针对市场需求面向多品种、小批量定制的发展模式，产品的结构表现出更多的 BOM、工序种类繁多及其生产加工要求多车间、多机床及多 AGV 协调生产等特性，合理而有效的调度将是制造系统实现高效生产的关键技术之一。调度优化针对若干可以分解的任务，在满足一定的约束条件下，安排其组成部分所占用的生产资源以确定所有任务的某一项或者某几项性能指标达到最优。1954 年，美国学者 Johnson 在他发表的文章中首次阐述了流水车间（Flow Shop）调度问题，从此，生产调度问题的研究开始受到运筹学、应用数学和工程技术等领域的专家学者的重视，并且取得了一系列的丰富理论成果。

生产调度问题一般采用 $\alpha/\beta/\gamma$ 三元组的方法对其进行描述，其中，α 用于描述机器环境类型，β 用于描述约束和限制要求，γ 用于描述某一项或者某几项性能指标最优要求。

生产调度作为制造系统研究对象之一，它是企业生产管理系统的关键。一个良好的生产调度方案，能够在不增加其他成本的基础上，提升车间的生产效率，提高企业的竞争力。在实际的企业生产中，生产调度问题往往非常复杂，该类问题通常具有如下固有特性。

（1）调度目标的多元化。车间调度问题的研究，大多数是以完工时间最短为调度目标函数。在企业的实际生产调度中，为了均衡客户需求和自身经济效益，企业决策者往往不会仅考虑单一的优化目标，最短完工时间、最小拖延时间、成本最低、能耗最低、机器最大负荷、总负荷等都是车间调度的优化目标。在每次实际生产调度中，往往不止考虑一个目标。

（2）调度条件的约束化。车间调度方案的确定，往往需要考虑各种约束条件，包括任务本身的约束条件，如每道加工工序要满足基准先行、先面后孔、先粗后精等约束要求。另外，车间调度资源的约束、任务对加工机器的约束、AGV 的约束，以及其他一些约束都是在建立目标函数时需要考虑的。

（3）调度对象的柔性化。在传统的车间调度中，每个工件的加工路径都是唯一的，即每个任务的加工工序固定，并且每道工序加工的机器也是固定的。而在实际的生产中，柔性生产调度往往更切合实际。柔性生产调度包括加工工艺的柔性、加工机器的柔性、加工方法的柔性。其中，加工工艺的柔性是指工件的加工路径不唯一，每条工艺路线上的工序也不相同；加工机器的柔性是指工件的加工工序可以由不同的机器完成，加工时间和资源消耗也不同；加工方法的柔性是指同一个加工特征可以用不同的加工方法实现。因为柔性生产调度既要对工序顺序进行调度，又要为每个工件选择合适的工艺(或为每道工序选择适当的加工机器)，所以比一般的车间调度更复杂。

（4）调度环境的动态化。多数的生产调度方案都是假定调度环境是静态的，即从加工开始到加工结束，所有的资源都是固定不变的。而在实际生产中，往往会出现突发情况，比如，机器发生故障，订单发生变化，有紧急工件插入，等等。这时，原有的调度方案就不再适用，为了保证企业的利益，就需要及时调整调度方案。动态调度能够根据加工条件的变化适时地调整调度方案，更符合企业的生产实际。动态调度一般是先对调度任务进行静态调度，然后再根据生产实际中出现的突发情况，对尚未完成的任务进行重调度。

（5）调度计算的复杂化。生产调度问题在大部分文献中已经被证明是一个NP-Complete 问题，该问题的复杂性在于随着问题规模的增加，可行解的数量快速递增，计算的强度呈指数级增大。

1.2.2 现代制造系统生产调度面临的需求

生产调度问题除了 1.2.1 节所述的一些固有特性，随着智能制造系统的发展，制造系统的生产组织模式发生了巨大的变化，生产调度问题也面临着新的挑战。由于生产车间是制造系统的重要组成部分和基本单元，是实施客户需求的真实场所，是工厂生产和管理的基本单位，是企业从事生产经营活动的基础，因此，其优良的调度方法和运作过程直接体现出制造系统的性能。如图 1.2 所示，从业务层次来看，生产车间是接纳上层物料、信息和状态反馈的聚集点，是工厂层的组成单元。

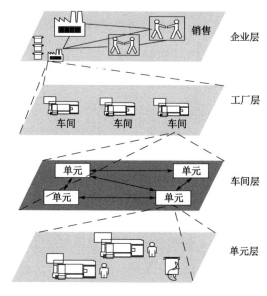

图 1.2 车间业务层次

在现代工厂车间里有不同柔性和自动化程度的生产设备，如数控（Numerical Control，NC）机床、计算机数控（Computer Numerical Control，CNC）机床和加工中心等，这些加工设备使生产车间成为具有高度柔性的生产系统。然而，可靠性和柔性程度高的生产制造系统不仅依赖于柔性的设备和组件，在组织生产、配置任务和资料的过程中采用良好的生产管理方式和优秀的调度技术也具有非常重要的作用。合适的调度技术和优化方法是制造车间高效运行的保证。因此，研究高可靠性和高柔性的生产调度技术已经成为现代智能制造系统领域的关键性问题之一。同时，现代智能制造系统处在一个动态的运行环境中，许多不可预知的动态事件频繁发生，如紧急订单、订单取消、设备故障或工艺路线变化等。为了快速地适应这些动态变化，智能制造系统对调度技术实时性和响应性的需求更加迫切。

分布性、自治性和协商性是现代智能制造系统具有的显著特点，而这种特性也是调度技术的发展趋势。调度技术利用分布的智能单元根据其自身知识实现局部优化，然后通过单元间的协商达到全局优化。这种调度技术完全可以适应各种制造系统中随机出现的动态事件，并满足多目标的优化（如成本、时间、资源利用率等）。传统的调度技术一般采用离线的方式进行调度计算，具有离线性的特点；

而新的调度技术除了必须具备分布性、自治性和协商性的特点，还必须具备实时性、智能性和事件驱动性的特点。

1.2.3 现代智能制造系统动态调度技术

为了解决制造系统在实际生产过程中存在的不确定性和随机性问题，研究现代智能制造系统在动态生产环境下的调度技术引起了不少机构、组织和学者的关注。进入 20 世纪之后，许多先进的调度优化技术不断被应用到动态生产调度中，其研究成果持续地得到充实和发展，归纳起来可以分为传统调度方法和非传统调度方法两种。传统调度方法一般是用离线的方式来解决调度问题，包括近似方法和精确方法，其中涉及的一些具体方法如图 1.3 所示。

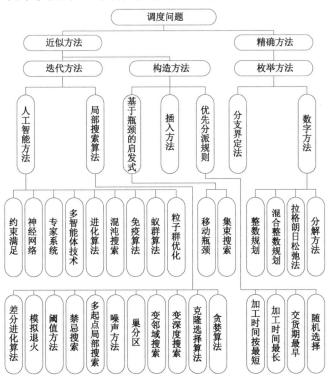

图 1.3 传统调度方法

离线的方法可以获得较好的优化结果，但是其缺陷也非常明显，即它很难适应实时调度。而非传统调度方法是相对离线调度方法而言的，它主要关注制造系统在生产调度实时变化条件下的应对机制及决策方案，并强调调度的连续性，因此，它更适应现代智能制造系统发展的需求。从计算形式上，可以将非传统调度方法分为集中式调度和分布式调度两类。集中式调度，顾名思义是所有任务通过一个中央调度器完成任务分配，所得到的调度结果往往是全局最优解。然而由于控制结构的限制，集中式调度很难适应动态变化的制造系统环境，在发生扰动时，制造系统的运行经常被中断，且计算复杂性很难被分解和降低。分布式调度强调自治与协调，它赋予各个智能单元决策能力和计算能力。各个智能单元在解决自身调度问题的前提下，通过智能单元间的协调调节解决更高层次的调度问题，因此，它具有其他方法所不具备的优点。

（1）利用分布式特性将调度问题离散化，简化调度问题规模。

（2）智能单元具有优化能力和计算能力，可通过并行计算提高系统运算效率。

（3）智能单元的调度算法灵活多变。

（4）智能单元可集成至实体，并连接物理资源实现实时调度。

（5）针对动态事件，调度系统具有适应性、响应性和扰动事件影响局部性等特点。

自治与协调是分布式调度方法的典型特征，其基本思想是把复杂制造系统的生产组织结构划分成相互独立的智能单元，将复杂的调度任务分散至各个智能单元上并行完成。与此同时，各个智能单元之间通过相互间协商完成各自的调度行为，从而实现制造系统调度目标的优化。在现代智能制造系统中，具有自治与协调特性的分布式制造系统以多智能体制造系统（MAMS）和 Holon 制造系统（HMS）最为典型，而且这种基于自治与协调的调度技术隶属于分布式智能调度算法的范畴，是 MAMS 和 HMS 生产计划领域的研究热点。

从目前的研究来看，对 MAMS 和 HMS 生产调度的研究主要集中在装配生产线、柔性制造系统（Flexible manufacturing systems，FMS）、Job Shop、物料处理系统等各个方面。比如，有学者提出了一种针对车间动态调度的多 Agent 构架。各个加工单元 Agent 动态地选择最具适应性的调度规则执行局部调度。当监控 Agent 认为既定的事件出现时，局部 Agent 根据优化后的阈值重新选择调度规则，然后 Agent 之间通过协商机制完成制造系统的动态调度。还有的学者提出了一种基于协商的多 Agent 调度系统解决动态事件的弹性作业调度问题。Agent 之间采用基于信息素的方法进行协商通信，完成任务分配，也可以采用一种多 Agent 的 AGV 路径选择/调度方法，利用 Agent 之间的通信协商完成路径生成、枚举时间窗、中断搜索、调整等待时间和决策路径选择等，该方法在单/双向路径网络 AGV "无冲突" 和 "最短路径选择" 中都表现出了很好的效果。还有学者提出了一种针对动态调度的 HMS 构架，HMS 架构由资源 Holon、任务 Holon、工艺规划 Holon、生产计划 Holon 和工艺规划 Holon 组成。Holon 之间采用合同网协议进行协商通信。在调度过程中，任务 Holon 和资源 Holon 之间通过招投标过程进行任务分配，同时，资源 Holon 受调度 Holon 和工艺规划 Holon 的约束控制。为了解决随机加工时间的柔性流水车间调度问题，提出了一种 HMS 方法，采用两种调度策略进行动态调度。当任务进入流水车间后，机床 Holon 根据其随机属性被聚集为两个 Holon 群。具有低随机性的 Holon 群采用遗传算法生成局部解；具有高随机性的 Holon 群成员之间利用基于合同网协商机制进行谈判获得可行的局部解。HMS 通过两种算法的结合获得全局最优解。

1.2.4 现状总结

尽管制造系统中 Agent（Holon）的自治与协商特性在调度中得到了较为广泛的应用，但是或多或少仍然存在缺陷或不足。与之前分析的 MAMS 类似，Agent（Holon）以分布式的形式存在，通过 Agent（Holon）的自治以及 Agent（Holon）之间的协商来完成生产调度。但是由于 Agent（Holon）间具有平等地位，只能根据局部信息做出调度决策，使调度结果达不到最优；并且，整个系统没有一个集中的调度控制器，在调度过程中不可避免地会产生冲突和死锁。虽然该问题可以通过多次协商解决，但也带来了系统通信量大的负担，尤其在解决大型复杂调度问题时，多次协商带来的问题将会被放大。另外，若缺乏优秀的调节策略和方法，调度的结果不但达不到预期结果，并且还有恶化的可能。因此，对现代智能制造系统调度领域的研究还存在以下一些需改进之处。

（1）构建更合理的智能制造系统体系构架。

（2）寻找一种更好的协商（通信）机制。

（3）探索更合理和更优化的调度策略和优化方法，为智能单元的协商过程服务。

1.3 制造控制系统研究综述

在当今复杂的动态制造环境中，传统的基于劳动分工原则的静态递阶控制结构已经越来越无法满足制造企业的需求，因此，研究制造系统新的控制方式和组织模式愈发重要。为了满足新形势下制造系统的控制要求，新的控制系统更强调快速的响应性和系统运行的柔性，采用扁平的控制结构，通过将控制决策权力转移下放，根据制造过程的实际需求动态地组织制造单元，并利用物流供应链将制造企业协调组织起来，通过协调配合赢得市场。

1.3.1 制造控制系统的主要研究内容

如图 1.4 所示，在制造系统内部除了市场销售和研究开发及工程设计等非制造性活动，主要都是根据市场需求发布生产任务的，对制造系统底层的各种不同功能的制造资源进行管理和协调调度的生产规划与控制（Production Planning and Control，PPC）活动，结合图 1.2 不难看出，制造系统控制活动主要包括三个层次的问题：（1）战略层，在市场销售结果的基础上预测企业的发展方向及需要研究开发的主要产品，并根据制造企业的实际生产能力进行相关规划；（2）战术层，通过对实际订单进行处理，分解制订总的生产任务计划及相应的原材料采购、产品成本会计及库存控制等计划；（3）执行层，根据战术层分解的任务和安排的计划，具体对各种底层的制造资源（加工机床、操作人员及物流设备等）进行管理、安排和控制协调。

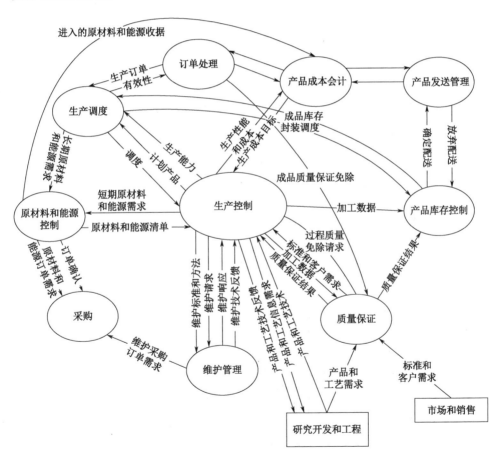

图 1.4　制造系统生产控制中的功能数据流模型

从控制系统角度分析，图 1.5 中，与制造有关的功能和动作可以分为与制造资源及任务分配协调相关的非技术性（Logistic）活动和其他与加工制造过程直接关联的技术性（Technological）活动，以及两个在垂直方向上相互独立的制造系统信息流。为了更加准确、清晰地表述制造系统控制协调过程中的相关术语的具体含义，现对有关概念进行如下说明。

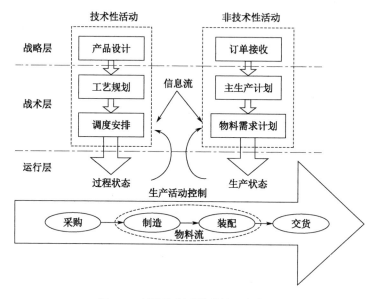

图 1.5　制造控制系统的协调与控制

（1）制造控制：是指在企业将原材料加工成产品的制造过程中的所有协调控制活动。主要是在满足制造系统中各种约束的前提下对制造系统的某些性能进行优化操作与控制，加工任务与资源的协调分配、加工路径的优化选择、生产任务的规划与调度等。

（2）制造控制系统结构：指制造系统的控制体系及其结构。主要是描述制造系统的各种控制决策功能是如何分解细化并被分配到各个基层控制实体中去的，并对其控制数据信息交互的接口进行定义，规范其控制动作和信息交互的模式及其具体的协调机制。在控制系统中，其决策性能的好坏往往是由决策职责分解的合理性及控制实体之间协调的效率性的优劣直接决定的，因此，合理的控制结构对于制造系统运行的可靠性和高效性具有至关重要的作用。

（3）生产活动控制（Production Activity Control，PAC）：主要是指在制造系统底层直接进行相应制造活动的运行层所进行的协调控制，从接受上层控制系统的制造任务到完成这些加工任务所需要的规划、执行、监控和资源分配功能，包括针对加工任务的工艺规划、动态的车间调度、及时的数据采集和数控程序代码的实时下载等活动。PAC 系统主要通过详细的生产工艺或路线的规划、制造加工过程的执行及对物料流动过程的监控，利用制造中的各种过程状态信息和生产加工中的各种加工状态信息，实现车间生产过程中内部物料流与控制数据信息流的协调控制和有机集成。

（4）系统扰动：在制造系统运行过程中，往往会遇到很多来自制造系统内外部环境的各种不确定的动态随机事件或变化，如设备故障、紧急订单、加工人员缺岗和工艺路线变更等，这会给制造系统的运行性能带来各种直接或间接的影响，这也使制造控制系统的动态调度和敏捷的协调控制成为系统稳定运行的关键。

（5）制造调度：是指为了满足制造系统运行的相关性能要求，在满足制造加工过程中的各种约束条件前提下，为生产任务进行制造资源优化分配的决策过程。当前，很多现代化车间拥有自动化程度不同、柔性程度也不相同的制造设备，如 CNC 机床、加工中心等，车间的加工柔性程度很高；但由于缺乏合理的生产管理和调度控制手段，制造车间往往无法充分利用其拥有的制造资源。例如，我国是制造业大国，拥有接近 300 万台加工机床，但相比于拥有不到 80 万台机床的日本，我国所能实现的制造能力仅为日本的 1/10 左右。因此，合理高效的调度方法和智能的优化算法是现代制造系统的技术基础和关键。

（6）资源分配：与制造调度的概念紧密相关，它是指制造控制决策系统根据制造资源不同加工能力和不同工艺性约束，决定由具体的某个制造资源在何时负责加工制造某个生产任务或操作。与制造调度强调优化不同，制造资源分配更多的是强调对资源加工能力和工艺性这两种约束的满足。

（7）制造系统的实时控制：在复杂多变的动态制造环境中，制造控制系统需要快速地响应各种不确定性事件，并正确执行生产操作，其实质是一个考虑制造系统实时状态并采用 FCFS（First Come First Serve）或 SPT（Shortest Processing Time）原则的调度执行过程（Schedule Executing）。

1.3.2 制造控制系统结构研究综述

随着科学技术的发展，制造过程已经从 17 世纪的手工制作发展成由诸多元素（如人员、机器、物料和计算机控制等）配合作用的复杂制造过程，其规模也由简单的小规模系统演变成了大规模复杂系统。日益激烈的全球化市场竞争迫使企业必须缩短产品的交货期、提高质量、控制生产成本和增强制造系统的柔性，它们也都已成为制造控制系统迅猛发展的内在驱动力，而这得益于网络通信技术、数据库管理技术、分布式计算及人工智能技术的迅猛发展。近几十年来，制造控制系统的结构主要经历了集中式控制、递阶式控制、分布式控制和混合式控制四种体系结构形式的变迁，如图 1.6 所示。从控制结构的发展趋势可以看出，随着

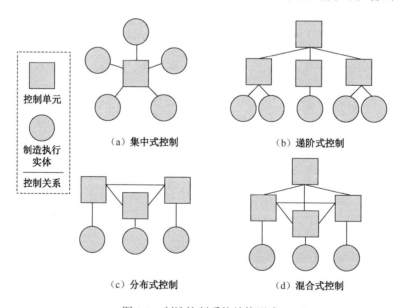

图 1.6　制造控制系统结构形式

系统规模的变大和复杂程度的增加，控制体系结构从集中式逐趋向扁平化，各个控制实体的自治能力逐渐变强，相互之间的主从关系趋弱，更多地倾向于协同工作。另外，控制系统的优化目标也从最终的全局优化趋向局部优化，试图通过对控制基元实体的自治性、智能性的加强，以及合理的分布与协调各个局部控制基元的决策职责，来实现开放、灵活和具有自组织特性的制造系统控制体系。

1. 集中式控制

在早期制造系统控制结构中，由于其控制功能需求相对单一，且控制逻辑相对固定，因此，通常采用一个中央总控制器对整个制造系统进行操作控制，其优势在于控制结构固定，系统性能稳定，全局优化性能较好，还可以满足一定的实时性要求。但是，集中式控制的缺点也很明显，一旦中央电脑出现故障，则会引起整个控制系统瘫痪，从而影响制造系统的总体性能，即控制系统的可靠性和容错性差。另外，由于系统的控制逻辑隐含在全局数据结构中，并通过固定的程序实现，如果生产设备发生改变进而导致制造单元发生变化，则集中式控制也很难被改动以适应变化，即系统的可扩展性和可修改性较差。因此，随着技术的发展，这种控制结构已经很少使用了。

2. 递阶式控制

为了实现对复杂制造系统的控制，克服集中式控制的缺点，进一步提高制造控制系统的柔性，人们提出了递阶式控制结构。递阶式控制结构是在制造系统中采用由上到下分层式的金字塔状控制结构，每个控制层面包含几个具有自己特定功能和目标的控制实体，以便起到承上启下的控制协调作用，使控制指令可以由上而下地得到执行，同时又可以实现上层控制器对下层活动的实时监控功能。递阶式控制结构由于采用的是分层控制模式，一方面，通过分层降低了系统的复杂性，从而简化了单个控制模块的功能和大小，使得系统的自适应性控制成为可能；另一方面，因为控制基元采用模块化设计思想，提高了控制软件的可重用性，进而增强了整个系统的制造柔性。但由于过于侧重上下层控制实体之间的主从关系，使系统层次变多，尤其当制造系统规模非常庞大和复杂的时候，其反应速度比较慢，系统的容错性和可维护性等性能下降，不太适合控制经常发生变化的制造系统。

3. 分布式控制

近年来，愈发复杂的动态性的制造环境对制造控制系统的自适应性和快速响应性提出了更高的要求，而随着分布式计算、计算机网络技术和人工智能等相关技术的发展，促使人们对分布式控制结构进行了深入研究。分布式控制结构更多地强调了一种局部自治决策与全局协同决策的理念，通过某种控制协调机制，来实现分布在整个系统中的各个地位平等且具有局部自治性的控制实体之间的相互协作，从而赋予系统容错性、自适应性、可重构性和敏捷性等特性。在并行工程、精益生产和敏捷制造等先进制造模式中，均不同程度地体现出了分布式控制的思想。例如，并行工程要求产品开发人员在刚开始设计产品时就必须全面地考虑产品从概念设计到报废处理的所有需要考虑的因素，其采用的组织方式就是扁平式的分布式控制结构，然后将不同的专家人员组成各个研发小组，赋予各个小组很高的责任和权力，各组之间通过相互协商，解决产品开发过程中的问题。而精益生产则更多的是利用先进的信息技术将原有的树状管理结构进行扁平化压缩，充分发挥项目组的自治作用，简化开发流程，尽量降低产品成本，可以将非核心技术交予协作厂进行研发生产，通过在各协作厂之间进行协商来解决产品生产问题。敏捷制造则是将制造资源之间合作的概念由单个企业内部推广到多个企业，在充分利用 Internet 技术的基础上，围绕某种核心产品，将多个企业组成"动态联盟"或"虚拟企业"的形式，共同进行生产，共同获利。其实质就是根据市场竞争的需求，按照协同自组织原理，将原本分散、混乱，但又各具优势的多家制造企业通过相互之间的高效协作组合成有序度高的虚拟企业，以便提高企业的整体制造能力和综合市场竞争力。尽管如此，当制造系统规模变大、任务变复杂时，受制于信息通信技术的发展，因分布所带来的各个控制实体间的巨量信息量问题及过于强调自治所带来的局部优化与全局目标之间的冲突问题，目前尚未得到很好的解决，从而影响了分布式控制的进一步推广应用。

4. 混合式控制

合理的控制结构应该是一种递阶与分布式控制的结合体，总体上采用传统的递阶式分层控制模式，每一层控制实体通过相互协商来实现分布式控制功能，各个层面的控制实体之间的协调则由上层控制实体进行调控。在整个混合式控制结构中，上层对下层的控制作用仅是一种协调监督作用，层与层之间变现为一种松散的连接。这样的控制结构一方面可以保证传统的由下而上的信息反馈和由上而下的控制输出；另一方面，也可以保证各个层面中的控制实体具有适当的智能性，通过在同一层中的交互协商，体现出控制系统的局部自治特性。

1.3.3　制造控制系统结构的比较与分析

从制造控制系统结构设计和控制技术发展的角度来看，当今复杂多变的动态制造环境对制造系统提出的动态自适应性和自组织性问题，也正是制造控制系统多年来所面临的问题。作为制造控制系统中的一项重要的使能技术，控制结构及理论的研究对现代制造系统来说尤为重要。

通过上述分析可以看出，现代制造系统的规模变得日益庞大和复杂，其协调控制难度也愈发困难。为了处理控制系统的复杂性和适应性，人们将最初的集中控制结构逐渐往扁平化的分布控制结构发展，更多地强调了控制系统功能的模块化、智能化与分布化。在稳定的运行环境或者有限变化的制造环境中，传统的递阶控制系统具备良好的控制性能，但当系统遇到各种不确定的偶发事件时，其刚性的系统结构将无法满足系统实时响应、快速重构的要求。而分布式控制由于控制实体具有较强的智能性和自治特性，在系统遇到各种偶发事件时会表现出快速的响应性和良好的可靠性，但由于缺乏集中式优化的全局统筹决策，其全局优化目标和系统局部行为之间难以协调控制，因此，其系统的稳定性和可预测性较差。而混合型控制系统结合了分布式控制与递阶式控制的优点，具有较大的发展空间，可以根据结构中分布与递阶程度的不同，组成多种结构形式，大大增加了制造控制系统体系的灵活性。

但是，如何在递阶系统和分布系统中取得某种合理的折中方案，如何建立一种既可以在复杂的不确定性的制造环境中实现整体优化，又具有可靠的局部自治和快速响应能力的制造系统控制模型，是摆在专家学者面前的一道难题。而在对智能控制技术的研究过程中，人们已经发现，对自然界生命体的模仿往往可以给智能技术的发展带来很大的启发。本书将沿用这种思路对制造控制系统和人体生理调控系统进行对比研究，借鉴神经-内分泌系统的调控规律及其控制结构，探索更加合理、高效的制造系统的类生物化控制结构和协调机制，并将其应用到本书搭建的类生物化制造系统仿真平台中。

1.4 制造系统的协调机制

通过对制造控制系统结构的演变分析可以看出，在复杂的、充满不确定性扰动的动态制造环境中，合理的控制结构非常重要。但是随着控制系统规模变大、结构变复杂，良好的协调机制和方法将对促使控制系统正常工作、提高制造系统的自适应性、控制的敏捷性和稳健性等起到至关重要的作用。

1.4.1 协调的基本概念

从广义上来说，所谓协调就是多个事物对相互之间依赖关系的管理，这对于群体活动的有序进行具有重要作用。协调活动广泛地存在于人类社会中，但是专门针对协调活动机制和原理的研究是源于人工智能（特别是多智能体系统）的研究需要。随着需要求解问题规模的扩大，各因素之间的依赖关系和协调活动就会凸显出愈发重要的地位。对于规模较大的问题，单个求解器（如个人、组织机构、动物、局部控制器等，以下以 Agent 代称）往往缺乏足够的资源、信息及能力去独立解决问题，这就需要在合理分解问题的基础上寻求多个具有不同资源、信息和能力的 Agent 共同完成全局问题的求解工作。由于各个子问题均是由全局问题分解而来的，它们相互之间既相对独立，又相互关联，这也导致各个 Agent 的子问题求解活动之间必然存在着相互依赖的关系，从而有机地构成了全局问题的求解过程。因此，对大规模问题的求解来说，协调活动是不可或缺的。

存在依赖关系且用来求解子问题的单个 Agent 为了将各自所解得的结果合并成为最终的全局解，需要通过交互以便协调各自行为，避免混乱和冲突，并达到最终的一致。在全局问题求解过程中，各 Agent 所拥有的信息、资源和能力均不同，其各自的目标也各有差异，因此，其行为方式各不相同，若无法达成一致，则可能演变成无序、冲突、混沌的状态，从而使局势往不利于求解全局问题的方向发展。而通过交互，个体 Agent 可以在处理自己任务的同时，及时了解其他 Agent 正在执行或将要执行的动作，并依据这些信息对自身的行为做出调整，最大化自己的效用函数并完成目标任务。Agent 之间的信息交互往往是带有目的性的，很多时候都是为了改变周围 Agent，对它们发出协调请求，影响接收方将来的行动。

协调技术与数据通信及中间件技术是有区别的。数据通信仅仅表示控制实体之间数据信息的传递过程，中间件技术则是指各个控制组件在动态开发系统中实现对等通信的技术，它们只强调过程而不关心信息交互后产生的后果。而协调技术强调的是借助信息交互后产生的对交互对象行为的相互影响，以及由此带来的整体局势的变化，并且，这种全局变化通常在协调活动开始之前就已经被作为协调的目标预见到了。

因此，良好的协调活动可以促使个体更好地认清局势，采取与周边个体协调一致的动作，使整体行为趋向于有序，以利于全局问题的求解，提升控制系统整体的性能，增强控制系统解决问题的能力，使智能控制系统可以处理更多的实际问题。而在制造系统控制领域中，协调的定义就是指制造系统的各个制造单元根据各自目标，在对已经拥有的资源进行合理安排的前提下，按照某种事先约定的规则进行相互协调，调节自身局部行为与全局总体目标之间的差异，使整个制造系统的生产活动从混沌转为有序，通过协同工作，快速、有效地完成制造系统的制造任务。

1.4.2　协调机制的分类

协调机制是指多个子问题求解器 Agent 之间进行信息交互，并因此决定自己行为时所共同约定的规则。设计良好的协调机制可以有效调节各个 Agent 之间的行为，快速有效地抓住子问题与全局问题之间依赖关系中的主要矛盾，引导求解系统的局势向有利于解决问题的大方向进化，最终使整个智能控制系统获得优良的系统性能。因此，如何合理选择和设计高效的协调机制，对于完成复杂系统的控制、改善系统的综合性能具有至关重要的意义。

协调机制的分类如图 1.7 所示，它是按照制造控制系统中的控制实体进行协调活动时相互通信的方式。本节将协调机制研究文献中的常用方法进行了归纳和分类，其主要分为：显式协调机制（Explicit Coordination）、隐式协调机制（Implicit Coordination）和其他形式协调机制。

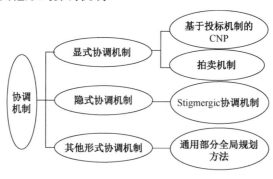

图 1.7　协调机制的分类

1. 显式协调机制（Explicit Coordination）

所谓显式协调机制，就是制造控制系统中的各个控制实体在遵循共同约定的行为准则的前提下，通过信息传递明确表现出自身意图的协调机制。在显式协调机制工作过程中，控制实体之间必须进行交互，因此，首先，其必须具有通信模块（有时会很复杂）。而单个控制实体做决策时往往也需要参考来自周围控制实体的信息，导致其控制结构会变得复杂。但是，在制造系统协调过程中使用显式协调机制时，参与协调的控制实体是允许拒绝别的控制实体的协调请求的，这就使各个控制实体可以具有各自不一样的目标，从而使显式协调机制既可以用于分布式制造系统的协调问题，也可以应用于各种动态开放的环境中。典型的方法主要有合同网协议（Contact Net Protocol，CNP）和拍卖机制等。

（1）合同网协议

CNP（合同网协议）是由 Smith 和 Davis 为了解决分布式问题求解系统的任务分配问题所提出的一种协调机制，其最早应用于传感器的分布控制系统。当前，在制造领域的各个方面，CNP 及改进式 CNP 得到了非常广泛的应用，如车间调度、机械人协调、物流系统调控等，Caridi 等人在其关于 Multi-Agent 系统的综述中也指出，CNP 的使用比例达到了 53%。

CNP 是模拟市场经济中的投标机制，规定了控制实体的交换意图过程。在使用 CNP 协议时，需要首先定义两种重要的 Agent：管理 Agent 和资源 Agent。其中，管理 Agent 负责接收上级任务，然后进行评价，判断是否可以由单个 Agent 独立完成，若无法独立完成，则向其余资源 Agent 发布任务标书。收到标书的资源 Agent 对任务招标信息进行评价，并对有能力完成的任务标书进行投标，否则继续等待。管理 Agent 对返回的标书进行评价，并选出最优者，向其发出中标信息。双方再次经过一轮协商确认后，签订最后协议，然后分配任务。

CNP 运行的基础和核心就是投标机制，其在制造系统调度领域中常用的投标策略主要分为面向工件的投标策略、面向资源的投标策略，以及面向工件和资源的双向投标策略，其主要特征见表 1.2。

表 1.2 投标机制的分类

投 标 策 略	主要性能描述
面向工件的投标策略	投标由资源发起，工件 Agent 对资源做出投标。投标的目标是资源提供的操作，工件的标价反映一定的评价指标，如工件的交货期、优先权等。工件的标价越高，越容易被资源选中进行加工。在这种方式中，工件与资源协商推动（Push）自身进行制造
面向资源的投标策略	这由工件发起。待加工工件进入制造系统时，多台加工资源对该工件进行评估，做出投标并相互竞争，最终决定加工工件的资源。在这种投标过程中，根据工件加工需求，资源将努力优化其性能指标（如最小化缓冲区水平或在制品库存等）并保持资源利用率。工件最终将由标价最高的资源加工。资源利用这种方式对工件进行投标，并拉动（Pull）工件进行制造
双向投标策略	工件和资源都能产生标书。双向投标机制更类似于基于人类的协商，比单向投标方法更合理。但是它比单向投标方法难设计，也需要更高的负荷，这是因为所有的投标参与者都必须具有产生标书的能力。而为了得到合理有效的结果，每个投标者还必须具有评价标书的能力

虽然 CNP 在很多方面具有优点，但由于没有很好地定义其协议范围，导致其全局优化能力欠缺，并且难以预测系统性能。因此，为了改进 CNP，建立更合适的协商框架，减少通信数据量，提高协调效率，使其可以应用于更多的场合，众多专家学者对其进行研究，并陆续提出了大量的改进型合同网模型。例如，国际 Agent 技术推广协会 FIPA（The Foundation for Intelligent Physical Agents）在研究基于 Agent 应用的交互规范时，提出了迭代合同网协议，提高了多 Agent 协商的效率；日本学者 Takuya 在其研究中提出了通过范例推理的方法来减少协调过程中的通信总量；有的学者拓展了招标步骤，针对任务目标预先模拟招标，之后再根据评价进入协商过程，从而进一步优化了系统性能；或是对招标结果根据目标函数进行一定的修正，从而提高了改进后 CNP 的工作效率；通过对 Multi-Agent 系统中具有时间窗口的多 AGV（Automated Guided Vehicle，自动导引小车）路线规划问题进行研究，有学者提出了允许解除承诺的改进型 CNP，提高了系统的整体运行性能。但是，CNP 仅仅是对工作流程的一种规定，本身并不具有优化能力，且在协调过程中仍然不可避免地存在着通信量大、不确定性突出、耗费大量通信资源及可能引起死锁等问题。

（2）拍卖机制

拍卖机制是一种在信息不完全情况下的静态博弈，即拍卖方在给定自己的类型，以及给定其他参与人的类型与战略选择之间关系的条件下，使自己的期望效用最大化。在应用拍卖机制协商时，其中参与的各方 Agent 均是秉承自利原则的，拍卖方希望通过拍卖的方式将任务所要实现的目标最优化，而投标方则希望通过拍卖的过程以最小的消耗完成最多的任务。在研究拍卖型协调机制并改良其性能的过程中，人们主要是针对拍卖规则进行改进，研究买卖双方所使用的策略，分析拍卖方法的性能。根据具体应用环境的变化和拍卖规则的不同，基于拍卖机制的协调方法可以有多种不同的规则，如 Sandholm 的多策略组合拍卖机制，FIPA 组织提出的荷兰式和英式标准化拍卖规则等。

除此以外，还有很多其他类似市场拍卖的协调机制，如通过对分布式制造环境下的制造加工任务的成本，计算出对应任务报价，应用基于价格模型的协商机制在制造 Agent 中对制造加工任务进行分配。通常情况下，对这种基于市场拍卖模型的协调机制来说，价格是主控因素，当参与协调任务的 Agent 数量增多时，可能会导致协同收敛过程变得缓慢，但是可以通过引入其他控制要素进行调节。

2. 隐式协调机制（Implicit Coordination）

所谓隐式协调机制，是指参与协调控制的各个 Agent 之间的交互方式与传统的需要明确表示自身目的的显示通信相反的通信协调方式，即它们相互之间并不发送明确的符号信息，甚至都不知道相互之间的存在，只是根据某些事先内部建立的完整的合作机制，依据系统中的各种"暗示"，各自进行活动。这样可以保证单个 Agent 在处理局部问题上的自治性，又可以在一定程度上使其行为有利于全局目标，能为系统的群体利益做出贡献。隐式协调机制是以某种隐式定义和系统中各 Agent 公认的规则作为单个 Agent 的行为逻辑，并以此为基础对系统中的各 Agent 进行协调控制的机制，其可以保证系统中的各个 Agent 之间在不通过任何形式的形式化通信的前提下进行信息交互。一个典型的隐式协调应用范例是运用在现代数学分支学科——运筹学的博弈论中的各种协作机制，而另一个则是在一些群居的低等动物（如蚂蚁、蜜蜂等）组成的社会群体中基于信息素的 Stigmergic 协商机制。

在这些由膜翅目或等翅目的昆虫组成的低等动物社会群体中，昆虫个体并不借助语言进行沟通，而是通过每个个体根据自身接收周边环境的刺激而自发分泌出来的某种化学物质——信息素来相互交换信息，以此进行沟通。独立的个体所释放的信息素在其活动的环境中被整合，其他个体则依据环境中所能感知到的信息素强度来决定自己的行为动作。比如，昆虫个体通过释放性激素来告知群体的各个异性昆虫"我准备好了"；蜂群或蚁群在遇到袭击或入侵时，会释放报警信息素（Alarm Pheromone）来通知整个群体对攻击者或入侵者进行反击行动；蜜蜂在发现蜜源后会在蜜源周围释放标记信息素（Labeling Pheromone），用以指示其他蜜蜂可以更快速地寻找到该处蜜源。由此可见，虽然群体中的每个个体之间没有语言通信，但是，借助释放在环境中的信息素的调节作用，蚂蚁、蜜蜂等群居类昆虫可以有效地引导个体快速地融入当前群体所需要的整体目标中，从而实现群体中个体的彼此行为的协调。虽然这些弱小的个体独立生存能力很差，基本无法独立生存，但仅依靠"感知—动作"这种个体本能动作，可以在信息素的帮助下，使数目庞大的个体形成一个可以有条不紊完成各种复杂任务，具有稳定有效协调合作秩序的群体，并在漫长的自然淘汰中存活下来，这直接证明了隐式协调机制的强大效能。

1956 年，法国动物学家 Grasse 在对群居的昆虫社会的运作机理进行深入研究后，专门构建了一个新词——Stigmergic 来表征昆虫社会中这种利用非符号的异步交互方式，随后，越来越多的研究者发现群居昆虫社会中的这种基于隐式协调机制的调节方式在协调合作和群体秩序等方面有很多优秀的属性。例如，参与隐式协调的 Agent 由于采用的是非符号式通信手段，其无须进行复杂的通信及信息处理，只需要一个简单的行为决策模块，因而其结构比较简单。同时，昆虫社会隐式协调机制成功的关键在于每个个体的利他原则，即 Agent 个体并不包含协调策略，其个体决策准则就是不计较个体利益，而是以便利地与他人协调为目的，这样可以保证整个团体的稳定运作。因此，如何有效利用这种简单的隐式协调机制已成为人工智能领域的一个研究热点。

比如，将 Stigmergic 隐式协调机制应用到单电子隧道技术中的计算空间优化分配等方面，提高了计算效率。而在多台机器人的任务协调分工方面应用了基于 Stigmergic 隐式协调机制进行优化分工。有的学者针对单元制造系统（Celluar Manufacturing System，CMS）中的多单元协作加工问题，提出了基于信息素的柔性路径加工调度方法，利用 Stigmergic 协商机制建立了基于 Multi-Agent 的单元制造系统模型，并通过实验验证了 Stigmergic 协商机制的优化性能及系统良好的稳健性。而在车间控制系统层面上，有学者将基于激素的协商机制应用于其中，并以此为基础建立了原型系统，验证了 Stigmergic 协商机制在混合流水车间的控制系统中的应用，并取得了良好的效果。在 Holonic 制造系统中，研究者通过模拟蚂蚁觅食的过程，提出了基于 Stigmergic 协商机制的制造控制系统，并通过案例仿真证明了基于 Stigmergic 的协商机制具有良好的任务优化能力，以及针对动态环境的自适应能力，指出其更适用于处理制造系统中的动态突发事件，或是利用 RFID 技术和基于 Stigmergic 的简易机器人控制策略模型，通过大量实验验证在多机器人环境下该控制方法的可行性和高效性。

通过上述分析可以看出，基于 Stigmergic 的隐式协调机制采用的是非符号方式的通信，其通信负荷较低，内建的协调机制以利他性为原则，具有较高的优化性能和良好的自适应特性。而且，根据众多研究应用可知基于 Stigmergic 的隐式协调机制还具有以下几个主要特点：①环境是解的一部分，其不仅充当了信息传递的媒介，还起到了总合的作用，同时还隐含了系统的复杂性和动态性；②全局信息局部化，系统中各 Agent 给出的信息仅表达了局部信息，而其获取的信息也非全局信息，而是局部环境中多个 Agent 给出的信息总和；③信息的获取和给出不需要在时间上具有确定的对应关系，即采取的是异步通信方式。

通过对基于 CNP 的显示协调机制和基于 Stigmergic 的隐式协调机制进行定性

的对比分析可以发现：基于 Stigmergic 的隐式协调机制在系统目标的优化能力、系统计算负荷、通信负荷和消除系统内部变动所产生的涟漪效应等方面具有较大的优势，但是，相比 CNP，其在制造系统资源负荷平衡、针对任务变动的适应性及系统针对不同领域 Agent 的开放性等方面相对较弱。同时，在研究基于 Stigmergic 的隐式协调机制过程中，如何通过系统参数与奖惩算法的合理设计来加快系统适应过程也一直是本领域的研究热点和难点。

3. 其他形式协调机制

针对半导体生产调度中批量生产交货期问题，有学者提出了 Look-Ahead 任务协调分配策略，使批量生产下的交货期问题得到了优化处理。针对协调分布式车辆检测测试系统中的 Agent，有研究者提出了 PGP（Partial Global Planning）方法，利用其给各个 Agent 提供局部规划，然后由各个 Agent 之间进行合作，交换各自的局部规划来求解全局问题，进而完成总体目标。后来美国的 Decker 等人在 PGP 的基础上进一步完善和扩展了其协调内容和方法，提出了 GPGP（Generalized Partial Global Planning）协调规划方法，利用模块化的协商方式和图形化任务描述语言 TAEMS（Task Analysis，Environment Modeling and Simulation），为 Multi-Agent 系统提供动态的柔性协调方案和信息表达工具。在针对并行机协调调度问题研究中，将分支定界法与拉格朗日松弛法（Lagrangian Relaxation，LR）相结合的混合算法应用于其中，获得良好的实验结果。在柔性制造系统中，应用改进型的时间 Petri 网方法进行协调控制，并通过评价任务序列等待时间等指标来提高制造系统的快速响应性等性能；并且在分布式制造系统的协调调度中，也尝试将混合 Petri 网方法应用于其中，这样能够有效地解决并行制造中的相关问题。

1.4.3 协调机制形式化描述方法

所谓制造系统协调机制的形式化描述，就是用具有严格语法和精确语义的描述能力足够强的语言，对协调过程的并行性进行建模和分析，并能够利用这种表达方式验证和转换交互协议的静态和动态模型，其最终表述应该逻辑性强，简单易懂，具有相应的工具支持。这也是形式化描述运用这些协调机制的现代制造系统体系结构的基础。

目前，经常用于描述协调机制的典型方法有π演算、增强Dooley图（Enhanced Dooley Graphs）、CPN（Colored Petri Nets）、AUML（Agent Unified Modeling Language）、STD（State Transition Diagrams）和 DFA（Deterministic Finite Automata）等。

π演算是进程代数的一种，具有良好的数学和逻辑框架，可以对并行系统内部具有动态结构的进程及进程间的交互进行描述和分析，但难以对 Agent 模型进行形象的表述。Dooley图可以详细地表述 Agent 的各种状态信息，但其无法对进程中的并行交互行为进行描述。CPN 是一种基于图形化的建模工具，对于描述分布式系统和并行系统中的交互协议非常适合，但其同样缺乏针对单独 Agent 描述的模块化概念，并且当系统规模变大、复杂程度增加时，利用 CPN 进行建模描述时会产生状态爆炸现象。STD 表述简洁，在对自治单元之间交互协议的描述中经常用到，但其对交互时间需要有确定的对应关系，即无法对异步通信形式进行表达，无法表示协议的集成。DFA 可以在对 Agent 交互协议进行建模的同时对其进行验证，但是面对复杂的 Agent 交互过程则显得力不从心。

1.5 本章小结

随着自动化技术和计算机信息技术的迅速发展，制造系统的自动化水平也越来越高，当前我国大部分中小企业均已装备了数控机床、加工中心及智能机器人等构成先进制造系统智能自治基元的关键硬件，具备了构建先进制造系统中智能自治基元的硬件条件。但是，当大部分企业制造资源的技术水平基本一致时，能够决定企业在激烈市场竞争中胜负的决定因素往往取决于该企业对其所拥有的制造资源的合理利用，以及是否拥有科学的生产管理理念和合理的内部协调控制机制。换言之，企业生存和发展的动力就在于降低生产成本、增加资源利用率和提高制造系统生产效率。

在制造系统的研究过程中，人们利用先进的计算机信息技术研究开发了计算机辅助制造 CAx、柔性制造系统 FMS、计算机集成制造系统 CIMS 等先进的制造技术，通过系统集成控制的方式提高系统的自动化水平和运行效率，但这些方法的功能构成和控制结构都是侧重于在一个相对稳定的且在某种程度上可预测的市场环境中应用的。而随着全球化竞争的加剧，客户个性化需求的增加，企业所面临的运行环境也由相对稳定的静态化逐渐转变为充满随机扰动的动态化环境，制造企业为了赢得市场，必须不停地设计新产品，改变经营过程，以及不断地重构系统中的制造资源。因此，建立在传统组织理论和运筹学基础上的生产计划与调度控制方法在理论上与实践中均面临着巨大挑战，急需寻找一种新的制造系统控制模式来适应动态的制造环境。正是在这种背景条件下，国际上相关研究者提出了 HMS、FrMS、MAS 和 BMS 等先进的智能制造模式，并指出先进的智能制造系统应当由一些具有局部自治特性和相互协作特性的智能基元组成，它要能够在动态制造环境中在某种程度上自主决策其自身动作以便有效处理自己周边出现的随机扰动，并通过合理的协调交互方式使整个制造系统适应制造环境中产生的动态变化，从而使制造系统具有自适应、自组织和自重构等特性。

地球上的生物系统经过漫长的自然进化，其生命结构与功能一直在不断优化与完善，其复杂的多样性的控制结构、器官功能及其内部各种协调机制在生命系统运作过程中所表现出来的适应性、高效性和可靠性等优良特性尤其值得我们在研究复杂的制造系统智能控制协调机制时进行借鉴和参考，其中以人体自身的神经内分泌系统的调控机制最为典型。人体神经系统用来感应各种外部刺激，而内分泌系统则分泌各种激素用来协调控制人体内部各种器官的运作，从而实现人体这个大系统内外环境的平衡。若能将此种方式引入制造系统的协调控制中，在构建复杂的制造系统时采用类似有机体的结构形式，对组成制造系统的制造资源赋予较大的智能特性，使其能够构成基本的智能基元，从而具有一定的自治特性和协作特性，则不仅可以简化系统中各组成机构的耦合关系，还可以极大地提高制造系统应对内外运行环境中出现的各种随机扰动的能力，改善制造系统的动态自适应性、可重组性和可扩展性，这是研究的一个重要的理论意义。

另外，在生物有机体系统中，其总体的控制结构呈现出递归特性，各个层次的子系统都能根据周围的环境进行一定范围的自调节，并且上层系统负责对下层各个子系统的行为在整体上进行协调，从而使机体能够在最短时间内适应各种内外刺激，保证自身在复杂生存环境中的活性。现代的制造系统在很大程度上与生物有机体一样，需要面临各种竞争与淘汰，想在动态变化的市场环境中生存下来，则必须具有一定的自我调节能力，以便适应制造环境的各种随机扰动（如生产订单中途变更、系统设备增加或减少、加工设备临时故障等），在及时对干扰做出合理反应的同时，快速地处理这些随机事件，进而提高控制系统的自适应性和稳健性。因此，借鉴生物控制与人工神经内分泌学的相关知识和研究成果，将生物有机体中优良的协调控制模型应用到现代制造系统控制模型中，构建高效合理的类生物化制造系统协调控制模型，使其能够克服传统制造系统中存在的不足，更好地适应日益复杂的动态制造系统运行环境，为我国先进制造系统的理论与体系的发展做出应有的贡献，具有重要的理论意义。同时，可将研究成果进一步深化，指导企业的实际运作，对于提高和改善我国制造企业整体自动化水平具有重要的现实指导意义。

第 2 章

基于生物启发的智能制造系统仿生控制体系研究

2.1 引言

随着人类社会的发展，传统的控制理论与技术已经无法满足现代制造业日益复杂的控制需求。现代制造系统控制中越来越复杂的控制结构、充满不确定性的运行环境、日益增强的系统性能要求，对现代制造系统的智能控制理论、结构和技术提出了更高的要求。因此，先进的制造控制系统理论需要与不同的学科进行交叉研究，从而推动制造系统智能控制技术的进一步发展。

早在 20 世纪 60 年代人工智能技术出现的时候，人们就发现模拟自然界各种生物的行为模式对智能技术的发展有非常重要的启发作用，90 年代后，有关智能控制技术的研究成果开始大量涌现，被广泛应用到工业过程控制、航空航天器控制、故障自动诊断等众多领域中，并取得了较好的效果，而其中对人类的智能研究最为重要。人体信息处理系统可以看成一个高级的生物信息处理系统，包括脑神经系统、遗传系统、免疫系统和内分泌系统。随着许多学者、专家对人体生理信息处理系统的组织结构、运行模式及控制机理不断进行深入的研究，人们提出了很多先进控制理论与技术，如人工神经网络、遗传算法、人工免疫系统等。而现代制造系统的不断发展也使生物系统与制造系统在控制特性上呈现出越来越多的相似性，生物系统中的多种智能控制特性正越来越多地被应用到新的制造模式中，如多智能体制造系统（MAMS）、分形制造系统（FrMS）、合弄制造系统（HMS）和仿生制造系统（BMS）等。在借鉴生物有机体的神经内分泌系统的控制运作机理的基础上，我们提出了构建类生物化制造系统的研究思路。

本章首先对国内外基于智能控制技术的新型制造系统模式的研究现状和方向趋势进行了综述，分析了现存制造系统的优缺点，引出本书的思路。其次，在对人体神经-内分泌系统控制机制及其信息处理机制仔细分析的基础上，从宏观上建立了类生物化制造系统递归控制模型，并给出了其形式化定义和描述。在对类生物化制造系统细化分析的基础上，提出了智能自治基元的概念，搭建了控制结构，并对其类生物化性质进行了分析。本章是本书研究的总体框架和理论基础，同时也为下一代智能制造系统的控制组织模型提供一个参考方案，具有重要的理论研究意义。

2.2 智能制造系统研究综述

近年来，针对充满不确定性随机扰动的动态制造环境对现代制造系统提出的各种要求，国内外专家学者从不同的角度对制造控制系统进行了研究，并提出了很多新的智能制造的系统概念和模型，其主要包括基于几何分形（Fractal）理论的分形制造系统、基于分布式多智能体（Agent）自治与协商机制的多智能体制造系统、基于复杂社会进化哲学观点的合弄制造系统和基于生物自组织理论的生物型制造系统等。正是这些智能化的新概念制造系统的分布化、智能化、信息化等先进技术特性的应用，极大地提高了现代制造系统的柔性、可靠性、容错性、敏捷性、稳健性和适应性等控制性能，为 21 世纪的下一代智能制造系统的研究和发展开辟了新的方向和思路。以下是对其比较详细的总结与分析。

2.2.1　分形制造系统

分形（Fractal）用来描述几何学中具有不规则构型的系统，主要是描述不规则系统的组成部分与整体在某些方面具有自相似性。分形思想主要包括被分形系统在形状上的不规则性和内部结构上的自相似性。在自然界中的很多事物都具有这样的分形特征，如云朵、雪花、陆地的海岸线等，甚至人类社会的很多组织系统也有此特征。分形理论实质上是通过自相似性的特征将不规则系统细分成不同层次上的子系统，体现了规则性与不规则性的良好结合，构成了分形系统所特有的递归机制，并由此促使系统结构可以产生各种变化，从而赋予系统强大的自组织和自相似特性，有机地将无序的形状与有序的结构进行和谐的统一，因而使系统具有强大的生命力和结构稳定性。

在当今激烈的市场竞争中，制造系统的运行环境日趋动态化和复杂化，传统的制造系统组织运行机制愈发难以适应现代制造系统的各种控制需求。若根据分形理论来重组传统制造企业的组织管理结构，可以有效地增强制造系统的环境适应能力及动态响应能力。据此，德国人 H.J.Warnecke 对应用分形理论改造制造系统组织结构模型进行了研究，并于 1992 年提出了分形工厂（Fractal Factory）的概念，以便提高欧洲制造企业应对全球化市场竞争的动态响应能力。分形制造系统主要涉及制造系统的组织管理架构和运行控制层次，它将企业内部车间、管理部门、制造单元等制造系统中具有确定目标和某种程度自治能力功能单位，按照与企业功能自相似的特性分成若干分形单元，并借鉴"局部与整体具有相似特征，通过将类似的局部单元进行组合来有机地构成整体系统"的分形理论将其组合构成一个开放系统，模拟生物有机系统的组织运作模式，通过分形单元与外界进行信息、物质等方面的交互，体现了系统的自组织与自优化特性，实现分形公司对动态多变的市场环境的敏捷响应。

图 2.1 所示为分形制造系统的概念结构模型，从图中可以看出，分形制造系统实质上是通过将复杂的制造系统分解成低层次的分形单元，其在组织结构上以过程为中心，实现局部与整体的自相似特性，通过赋予底层分形单元足够的自治能力，使其在任务目标上保持与企业任务目标一致，实现任务目标的自相似性，并在此基础上，通过充分的协调合作将其组合成具有自组织和自优化特性的复杂系统。而这些分形制造单元所具有的智能自治协调能力使分形系统的动态重构能力有了实现基础，从而使整个分形制造系统具备了能够应对动态多变的制造系统内外环境的快速自我调整能力。

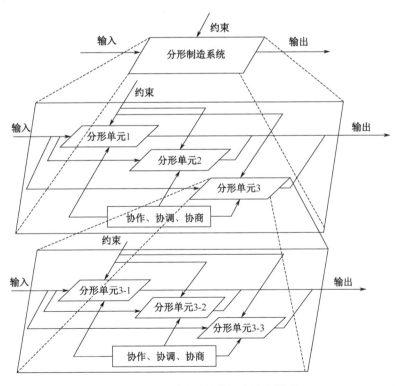

图 2.1　分形制造系统的概念结构模型

2.2.2　多智能体制造系统

随着分布式人工智能（Distributed Artificial Intelligence，DAI）技术的迅猛发展，早在 20 世纪 70 年代就有部分研究者提出了智能体（Agent）的概念，但由于不同领域人们对智能体概念的认知不同，至今仍未形成一个统一的定义。而多智能体系统（Multi-Agent System，MAS）是在 Agent 概念的基础上，利用 Agent 具有一定智能自治能力的特性，基于多个 Agent 协商合作的决策方式，使各 Agent 之间能够通过自主协调合作的方式完成复杂环境里的各种任务或实现某些优化目标，从而使整个 MAS 具有优秀的智能性、自治性和自适应性等系统特性。

在现代制造系统中，随着自动化技术和信息技术的发展，生产设备自动化程度越来越高，这都为 MAS 技术应用于制造系统中提供了基础条件。作为典型的分布式系统，现代制造系统中的各个不同的物理或逻辑单元（如生产任务、加工设备、物流小车、控制单元等）都是这个庞大而复杂系统的组成节点，其单个节点往往只具有各自不同的局部信息，在应对动态环境时，如果不具备合理的自治能力，则会影响整个系统的性能。因此，研究者在 MAS 技术的基础上引入 Agent 的概念，赋予这些组成节点一定的智能自治特性，使其具有局部推理能力，并利用合理的协调机制使各个 Agent 可以快速地应对周围环境的动态变化，从而使现代制造系统具备了应对复杂多变的市场环境时的动态自适应和自组织能力，提高了系统的动态控制性能。这种应用 MAS 思想的现代制造系统组织结构模式就是多智能体制造系统（Multi-Agent Manufacturing System，MAMS）。

在 MAMS 中，现代制造系统的各个不同生产控制节点均被看成 Agent，它们具有一定的智能自治特性。各个不同的 Agent（如产品任务分解、工艺路线制定、零部件生产及物流运输等环节）通过某种协商机制进行协调合作，更有利于在复杂动态的制造环境中高效地完成各种任务或目标。MAMS 在发挥个体灵活自治特性的同时，通过合理的协商决策机制，利用群体资源弥补个体 Agent 的局限，使整个 MAMS 表现出来的性能远远大于单个 Agent 能力的简单相加。图 2.2 所示为MAMS 的生产控制示意图。

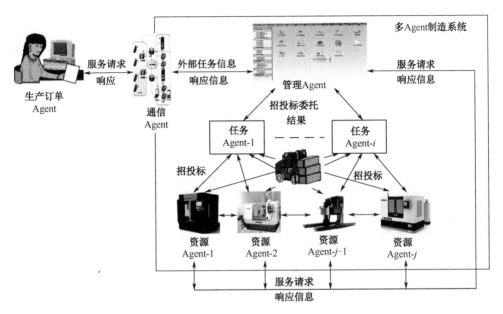

图 2.2　MAMS 的生产控制示意图

2.2.3　Holonic 制造系统

"合弄"一词最初是匈牙利作家 Arthur Koestler 在其专著 *The Ghost in the Machine* 中针对社会群体结构中的"个体"与"整体"之间的关系进行探索时提出的，他专门构建了一个新词"Holon"用于表达具有递阶结构的社会性整体系统中的个体必须具有"自治"与"分工协作"的特性，表征了"个体本身既是一个整体的同时，又是另一个整体的组成部分"。

早在 1994 年的科研计划中，国际智能制造系统研究协会就已提出：为了应对现代制造系统所面临的充满各种不确定性随机事件的动态运行环境，现代制造系统应尝试将 Koestler 基于社会结构和生物组织现象的 Holon 概念应用到实际生产的组织管理和运行控制中，以便解决现代制造系统应当具备的敏捷、自适应和自组织等系统性能要求。1999 年，我国学者唐任仲等人在其研究中第一次比较全面地对 Holon 概念进行了简介，并将其音译为"合弄"，这也成为我国大多研究者对"Holon"一词的常用翻译。

Holonic 制造系统（Holonic Manufacturing System，HMS）的立意出发点，就是以自适应与进化的哲学观点来构建现代制造系统中的各个要素，力图将自然界中的群体性生物群落组织生存模式和人类社会中的各种复杂大系统所体现出来的高效的组织控制结构应用于现代制造系统的组织管理与运行控制中，以提高现代制造系统应对各种动态干扰的快速响应和稳定运行能力。在 HMS 中，其通常将生产设备、市场订单、物流 AGV 和制造单元等各种逻辑实体和物理单位均构建为制造 Holon，使其能够具有自治与协作的双重特性，并通过如图 2.3 所示的组织结构形式对其进行管理，从而使整个系统可以通过个体 Holon 的自治获得动态环境中的自适应特性，同时又可以通过不同 Holon 间的协调合作实现系统总体优化与自组织特性。

与前文所述的 FrMS 和 MAMS 一样，HMS 最终所要实现的系统性能目标也是要使现代制造系统具有适合分布式智能系统的决策机制，并能够构建一种合理的自治与协调控制结构，从而改善制造系统的整体性能。在对 HMS 研究的过程中，很多学者将 MAS 的方法应用于其中，并取得了不错的效果。基于 Holon 思想的制造系统研究一直是现代制造系统方面的一个研究热点，国内外学者对 HMS 各方面的应用做了很多可行性研究，并取得了一些不错的研究成果。

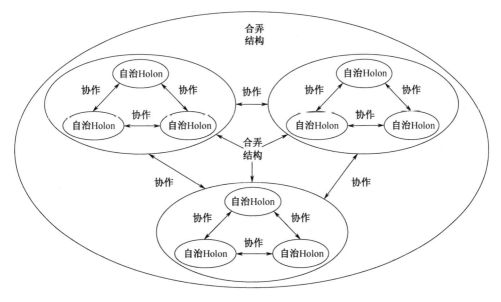

图 2.3　合弄制造系统的结构

2.2.4　生物型制造系统

生物型制造系统（Biological Manufacturing System，BMS）是由日本东京大学教授 Kanji Ueda 在 1991 年的研究中最早提出的一种现代制造系统的新概念,其主要学术思想受生物系统在漫长岁月的进化过程中所体现出来的优良特性启发,认为当今制造系统在组织管理和生产运作过程中所遇到很多问题产生原因就是在制造过程中物质与信息之间的紧密联系被人为割裂。例如，为了更好地发挥计算机信息处理能力，现代制造系统对产品的生产和相关信息的处理是分开进行的,但 Kanji Ueda 认为，正是这种将物质与信息进行刻意分离的行为阻碍了现代制造系统的发展。因此，BMS 将生物系统中的各种优秀的运作模式应用到现代制造系统中，试图通过模仿生物遗传或自然进化等方面的机制来研究制造系统的各种动态控制行为，为解决现代制造系统的分布式协同智能控制、系统资源动态重组与自组织行为做出新贡献。

BMS 将现代制造系统生产的产品视作某种生物有机体，通过将制造系统中各种组成部分及其相互联系与生物系统相对应，尝试着用细胞、基因、酶及有机系统的多态性（Metamorphosis）、共生（symbiosis）等现象对现代制造系统内的运行和组织结构进行描述。如图 2.4 所示，给出了 BMS 中的一种概念模型，将制造系统中的加工资源、物流小车、原材料、产品等看作生物有机系统自治的基础组成部分。在该概念模型中，为了使 BMS 能够具有生物系统在动态变化的内外环境中所体现出来的自适应、自生长、自优化及进化等功能，BMS 将制造系统内部的物理或逻辑实体统一分成两大类有机概念来进行归纳：一种是生物本身特征的基本表达，即 DNA 类信息，其主要表征产品特性（包含其所用原材料的特性）；另一种是生物有机体在其生命周期内所具有的各种不同行为的表达，即 BN 类信息（Brain and Neurons，BN），其主要表征了制造系统如何利用自身的设备"培育"出 DNA 所代表的产品。在 BMS 中，DNA 类信息记录了产品的基本特征，而 BN 类信息记录了产品从原材料变为产品的所有过程。在面对动态的意外干扰时，

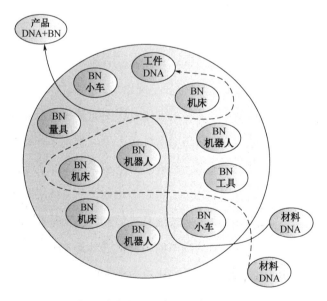

图 2.4　生物型制造系统概念模型

系统可以很容易地根据 DNA 类信息和 BN 类信息对其进行自主处理，并将其作为经验在 DNA 类信息中更新，以便下一代产品进行设计优化，也有利于进一步规划合理的生产工艺。

在生物有机体应对环境变化的过程中，其生理系统都不是采用集中控制的模式，而是采用分层多级控制策略，其主导思想就是"单元自治，并行决策，共享信息，迭代趋优"。在 BMS 中，制造系统正是模仿这些高效的寻优、趋优策略，通过赋予待加工工件一定自治性，使其可以感知周边生产设备的情况及运输设备的位置，进而主动寻找合适的制造资源进行加工，自发进行任务与资源的合理分配。当制造系统受到干扰而导致其运行环境发生变化时，工件则可以自主协调工艺路径与制造资源之间的关系，在新的制造环境中形成新的平衡，仿真实验也验证了 BMS 模式可以很好地满足动态的市场变化对制造系统所提出的要求。

2.2.5 智能制造系统模式综合分析

在前述章节中，对现有的智能制造系统常见模型进行了简单的综述和分析，从中可以看出，随着制造系统运行环境的日趋复杂化和动态化，得益于分布式人工智能技术、网络通信技术和自动控制技术等相关科学技术的快速发展，现代智能制造系统更多的是强调将复杂系统模块化、分布化和扁平化，通过赋予各个模块一定的智能自治能力及合理的协调决策机制，实现开放式的具有自组织、自适应特性的现代制造控制系统。其中，尤以 MAMS、HMS、FrMS 三种智能制造系统模型最为典型，甚至有些学者将这些思路相互借鉴，如有的研究是将 FrMS 中的独立的分形单元以 Agent 的形式来表示，并对其基于 CNP 的控制协调机制进行了研究；有的研究则是对 HMS 中的基本合弄（订单合弄、产品合弄和资源合弄等）以 Agent 的形式进行实现，并进一步基于此控制系统结构及协调机制进行对应的探讨和研究。

但是，这种基于智能自治实体的控制方法在实际应用过程中还存在一些缺陷。由于单个智能自治实体在制造系统中的布局是分布的，相互之间没有主从关系，缺乏全局信息，导致其对系统整体状态的掌握、总体任务的完成及其他资源意图的理解可能不一致。因此，当单个智能自治实体依据其本身所获得的局部信息进行决策时，其结果在对系统性能的优化上通常无法起到正面作用，甚至可能因为多个智能自治实体的决策相互矛盾而发生冲突现象。同时，由于此类分布式制造控制系统多数都缺乏一些类似中央控制的机制，导致系统的总体控制和决策在具体实施中往往无法达到最优效果，并且在系统协调过程中还不可避免地存在决策冲突（Conflict）和死锁（Deadlock）现象。特别是在制造系统规模越来越大、结构越来越复杂的情况下，系统中的智能自治实体通常是处于各种信息不断变化的一种高度紊乱的通信环境中，其决策与其他智能自治实体发生冲突的概率也会逐渐变大。并且在复杂系统中，冲突的发生有其自催化的特性，由于各个智能自治实体对全局问题的求解是通过不断交换相互之间对局部问题解答的动态迭代过程来完成的，结果是成倍地增大了求解的复杂性，从而导致出现不可控甚至混沌现象，其后果是巨大的通信量和不确定的控制，系统中的各制造智能自治实体也会因此经常处于开环运行或等待状态。因此，对现代制造系统而言，除了需要将全局问题分解为多个局部控制，还需要寻找一些合理、有效的控制结构及相应的协调策略来解决冲突，优化全局控制，提高系统整体效率。

生物有机体经过长达几十亿年的自然进化所形成的很多优良特性，为解决现代智能制造系统中的种种难题提供极佳的参考方案，其系统功能、结构及其控制机制的多样性、适应性、可靠性和高效性等许多方面对制造系统建模及其协调控制机制研究等方面具有良好的启发性，值得研究者借鉴和参考。有的学者针对BMS 及其仿生制造进行了相关研究，在探讨其模型概念的同时，对 BMS 的基础理论也进行了一定研究。在研究 BMS 时，大多数学者采用的基本思路还是基于Agent 的角度来提高制造系统的生产性能，其存在的不足与之前分析的 MAMS 系统类似。BMS 虽然在自组织、自适应等方面有着良好的表现，但是，它研究的思路是从进化的角度去描述制造系统中产品设计和制造过程，其优点是对制造系统中的产品设计优化等问题上可以取得良好的结果，而在制造系统的总体协调控制上却没有体现出生物体的优势。由此不难发现，虽然国内外研究者在对 BMS 进行研究时取得了很多不错的成果，但仍存在以下几个问题：（1）不少研究者依然按照基于 Agent 的思路来对 BMS 的组织模型及其控制协调机制等方面进行研究；（2）现有的很多针对 BMS 的研究大都无法满足实际生产过程的基本要求，多数还处于概念解释阶段，研究成果不够成熟；（3）现有的很多关于 BMS 的研究还主要集中在从生物基因进化遗传的角度对制造系统的产品开发、生产控制及制造过程等进行模仿和描述，而生物有机体内部已存在的最有效的协调控制机制（如神经内分泌调节机理等）却没有被很好地运用到复杂的自适应制造系统的协调控制中。因此，如何合理地将生物有机体中优秀的控制协调机制应用到制造系统中，对现代智能制造系统中控制结构与协调机制的研究将具有重要意义。

2.3 基于生物启发的智能制造系统的生物学背景

人体生理机构中的内分泌系统是人体用来调节机体，适应内外环境变化的重要生理系统，其通过腺体的形式分布在机体的各个部分，在实现分布式调控功能的过程中表现出了许多优异的控制协调功能特性。比如，内分泌系统对机体中枢神经系统运作过程的影响、内分泌功能所具有的各种不同的情感反应、机体内部基于激素反应扩散机制的隐式协调机制、不同生物有机体中内分泌系统所体现出来的同源性等。这些内分泌系统的功能特性不仅是生物控制领域的研究重点，也是我们基于该信息处理机制建立新型智能制造系统——类生物化制造系统模型的理论基础和思想来源。

2.3.1 内分泌系统基本概念

所谓内分泌系统，指的是生物有机体内部的某些组成部分通过向生物体内部分泌某种生物活性物质来实现机体调控的某些功能的生理系统。而这些由内分泌系统中特殊细胞（器官、组织）向机体内部分泌的、代表一定特殊含义的生物活性物质被称为激素（Hormone），其既可以由一个细胞分泌后通过体液环境传递给另外的细胞，也可以在细胞或组织内部进行传递。激素对人类机体的正常运作具有极其重要的调控作用，其中最常见的激素有甲状腺激素、生长激素和性激素等。比如，甲状腺激素的主要作用是可以促使人体蛋白质合成的有效进行，快速吸收有利于人体的糖分物质，刺激人体机体的生长及神经系统的兴奋度等；生长激素的主要作用则是刺激人体除神经组织以外的各种肌肉、器官等组织的发育和生长，促进机体内各种有益蛋白质的合成，维持机体的新陈代谢功能，是人体生长发育的重要组成部分。

在人体生理系统的各种组织器官中，有一部分器官的主要功能就是合成这些含有一定信息的化学物质（激素），并将其分泌到机体的内环境中，这些器官统称为内分泌腺体。在人体内分泌系统中，分泌激素的主要腺体包含大脑里的下丘脑、垂体（主要接收神经系统的感应信息，发出各种刺激应对指令）和人体内部的甲状腺、肾上腺（主要用来接收相应刺激指令，分泌激素调节人体机体的内部运行）等。对应地，人体内部负责合成和分泌这些不同性质化学物质（激素）的功能细胞就是内分泌细胞。内分泌细胞一般主要集中在各种不同的内分泌腺体中，在人体其他一些主要的功能器官中也有少量的分布。在内分泌细胞中，有些细胞的功能不仅仅是合成和分泌激素，其同时还具有神经细胞的功能，即可以接受、产生和传导各种神经波动，这种内分泌细胞被称为神经内分泌细胞，其所分泌的激素就是神经激素。人体内部能够接受激素并受其影响的器官被称为靶器官；同理，能够被激素作用和影响的细胞被称为靶细胞。若某种内分泌腺体既可以分泌激素，同时又可以受到某种激素的影响，其通常也被称为这种激素对应的靶腺。人体内分泌系统正是由这些内分泌腺体和内分泌细胞等通过激素所构成的一个复杂的重要的人体生理系统。

2.3.2 内分泌系统的组成

如上所述，人体内分泌系统主要的构成部分包括内分泌腺体、内分泌细胞和内分泌分子，其完整的神经内分泌结构如图 2.5 所示。图 2.5 所示的神经内分泌系统主要可以实现三种情况下的机体内环境调控作用。第一种是由神经内分泌腺体或细胞直接针对非内分泌靶器官分泌神经激素进行调节和控制。第二种是由神经内分泌腺体或细胞针对大脑中的腺垂体分泌出相应的神经激素，刺激其分泌对应

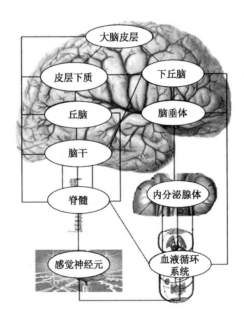

图 2.5 神经内分泌系统

的激素，通过该垂体分泌的激素来对机体内的器官或组织进行合适的调控。第三种情况是最复杂的一种情况，其不再是某种单一神经激素与腺体或垂体的对应调整，而是通过众多不同神经激素、促激素、靶器官和靶腺体等综合协调联动对人体复杂的各种内外环境进行动态处理。

1. 内分泌腺体

所谓内分泌腺体，是指人体器官中由大量内分泌细胞聚合所形成的，具有分泌激素功能的器官或组织，如人体内的下丘脑、腺垂体、胰腺、甲状腺和肾上腺等。

（1）下丘脑和腺垂体

大脑是人体最重要的器官之一，其组成复杂、功能全面，而下丘脑和腺垂体就位于大脑这个人体控制中心，共同构成了人体重要的生理调节系统——内分泌网络的控制中枢。下丘脑负责处理各种由人体神经网络感应所传输来的神经信号，并将其转换为各种对应的神经激素物质，由这些神经激素物质对相应的腺垂体进行作用，促进或抑制某种腺垂体的激素分泌，进而实现对整个内分泌网络运行的调控作用。腺垂体只是一个微小器官，但其在人体内分泌系统中扮演着最重要的角色，很多人体器官和组织都受其调控。医学研究者从中已经分离出了不少于9种不同类型的激素物质，正是这些不同类型的激素物质对人体内部的各种生理动作进行调节，因此，腺垂体在人体内分泌系统中发挥的作用是非常广泛和复杂的。在内分泌系统中，下丘脑与腺垂体相互关联而构成一个重要的控制单元，其既和内分泌网络外的中枢神经系统连接，也和内分泌网络内的各种靶腺连接，起到了关键的桥梁作用。

在神经内分泌系统中，下丘脑通过专门的脉络系统与腺垂体进行相互联系，由下丘脑中的神经分泌细胞向脉络系统中的毛细血管网络释放促进垂体分泌的神经激素或者抑制垂体分泌的神经激素的信息，进而对腺垂体的相关生理化学活动进行调控。脉络系统中的体液具有双向流动的特性，既可以使下丘脑的神经激素影响腺垂体，也可以使腺垂体的激素反过来影响下丘脑的活动，从而使腺垂体可以有效地应对机体内外的各种环境变化和刺激，通过激素分泌快速调节机体平衡。因此，在人体神经内分泌系统中，下丘脑和腺垂体是非常重要且不可或缺的一个环节。

（2）内分泌靶腺

在神经内分泌系统中，调控作用的产生与运行很大一部分功能要归功于遍布于机体各处的各种内分泌靶腺，正是这些不同类型的内分泌靶腺组织，接受各自特定的腺垂体激素信息后，做出或促进分泌或抑制分泌的反应，从而使腺垂体可以通过体液循环系统对整个神经内分泌系统中各种激素起到调节控制作用。由于机体内部分布的内分泌靶腺功能不同，各自又可组合成可以发挥各种特定作用的调节系统，如甲状腺调节系统、胰腺调节系统、肾上腺调节系统等。此处以甲状腺内分泌调节系统来进行简单的说明。

甲状腺调节系统的示意如图 2.6 所示，在大脑皮层中，有机体的神经细胞感知各种刺激信号，并将其根据生命活动需要整合传送到下丘脑组织，下丘脑组织根据接收到的信息分泌促甲状腺释放因子（TRF）给腺垂体，而腺垂体则根据 TRF 中的信息合成分泌促甲状腺激素（TSH）对机体组织进行调控，同时又通过体液循环系统将血液中的激素浓度状态反馈给下丘脑和腺垂体，使整个生理系统时刻处于一种动态的平衡状态中。

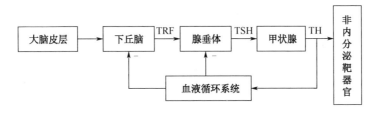

图 2.6　甲状腺调节系统的示意图

2. 内分泌细胞

在神经内分泌系统中，发挥核心作用的内分泌腺体是由很多特殊的细胞组成的，这些细胞可以针对不同的外界信息产生不同的合成或释放某种化学物质的生理反应，这些细胞就是所谓的内分泌细胞。在一个内分泌腺体组织中，往往包含多种具有不同功用的内分泌细胞，其各自应对不同的刺激，分泌不同类型的激素，根据其功用不同，大致可分为：具有接受神经刺激信号功能的神经内分泌细胞；具有调节其他内分泌腺体作用的腺垂体细胞；接受腺垂体调控的靶腺细胞。

所谓神经内分泌细胞，指的是可以接收神经细胞传来的各种不同的神经信号，并可以将其转换为对应的神经激素信息来实现对内分泌网络系统中腺垂体调控作用的一类非常重要的内分泌细胞。这类细胞主要集中于下丘脑基的下部区域——促垂体区。神经内分泌细胞对于人体中的神经网络系统与内分泌体液调节系统之间的相互关联起到关键的衔接作用。在人体内分泌系统中，用于调节腺垂体分泌的激素种类和数量的各种神经激素信息均是通过神经内分泌细胞进行分泌的，其中主要包括生长激素释放激素、生长抑素、促肾上腺释放因子（激素）、促甲状腺释放因子（激素）等。

内分泌系统中另一种最重要的细胞就是腺垂体细胞，它是整个内分泌系统调节的控制核心，其通过接收神经内分泌细胞释放的刺激信号分泌出相应的激素物质。根据所分泌的激素发挥的作用和功能，腺垂体细胞可以分为不同的种类，如生长素细胞、促甲状腺激素细胞和促肾上腺激素细胞等。位于下丘脑中负责接收神经信号的神经分泌细胞根据外界刺激促进分泌或者抑制分泌的激素信息，通过脉络系统传导到分布式的腺垂体上，腺垂体细胞膜上的特异性靶受体根据接收到的激素信息决定腺垂体细胞的反应活动，增加或抑制相应的内分泌系统中内分泌靶腺的激素分泌量。

在人体内分泌系统中，内分泌细胞除了上述两种偏向于控制功能的细胞，还有一种重要的起到执行作用的效应细胞，即内分泌靶腺细胞。这类细胞其种类繁多，对人体内部的绝大部分生理活动起重要的调节作用。靶腺细胞的工作原理就是其细胞膜上的特异性受体接收上级对应的腺垂体分泌的某种激素信号，然后靶腺细胞根据该激素信息分泌出相应数量和种类的激素，直接参与人体内部的生理活动过程。例如甲状腺细胞，在内分泌系统中，根据腺垂体所释放出的促甲状腺激素，甲状腺细胞分泌出特定数量和浓度的甲状腺激素，而人体在生长发育过程中所需的各种有机物的合成和生理活动过程中的能量代谢则可以在甲状腺激素的促进下更好地进行。如图 2.6 所示，甲状腺细胞分泌的激素不仅作用于机体的生命活动，同时还对下丘脑中的神经内分泌细胞和内分泌系统中的腺垂体细胞都有反馈作用，而正是这种多重反馈调节的控制结构保证了人体生理活动过程中机体内环境的动态平衡和稳定。

3. 内分泌分子

通常情况下，常见的内分泌分子包括细胞膜受体分子、胞浆受体分子、肽类激素分子、第二信使分子和类固醇激素分子和细胞核内受体分子等。在内分泌分子的作用过程中，肽类激素分子通过与靶细胞膜上的具有特殊结构的受体结合来激活腺苷酸环化酶系统，使细胞中的 ATP 在 Mg^{2+} 存在的前提下，可以转化为 CAMP（第二信使），从而令肽类激素分子的信息传递给了第二信使分子；CAMP 通过激活蛋白激酶来触发靶细胞的内部反应，如神经细胞传递信息过程中的电位变化、细胞膜的通透性变化及各种不同生物酶的作用，等等。类固醇激素分子的特点是个头小且具有脂溶性，它可以快速渗透细胞膜，与细胞中的胞浆受体结合生成一种特殊的复合物，在 37℃ 的条件下会产生一种变构，使该复合物可以穿透细胞核的外膜，进一步与细胞核内的特定受体结合，转变为激素-细胞核受体复合物，然后在细胞核内部生成或抑制 mRNA，进而对 DNA 的转录过程进行调节控制，并通过调节蛋白质的生成来控制靶细胞的生理反应，激素的基因表达机制如图 2.7 所示。

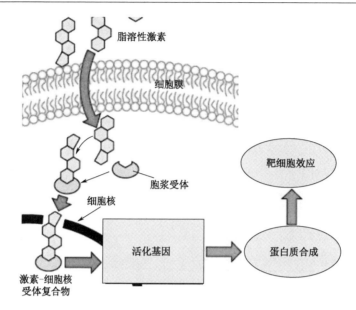

图 2.7　激素的基因表达机制

2.3.3　人体内分泌系统的主要功能特点

1. 内分泌系统对神经系统的高层调控

在传统的医学研究中，通常会将人体的内分泌网络系统和神经网络系统分割为两个互不相关的独立系统分别进行研究。但是，越来越多的生理学研究发现，这两大网络系统在调节人体内环境平衡的作用上是密不可分的，正是通过它们之间的相互影响和协调合作，保证了人体生理系统中的内外信息能够及时准确地进行传递，从而保证了机体对各种环境变化的适应，进而维持生命活动的正常进行。神经系统接受刺激，发送电信号，刺激内分泌系统工作；同样，内分泌系统也可以以激素的形式对神经元细胞进行反馈，反过来对神经系统的行为产生影响。两者之间相互作用的过程比较复杂，蕴含很多高效的信息处理机制，同时还体现出生物特有的自适应、自学习和自组织等方面的特性。

因此，研究神经系统与内分泌系统之间的相互作用机制，既可以探索其在现代智能制造系统分布式控制中的应用，也可以利用激素的一些特性对现有的智能算法和模型进行改进。

2. 基于激素反应扩散过程的隐式协调

在内分泌系统中，各种不同种类的内分泌细胞分布于人体内部各个地方，激素分泌并扩散到整个机体，这个生理过程蕴含丰富的分布式控制机制与原理。在内分泌系统中，内分泌细胞的细胞膜表面都分布着某种特异的受体，这些受体可以感受周围环境中的某种化学信号，并根据该信息对自身的激素分泌过程做出增强分泌或抑制分泌的调节，即单个内分泌细胞完全可以看作一个具有感应器（细胞膜表面的受体）和效应器（细胞分泌激素）的自主个体，而内分泌系统则是由这些自主的个体通过相互作用所构成的一套动态的平衡网络，用以实现生命对机体内、外环境变化的自适应与自调节功能。同时，由于内分泌系统中的激素传播过程是在体液中无目标地扩散，由具有特异性受体的其他内分泌细胞对其进行响应，这种作用机制是一种典型的隐式通信机制。并且，由于内分泌系统中激素作用机理带有天然的分布性特点，对其信息处理机制进行深入研究必然给现代智能制造系统的分布式通信与控制问题带来新的思路和解决方案。

因此，在内分泌系统作用机制和调节原理的启发下，我们建立了一种智能制造系统的协调控制模型，并对蕴含隐式协调机制的内分泌系统中的激素作用原理进行研究，将其应用在现代智能制造系统动态协调控制或任务分配中，这也是本书的重要研究内容。

3. 生物内分泌系统的多重反馈特性

在人体内分泌系统中，关键的信息物质就是激素，其主要作用方式有四种：①自分泌，是内分泌细胞所释放的激素物质经过局部扩散后，反过来又可以被自己所分泌的激素影响的内分泌形式。②旁分泌，是内分泌细胞所分泌的激素物质直接扩散至附近的靶细胞发挥调节功能的内分泌形式。③远距分泌，是通过体液环境，将所分泌的激素物质扩散至机体远端的靶细胞发挥调节功能的内分泌形式。

④神经分泌，是神经内分泌细胞所释放出来的激素，经过脉络网络扩散至腺垂体上发挥调节功能的内分泌形式。内分泌系统通过分泌激素来调节糖、脂肪、蛋白质及水盐代谢等生理活动，促进细胞分裂，影响神经系统活动，控制生殖器官发育等，以便维持人体内部生理环境的稳定。在内分泌系统中，激素浓度的调控过程包含多重反馈结构，既有靶腺激素的长环闭合反馈，也有腺垂体分泌促激素时的短闭合回路反馈，还包含下丘脑对激素作用的超短反馈。在内分泌系统中，中枢神经系统首先根据所感受到的外界情况来刺激下丘脑，使其分泌出合适的促激素释放因子（HRH），HRH 进一步对腺垂体产生影响，使其分泌出相应的促激素（RH），然后通过体液循环扩散到对应的靶腺体，促使其分泌出机体平衡所需的激素。其中，下丘脑感知的 RH 浓度为短反馈，对自身分泌的 HRH 浓度的感知为超短反馈，对靶腺体所分泌的激素浓度的反馈为长反馈，正是由于存在这些复杂的多重反馈结构才可以使内分泌系统在调节机体平衡时能够做到快速准确。

因此，在内分泌系统多重反馈机制和结构的启发下，我们对智能制造系统的生产物流系统中的在制品库存控制模型进行研究，提出了一种基于多重反馈机制的在制品动态库存控制模型。

2.4 基于生物启发的智能制造系统协调模型

2.4.1 现代智能制造系统与有机生命系统之间的相似性

通过上述分析，我们不难看出，生物有机生命系统的生理活动和现代智能制造系统的生产活动在很多方面具有惊人的相似性。生命系统本身是一种动态的开放系统，由简单的细胞逐渐形成具有某种功能的组织，再由相近功能的组织形成各种专门的器官，然后不同作用的器官组合在一起形成了复杂的生命系统，这种结构天然具有高度的分布性特点。生命系统能够在大自然的各种不同环境中生存下来，说明其自身对于外界环境具有很强的自适应能力，同时还能够通过自身的某些协调控制机制实现生命体的进化与群体之间的协作。现代智能制造系统与生命系统类似，也是一种分布式的动态开放系统，制造系统的运行也需要与外界保持物质交换，维持内部各种设备和部门运作的协调性。现代智能制造系统往往是由很多具有自治特性的智能生产设备、AGV、各种机械传输装置、智能检测设备及制造资源等，通过合理的协调控制组合而成的一个庞大而复杂的典型的分布式系统，在这样一个系统中，可以借鉴生命系统中某些优秀的控制结构或协调机制。有研究者从生物控制论的角度解释了人体的一些自适应控制机制和规律，并对生物系统中的子系统与工程控制中的一些系统结构与功能进行了对比，发现在很多方面两者具有惊人的相似性，并且都可以通过相同或相似的组成部分来描述它们的控制机制。因此，在构建现代智能制造系统组织结构和控制协调模型时，尝试赋予制造系统的组成基元或智能子系统更多的生命有机体的特性，适当增强个体的自治能力，同时模拟人体神经内分泌系统的内部协调控制机制进行调控，不仅可以简化制造系统中各个功能单元之间复杂的耦合关系，还可以有效地对现代智能制造系统的智能性、自组织性、动态环境的自适应性和可重构性起到良好的促进作用。进入 21 世纪以后，现代智能制造系统不再是由一堆死板的、缺乏足够自治能力的生产设备和各种物料组成的，其发展方向必然是希望制造设备或智能生产基元能够独立地根据实时的加工情况，按照其所能感知到的环境状态和已设定的目标，自主地决策下一步的行为动作，更高效合理地完成各种制造任务。

随着科技的发展，制造业的数字化、信息化趋势愈发明显，而生命科学也逐渐由单纯的科学研究转向了更全面的工程化应用，现代智能制造系统与生物系统之间的相似性也就愈发明显和突出，其相互之间的可借鉴性也变得更加具有可行性。从生物控制论的研究成果中我们可以发现，在生物系统中，其整体控制呈现一种递归特性，而其中各个不同层次的子系统又均具有自协调、自组织的特性，都可以灵活地根据周边环境的变化进行自我调节，使生物系统针对复杂多变的外部环境具有更多的灵活性和更强的适应性。比如，人体神经内分泌系统中的神经网络可以感知外界刺激，并产生兴奋或抑制某些生理活动的电信号，而后由内分泌系统接收这些信号，进而分泌出相应的激素物质，通过人体体液循环系统调节相应的器官或组织，从而协调控制人体某些生理活动。与此过程类似，借鉴生物自适应、自组织机制，现代智能制造系统应该能够根据市场波动和市场订单快速地克服各种意外干扰，高效地协调和控制自身各种生产活动，这样就可以有效提升企业核心竞争力，迅速适应动态多变的市场，并在激烈的市场竞争中占据一席之地。

因此，在搭建复杂而庞大的现代智能制造系统模型时，参考模拟生物系统的结构形式，针对制造系统的组成实体或子系统给予一定程度的自治能力，不仅可以简化系统各单元的耦合关系，有效提高系统的开放性、灵活性、可重组性和可扩展性，而且可以有效提高整个系统的智能自组织能力和对环境的动态自适应能力。

2.4.2 类生物化智能制造系统协调模型

随着人类社会的不断进步和市场经济的不断发展，现代制造系统的组织结构变得愈发庞大，其制造过程也愈发精细。面对制造系统不断增强的复杂程度，从自然界的各种生命现象中学习其协调与控制复杂系统的原理与机制，是解决当前制造业中所出现的众多疑难杂症的一条有效的、甚至是必然的出路。如果现代智能制造系统想要能够快速地满足复杂的系统运行环境中的各种要求，应模拟生物有机体的调控机制，不仅在静态时需要能够快速地安排优化常规动作（任务），还需要能够具有与生物有机体类似的组织控制结构，以便在制造系统运行环境发生动态变化时能够具有及时响应并快速协调的能力。这种模拟生物机体的自适应与自调节的能力不仅可以在智能基元内部运作，而且还可以在智能基元之间发挥作用，如此，现代智能制造系统才可能在一定程度上体现出生物智能性，更多地发挥出系统的实际制造能力。

通过前文中对现代智能制造系统的分析与类比，以及受到神经内分泌系统及其优越的生物协调控制机制的启发，首先构建类生物化智能自治基元的构成及其控制器的结构，并探讨了其有机特性。在此基础上，针对现代智能制造系统静态任务分配、制造资源动态协调及生产物流中在制品动态库存控制的问题，本章阐述了一个类生物化智能制造系统控制协调模型，从内分泌系统的激素分泌与协调及多重反馈控制结构等方面来研究类生物化智能制造系统中信息流的协调机制与物质流的控制原理。

1. 类生物化智能自治基元

基于现代智能制造系统的分析和受生物体内分泌系统调节机制的启发，我们首先对基于内分泌调节机制的类生物化智能制造系统的基本组成——智能自治基元进行了构建，其地位就相当于机体内分泌系统中的某种细胞组织或腺体器官，类生物化自治基元的基本结构如图 2.8 所示，它是一个由感知器、控制器、执行器及数据信息库等多模块组成的具有自组织和自适应功能的自治实体。

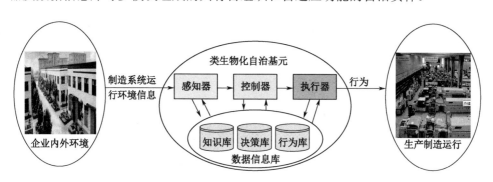

图 2.8　类生物化智能自治基元

在现代智能制造系统中，其与生命有机系统类似，都必须通过不断地与外界进行物质、能量及信息等方面的交换来实现自身系统的正常运行与生存进化，以便更好地适应周围环境的改变。同样，作为类生物化智能制造系统的基本组成部分，智能自治基元也必须具备相应的功能，其通过感知器获取制造系统运行环境中的各种信息，并通过控制器结合数据信息库进行决策判断，选择合适的行为通过执行器输出。与生物有机体所处的自然环境一样，类生物化智能制造基元所处的制造环境也分为内环境和外环境两类，前者主要与智能基元的资源构成和内部控制结构有关，其表现形式是控制的实时性；而后者主要是与智能基元运作的周围环境中的变化相关，其表现形式是突发的波动性和控制的滞后性。类生物化智能自治基元由感知器来收集内外环境中的信息，控制并决定如何对内外环境中的各种变化进行平衡，由执行器来处理由内外环境变化所带来的制造过程中的复杂性。而现代智能制造系统的运行环境与市场需求、原料采购、新品开发和工艺更新等多种因素具有密切关系，而这些因素均存在着一定的不可控性，正是这些不可控的因素引起了制造系统运行环境的动态多变。如果现代智能制造系统的运行环境没有这些不可控因素，那么类生物化智能自治基元的控制和协调机制就会变得没有意义。基元的设计与构建就是为了寻求一种更合理、更快捷的途径来处理制造系统这些动态变化的基本构成。

从图 2.8 中可以看出，类生物化智能自治基元具有与生物体类似的结构，它可以通过自身的感知和知识，决定应对突发事件的处理方式，具有应对动态多边的制造系统运行环境的快速响应能力和自适应的处理能力，可以通过感知器与周围的其他基元进行协调合作，体现出生物特有的对环境的感知性、对变化的适应性和对处理结果的学习性的特点。在智能自治基元所能够表现出来的各种类生物特性中，其递归控制结构最为典型，如图 2.9 所示。类生物化智能制造系统可以看成由很多个智能自治基元通过不同层次的控制器相互协调组合而成，其中，智能自治基元又可以由基元控制器和下层不同的智能基元构成，最底层的智能基元则可能是由单个的数控机床、AGV 或其他多个制造实体通过基层的智能基元控制器组合而成的。因此，类生物化智能自治基元乃至基于此的整个智能制造系统都体现出多层自相似性的递归结构，这种结构可以在不同的层次上进行自组织活动，降低了系统整体的复杂度。

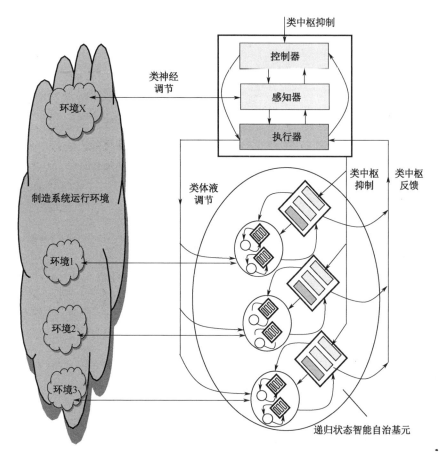

图 2.9　类生物化智能自治基元的递归结构

2．类生物化智能制造系统的协调模型

基于内分泌系统的优良协调特性，在构建类生物化智能自治基元的基础上，我们建立了现代智能制造系统的类生物化控制与协调模型，如图 2.10 所示。与生物有机体的构成类似，现代智能制造系统中的各种自治基元可以被模拟成内分泌系统中的各种腺体，其感知周围环境和协调合作完成制造的过程可以模拟成激素分泌扩散和相互影响的行为。该模型主要从控制信息层和物料流动层两个层次来研究内分泌系统的调节机制在类生物化智能制造系统中的控制和协调问题。在控

制信息层，基于激素调节机制的智能自治基元在一定程度上具有自我决策的自适

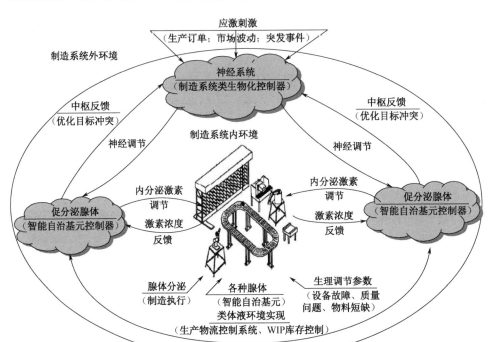

图 2.10 类生物化制造系统协调模型

应性，可以利用内分泌系统的优良调控机制对现代智能制造系统中的生产任务与
制造资源之间的静态环境中的调度问题和动态环境中复杂的协调问题进行良好的
处理，可以有效提高整个制造系统的智能性和对动态问题的敏捷响应性。而在物
料流动层，可以将神经内分泌系统中的多重反馈控制结构运用到生产过程中的在
制品库存动态控制模型中，以便使制造系统在运行过程中（模拟体液循环环境）
可以更快捷地调整物料的流转数量，提高系统的运行效率。例如，在正常情况下，
生产任务（腺垂体分泌的促激素）分解下发到各个智能自治基元（腺体）上，自治
基元根据接收到的任务来进行内部调度（分泌激素），如果在运行时遇到突发意外
（如某个设备故障等），则该信息会反馈到智能自治基元的控制器中，然后由决策
模块进行判断，若能内部处理则自行解决问题；否则，基元控制器就会向上级单位

分泌激素信息，提出协作请求，上层控制器则会再分泌相应的激素信息，使各个智能自治基元中有余力的实体进行动态资源重组，组成临时的生产单元，在保证完成制造系统总体目标的前提下，处理系统遇到的意外情况，从而使现代智能制造系统的局部任务和全局目标在内分泌调节机制下均可以得到优化，并体现出强大的个体自治性和系统全局协作性。

3. 类生物化智能制造系统协调机制实现的思路

针对本书所构建的类生物化智能制造系统的协调模型，我们计划从下述几个方面对其中的部分关键技术进行研究和实现。

（1）神经内分泌系统在生物体的机体调控功能中起到至关重要的作用，它通过激素调节的方式使生物系统能够在各种复杂的环境中体现出良好的自适应性和稳定性。各种激素的分泌变化规律通常都遵循 Hill 函数，通过相互之间的影响来实现机体生理活动的快速自调节功能。基于此，借鉴激素浓度的调节规律，在信息控制层面的绿色车间调度问题中，针对粒子群优化调度算法，设计了自适应激素因子，使粒子之间的信息可以更全面地共享，在保证粒子群算法过程中粒子种群多样性的同时，解决了传统粒子群算法在求解车间调度问题中存在的易于陷入局部最优和收敛速度缓慢等问题。

（2）在神经内分泌系统的调节过程中，基于激素协调的方式是一种隐式的动态协调方法，具有强大而有效地动态协调与寻优能力。因此，受生物内分泌系统中激素反应扩散机制的启发，我们对现代制造系统的任务与资源协调分配的数学模型进行了分析，构建了制造系统中相关激素量的奖惩函数，将研究基于激素反应扩散机制智能制造系统的隐式动态协调原理与实现方法。

（3）在物料流动层面，为了对基于神经内分泌调节机制的智能制造系统内部生产物流系统的及时配送能力进行协调控制，将以零件在制品为研究对象，结合神经内分泌系统的多重反馈控制结构，对已有的在制品库存模型进行优化，建立动态生产环境下的在制品库存控制模型，以提高制造系统物流系统的配送能力和抗扰动能力，增强制造系统控制的稳健性。

2.4.3　类生物化制造系统协调模型的功能特点

1. 自治性与协作性（Autonomy and Cooperation）

类生物化制造系统是在分布式制造系统的基础上，受生物有机体的内分泌调控机制启发而形成的一种新型智能制造系统，它模拟生物内分泌系统工作原理所设计的智能自治基元具有双重倾向，一方面可以模拟激素腺体具有自决趋向，即维持其作为一个独立自主的个体存在的趋向；另一方面可以模仿内分泌系统整体协同工作的特点，通过协调机制可以与其他自治基元合作形成更大的系统。体现在类生物化制造系统中的智能自治基元上的基本特性表现为自治性（Autonomy）和协作性（Cooperation）。自治性主要是指类生物化自治基元的自决趋向可以使其在面对外部环境的突变时自主做出各种合适的反应，提高系统的稳定性；而协作性则表现为类生物基元通过某种协调机制相互合作，集成为一个更大的整体，以便完成更大、更复杂的任务。

自然界中生物的进化过程也体现了这种自治性与协作性的过程。例如，生命最初是以单细胞形式出现的，而随着生命系统的进化，细胞个体逐步集成为更加复杂的生物体以便应对各种环境中的生产进化挑战。从行为科学上来分析，个体的自决性往往表现为个体所固有的行为模式或习惯，而集成性则体现为具有创造性的学习能力和应对动态变化环境的自适应性等。在现代制造系统中，数控机床中的程序控制实质上可以看作机床的自决趋向，它是制造资源所固有的某种行为模式；而市场对产品的不同需求却使不同功能的数控机床或其他生产设备必须集成起来以满足顾客需求，这又体现出了制造系统的集成化趋向。

类生物智能自治基元所具有的自决性与协作性的特点使制造系统的基本组成单元在实现内部自治的前提下，可以通过优良的协调控制机制更好地实现制造系统全局目标的优化。所以，基于该特性下的类生物化制造系统可以在不确定性的动态制造环境中获得良好的自适应性和自组织能力，面对突发扰动具有良好的快速响应能力。

2. 动态平衡与无序(Equilibrium and Disorder)

类生物化制造系统在运行状态时，其所包含的智能自治基元在各自内部有自决的趋向，而在基元外部又有协作集成的趋向，因此其整体始终处于某种动态的平衡之中。合理的协调控制机制可以有效地维持类生物化制造系统的这种动态平衡，使自治与协作的优势得以最好的发挥。如果两种趋向中的某一种趋向占据了较大的优势，则会导致类生物化制造系统中的这种动态平衡被打破，从而导致系统的无序。

3. 多重递阶（Multiple Hierarchies）控制结构

类生物化制造系统中的任何智能自治基元均可以同时在多个不同的递阶控制结构中承担不同的角色，进而使整个制造系统中的控制系统形成多重递阶控制结构。在生物有机体中，神经内分泌系统起整体控制协调作用，其有效的控制结构正是这种多重递阶结构。通过将多个递阶控制结构进行交叉重叠的方式构成复杂的大型控制系统，可以通过良好的协调机制使类生物化制造系统拥有较强的稳定性和稳健性。

4. 自催化和自反馈机制（Auto-catalytic Set and Positive Feedback）

在生物系统中，为了使自身能够适应复杂的自然环境，通常会在机体内部形成某种生理系统或调节机制，使生物能够不断地完善、进化自身，从而能够在残酷的自然选择中生存下来，这是自然界中自催化机制的由来。而在制造系统中，同样需要该种自催化机制，例如，当某种控制体系结构可以较好地满足市场需求所带来的控制要求时，就会得到更多的支持，有利于其不断地进行自身改进，从而更加具有竞争力。类生物化制造系统同样是按照这种思路设计的，即先在分布式智能制造系统的某个局部区域里采用类生物化控制协调的机制，以展示出类生物化系统的各种优良的控制特性，最后再逐步将其推广到整个制造系统。同时，为了更好地体现类生物化基元的自治特性，类生物化制造系统中还构建了超短反馈机制，当制造系统局部出现干扰时，首先通过超短反馈将干扰信息反馈给生产设备自身的控制器，并由其调整分泌相应的激素（工艺参数）自行解决问题。如果自身不能处理，则通过类体液网络将问题信息反馈给上级自治基元控制器，通过协调合作的方式进行处理。

2.5 基于生物启发的智能制造系统控制体系结构模型的形式化描述

2.5.1 形式化描述的必要性

制造控制系统的形式化描述，是指用具有精确语义的形式语言对制造控制系统的具体组成及其所能实现的功能进行准确的数学逻辑描述，是验证和测试制造控制系统具体性能的基础和依据。类生物化制造系统控制体系结构模型的形式化描述可以用数学逻辑语言的方式清晰地表述所要开发的整个控制系统的逻辑活动，避免了因表述不清而引起模糊或混乱，可以使系统研发人员绕开很多不必要的细节和逻辑错误，提高系统的开发效率。

类生物化制造系统是典型的分布式智能制造系统，其控制体系结构模型中定义了基本的智能自治基元、自治基元之间的通信方式及协调交互机制，它们是分析和设计类生物化制造系统的协调控制模型的前提，也为其具体应用奠定了理论基础。采用自然语言、图表等准形式化（Semi-formal）语言描述控制系统体系结构时有其先天的不足，必须采用形式化技术或语言才可以对分布式智能制造系统中智能自治基元之间通信与协商（Communication and Interaction Protocol）过程中的并发和交互进行精确的描述。描述分布式智能制造系统的形式化描述语言必须具备以下几个能力：（1）能够对自治基元之间的并发性进行描述；（2）具有模块化特性，能够对某些局部交互进程进行描述；（3）能够描述不同自治基元之间的同步性进程；（4）内部状态的可修改性，即可以对自治基元的内部变更进行描述；（5）能够对自治基元的通信需求进行描述；（6）类生物制造系统控制体系结构的动态性的准确表述。

目前，针对现代分布式智能制造系统的常用形式化描述语言主要有 dMARS、DESIRE、Gaia、MaSE、G-net 和 AUML 等，它们对系统模型的表述做出了重要贡献。但对类生物化制造系统的控制体系，由于其难以从结构上和行为上描述出动态性行为，因此，我们尝试用进程代数来对分布式的类生物化制造系统进行描述，将智能自治基元作为基本进程，通过某种规则简单组合构成复杂的类生物化制造系统，并为了提高模块化特性，利用进程代数对单个自治基元内部的哑行为（Silent Action）进行定义和描述。

2.5.2 π 演算简介

π 演算属于进程代数中的一种，通常用来描述具有动态结构进程（Process）的通信行为，是在扩展了 Robin Milner 的 CCS（Calculus of Communication System）算子以适应动态系统可重构性的基础上发展而来的并发计算模型。π 演算主要由名字（Name）和进程（Process）两大类实体组成。在被描述系统中，信息交互的通道被命名为某个 Name，而系统中可以自治运行的实体则被看作 Process，其中还可以包括 Subprocess。Process 通过共享的 Name 所代表的信息交互通道（Channel）进行通信。我们以英文大写字母 P、Q、R 等表示进程，以小写的希腊字母 α、β、γ 等命名通道，变量以小写英文字母 x、y、z 等表示，变量列表则以 $\vec{x}$、$\vec{y}$、$\vec{z}$ 表示。

多元 π 演算是在原有的单元 π 演算（First-order Monadic-Calculus）的基础上拓展演变而来的，其在进程表述时允许同时在多个名字的通道中进行交互，其BNF范式如下：

$$P ::= 0 \Big| \rho \cdot P \Big| P' \Big|' P \Big| P + P \Big| [x = y] P \Big| (v\vec{x}) P \Big| !P \Big| A(\vec{x}) \tag{2.1}$$

式（2.1）所示的一阶多元 π 演算的 BNF 范式描述了动态系统中的某个进程。在 BNF 范式中，"0"表示没有任何动作的零进程；$\rho \cdot P$ 则表示在执行进程 P 之前必须完成动作 ρ；"|"表示并行组合算子（Parallel Composition Operator），用以表示成对的并行进程；"+"表示和算子（Sum Operator），通常用来描述可执行的下一步进行具有多种选择的可能性；$(v\vec{x})P$ 为约束算子（Restriction Operator），表示变量列表 $\vec{x}$ 中的变量仅对进程 P 开放，其余进程无法获取任何变量列表 $\vec{x}$ 中的信息；$[x = y]P$ 表示选择执行进程，即当满足中括号的条件（变量 x 等于变量 y）时，执行进程 P；$!P$ 表示对进程 P 的反复组装过程，"!"又称之为复制算子（Replication Operator）；$A(\vec{x}) \stackrel{\text{def}}{=} P$ 为进程 P 的某种形式的定义，其通过变量列表 $\vec{x}$ 中的变量将 A 和 P 这两个进程关联起来。

多元 π 演算所表达的内容同样是由两大部分组成的，第一部分是用于对系统内部各个进程之间交互后的发展进行结构化描述的约减规则（Reduction Rule）；第二部分是针对系统进程与外部动态变化的环境交互后的发展变化进行描述的转换规则（Transition Rule）。

2.5.3 基于一阶多元 π 演算的控制体系结构的形式化描述

为了便于构建类生物化制造系统控制体系结构的形式化模型，围绕制造系统接受外部订单在系统内部可选制造资源间动态协调分配和分配到任务的智能基元内部自治调度为核心目标，我们根据图 2.10 所示的类生物化制造系统协调模型，将类生物化的制造实体抽象为 5 种基本对象，即类神经中枢控制器 BNC、车间调度控制 JSC、自治基元控制器 APC、任务管理控制器 TMC 和资源管理控制器 RMC，并以此为基础建立了如图 2.11 所示的控制信息传递模型。

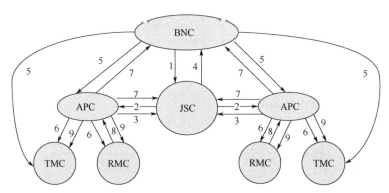

1: BNC到JSC：路由请求   2: JSC到APC：要求决定

3: APC到JSC：回应请求   4: JSC到BNC：通知决定

5: BNC到TMC/APC：建立关系

6: APC到TMC/RMC：分配工艺线路并安排流程

7: APC到BNC/JSC：通知决策结果

8: RMC到APC：要求重新安排

9: APC到TMC/RMC：重新安排其流程

图 2.11　类生物化制造系统控制信息传递模型

在明确了信息传递模型各个关系的基础上，根据类生物化制造系统的控制体系结构的主要控制协调功能，设计了自治基元之间的通信链接（见表 2.1），并应用 π 演算法对其进行相应的命名和定义。假设通信链接是一一对应的，比如 wbj 链接仅仅表示 BNC-to-JSC 的通信通道，对表中以 w、v 为首命名通信链接，以 i、j 为首交互的信息进行定义。

表 2.1　类生物化制造系统自治基元之间的通信链接

名　　字	信息发出实体	信息接收实体	通 信 类 型
wbj	BNC	JSC	Request for routing (*i*Reqp)
wja	JSC	APC	1. Request for product routing decision (*i*Reqs) 2. Routing assignment (*j*Ass)

名　字	信息发出实体	信息接收实体	通　信　类　型
vaj	APC	JSC	1. Response to the request (*i*Respc) 2. Notifies the scheduling results (*j*Scres) 3. refuse (*i*Refuse)
vjb	JSC	BNC	1. Notification of Routing assignment (*i*Ass) 2. refuse (*i*Refuse)
wba	BNC	APC	Routing relationship establishment (*x*Rela)
war	APC	RMC	1. Schedules its process (*i*SchR) 2. Reschedules its process (*j*ReschR)
wat	APC	TMC	1. Schedules its process (*i*SchT) 2. Reschedules its process (*j*ReschT)
vab	APC	BNC	Notifies the scheduling results (*i*Schre)
vra	RMC	APC	Requests rescheduling (*i*Reqre)
wbt	BNC	TMC	Establish the relationship based on endocrine regulation mechanism (*i*Rela)

结合类生物化制造系统自治基元之间的通信链接系统控制信息传递模型，类生物化制造系统的控制体系结构模型的形式化表达式可以描述为：

$$BMS \stackrel{def}{=} BNC(...) | JSC(...) | APC(...) | RMC(...) | TMC(...) \tag{2.1}$$

其中，

$$
\begin{aligned}
BNC(\vec{c}) \stackrel{def}{=} & \overline{wbj} < i\,Reqp > \cdot (iTout.BNC(\vec{c}) + vjb(msg) \cdot ([msg = iAss] \cdot \\
& \overline{wba} < i\,Rela > \cdot \overline{wbt} < iRela > \cdot vab(iSchre) \cdot BNC(\vec{c})) + \\
& [msg = i\,Refuse] \cdot BNC(\vec{c}))
\end{aligned}
\tag{2.2}
$$

$$
\begin{aligned}
JSC(\vec{sc}) \stackrel{def}{=} & wbj < i\,Reqp > \cdot \overline{wja} < i\,Reqs > \cdot (iTout.JSC(\vec{sc}) + vaj(msg) \cdot \\
& ([msg = i\,Respc] \cdot \tau s \cdot \overline{wja} < jAss > \cdot \overline{vjs} < iAss > \cdot vaj(jScres) \cdot \\
& JSC(\vec{sc})) + [msg = i\,Refuse] \cdot JSC(\vec{sc}))
\end{aligned}
\tag{2.3}
$$

$$
\begin{aligned}
APC(\overrightarrow{cc}) \stackrel{def}{=} {}& wja < i\operatorname{Re}qs > \cdot \tau_1 \cdot \overline{vaj} < i\operatorname{Re}spc > \cdot (iToutc.APC(\overrightarrow{cc}) + wja(jAss) \cdot \\
& wba(i\operatorname{Re}la) \cdot \overline{war} < iSchR > \cdot \overline{wat} < iScheT > \cdot \overline{vaj} < jScres > \cdot \\
& \overline{vab} < jSchre > \cdot APC(\overrightarrow{cc})) + (vra(i\operatorname{Re}qrs) + wja(i\operatorname{Re}qre)) \cdot \tau_2 \cdot \\
& \overline{war} < j\operatorname{Re}schR > \cdot \overline{wat} < j\operatorname{Re}schT > \cdot \overline{vaj} < j\operatorname{Re}schs > \cdot APC(\overrightarrow{cc})
\end{aligned}
\tag{2.4}
$$

$$
RMC(\overrightarrow{rc}) \stackrel{def}{=} war < iSchR > \cdot RMC(\overrightarrow{rc}) + \tau r \cdot vra < i\operatorname{Re}qrs > \cdot war(j\operatorname{Re}schR) \cdot RMC(\overrightarrow{rc})
\tag{2.5}
$$

$$
TMC(\overrightarrow{tc}) \stackrel{def}{=} wbr(i\operatorname{Re}la) \cdot (wat(iScheT) \cdot TMC(\overrightarrow{tc}) + wat(j\operatorname{Re}schT) \cdot TMC(\overrightarrow{tc}))
\tag{2.6}
$$

在上述基于一阶多元 π 演算所描述的类生物化制造系统控制体系结构模型中，式（2.1）为整个系统形式化模型的总体表达式，而式（2.2）至式（2.6）则为系统组成各个主要进程的行为表达式。其中，各主要进程中的变量列表如下所示：

$$
\begin{cases}
\overrightarrow{c} = \{wbj, vjb, wba, wbt, vab, i\operatorname{Re}qp, iTout, iAss, i\operatorname{Re}la, iSchre, i\operatorname{Re}fuse\}; \\
\overrightarrow{sc} = \{wbj, wja, vaj, vjb, i\operatorname{Re}qp, i\operatorname{Re}qs, iTouts, i\operatorname{Re}spc, jAss, iAss, jScres, i\operatorname{Re}fuse\}; \\
\overrightarrow{cc} = \left\{ \begin{array}{l} wja, vaj, wba, war, wat, vab, vra, i\operatorname{Re}qs, i\operatorname{Re}spc, iToutc, jAss, i\operatorname{Re}la, iSchR, \\ iScheT, jScres, iSchre, i\operatorname{Re}qrs, i\operatorname{Re}qre, j\operatorname{Re}schR, j\operatorname{Re}schT, j\operatorname{Re}schs \end{array} \right\}; \\
\overrightarrow{rc} = \{war, wtr, vra, iSchR, i\operatorname{Re}qrs, j\operatorname{Re}schR\}; \\
\overrightarrow{tc} = \{wbt, wat, i\operatorname{Re}la, iScheT, j\operatorname{Re}schT\};
\end{cases}
\tag{2.7}
$$

在式（2.1）—式（2.7）所表述的类生物化制造系统控制体系结构模型的形式化表达式中，其表示的基本控制协调过程为：类神经中枢控制器 BNC 接收外部环境中各种刺激（如市场需求、任务订单等），将其以生产任务（刺激）的形式向车间调度控制 JSC 发出请求，JSC 通过类体液信息环境向有加工能力的智能自治基元 APC 发出请求；JSC 和 APC 之间的信息交互模仿生物神经内分泌调节机制进行，而 APC 与任务管理控制器 TMC 及资源管理控制器 RMC 之间则模仿基于激素扩散反应机制的隐式调节机制进行协调控制。类生物制造系统形式化模型中的变量除了表 2-1 所示含义，式（2.2）中 $iTout$ 表示等待超时，式（2.3）中 τs 表示基于内分泌机制的类生物化内部评价计算过程，式（2.4）中，τ_1 和 τ_2 分别表示智能自治基元内部的自治调度和协调分配的计算过程，属于基元内部自治行为，外部实体不可见，式（.5）中，τr 则代表了制造系统内部运行环境中的各种动态随机干扰，如机床故障等。

2.6 本章小结

在绪论的基础上，本章根据现代制造系统对控制系统提出的基本要求，进一步对现代制造系统中出现的智能制造系统进行了阐述，并针对其中一些主要的新思想和新模式进行了综述，分析了它们的优缺点，指出生物系统中优良的控制协调机制对于智能制造系统的进一步发展具有重要的启发意义和参考价值。随后，为了介绍本书的生物学背景，着重对人体内分泌系统的相关重要概念及其组成部分进行了介绍，并深入分析了其特有的协调控制机理及其所带来的优良特性。接着，通过对现代制造系统的组织结构及其运作环境与生物有机系统进行对应的比较，建立了基于生物内分泌协调机制的类生物化制造系统控制协调模型。在分析该新型制造系统模式的具体功能特点后，利用一阶多元 π 演算对类生物化制造系统的协调控制行为进行了形式化定义和描述。

第 3 章

基于 BIMS 的生产资源动态调度

3.1 引言

随着世界经济的一体化、市场竞争的加剧，用户驱动也越来越左右着产品的生产，制造业面临越来越多的挑战：产品的多样化，用户的个性化需求，产品生命周期的缩短，产品更新的速度不断加快及产品批量的减少等。这些挑战给制造系统带来了许多的不确定性，如动态的任务变化、紧急订单等；同时，制造系统内部环境也充满了不确定性，如设备故障、人员缺席、生产延迟等。为了应对这些挑战，制造系统的内部结构变得越来越复杂，对系统稳健性和敏捷性的要求也越来越高。因此，在生产层面，现代制造系统正在寻求一种新的动态调度方法，以求快速响应动态环境的变化，同时在某些生产约束下（如产品加工成本、资源利用率、交货期等）通过优化资源和任务的配置提高生产效率。

近年来，很多学者一直在对制造系统动态调度问题进行深入的研究，并获得了大量的研究成果。当前，解决动态调度问题主要依靠启发式方法和多 Agent 技术。在启发式方法的使用方面，有学者提出了一种柔性车间作业动态调度的数学模型，并利用遗传算法优化了调度结果，同时提高了结果的稳定性。针对柔性制造系统在进行面向任务的动态车间调度过程中，有学者提出了采用遗传算法对评价指标完工时间进行实时优化；或者通过设计一种改进的自适应遗传算法用于求解车间动态调度问题，并证明采用该方法后机器的利用效率和车间的生产效率得到提高，或者考虑采用粒子群优化算法用于求解混合流水车间动态调度问题。通常，一种好的解决方案可以通过使用启发式的算法来获得，但是计算时间长和实施效率低仍是这些方法的短板。基于 Agent 的技术有分布式的优点，在针对扰动的响应速度和并行计算能力等方面有显著的优势。比如，有学者提出了一种基于制造单元内外部指标计算用于多 Agent 构架的协调方法解决生产调度问题；或利用基于改进合同网（Contract Net Protocol，CNP）的多 Agent 动态调度方法解决动态复杂的生产调度问题。可以利用一种动态协调方法求解合弄制造系统中的调度问题，也可以等采用基于合同网协商机制的任务和资源分配策略解决基于 Agent 的合弄制造系统动态调度问题。基于 Agent 的技术一般采用合同网协议的协商机制，具有策略简单和应用方便的特点，但合同网协议是一种显式的协商机制，其协商过程中的通信量会随着制造环境的复杂性和动态性的增加而迅速增加。

神经内分泌调节系统是人体生理过程中的重要调节系统，在研究制造系统的过程中，它独一无二的信息处理机制给研究者诸多灵感和启发。这种基于神经内分泌调节机制的协调方法是一种隐式协调方法，它不仅能够实现在个体间的快速调节，还可以对整个系统进行调节。与合同网等显式协调机制相比，基于神经内分泌协调机制的隐式协商机制具有更少的通信、更简单的协调、更容易实现等特点。

在第 2 章所提到的类生物化制造系统（BIMS）构架的基础上，受神经内分泌调节机制的启发，本章设计了一种针对扰动的动态调度方法，它可以快速地处理车间层的突发情况，以优化任务和资源的分配。本章内容主要是利用神经内分泌调节机制来改善 BIMS 中的性能指标。

3.2 基于 BIMS 的动态调度

3.2.1 类生物化车间动态调度系统的组成

BIMS 的结构是由一系列具有协调和自治功能的有机制造单元（BIMC）组成的。有机制造单元的基本结构有一个具有自组织功能的自主体，由控制器、感知器、决策器组成，能针对内外部环境的变化进行自我调节，能应对各种复杂因素。感知器能够迅速感知环境变化，促使决策器快速做出反应。当决策器做出决定后，控制器将给相应的有机制造单元发送指令。

有机制造单元是可以独立执行任务并取得一定目标的自治实体，在面对制造环境中的不确定变化时具有自我调节功能。一个基本的有机制造单元包含一组可以代表体系结构层次中任何一个等级的属性。换句话说，一个有机制造单元可以代表最高等级的整个制造车间、中间等级的制造单元，也可以代表低等级的机床实体。因此，这种体系结构有明确的递归特性。不同层次的有机制造单元虽然有较为相似的功能，但是在制造系统中扮演着不同的角色。本书将以调度计算过程为例，逐一阐述各层次有机制造单元在制造系统调度过程中所扮演的角色。

车间层有机制造单元扮演监督者的角色，并为在其监控下的有机制造单元提供优化和协调服务。车间层有机制造单元具备非常强大的计算能力和优化能力，所以它可以处理非常复杂的调度问题，并且可以制订调度计划。虽然制订一个调度计划需要花费大量的时间和精力，但是该调度计划是一个全局最优计划，因为车间层的有机制造单元处在车间体系结构的最高层，并且具有全局的视野。

单元层有机制造单元在自身单元内扮演监督者的角色，并为在其监控下的有机制造单元提供优化和命令执行服务，对其他有机制造单元提供协调服务。相对于车间层，单元层有机制造单元的计算能力和优化能力较弱，但是它仍然可以胜任其自身单元内的调度问题。相对于车间层，单元内调度问题的复杂程度较低，调度计划的计算和优化过程耗时也更短。但由于缺乏全局性的视野，单元层有机制造单元制订的调度计划只是单元层的最优计划，并不是全局的最优计划。

设备层有机制造单元扮演执行者的角色，并提供任务执行服务。相比于车间层和单元层，设备层的有机制造单元的计算和优化能力最弱，但是它可以根据自身的知识胜任局部的简单调度问题。

3.2.2　BIMS 动态调度模型

为应对内外界环境变化产生的刺激，BIMS 结构中不同层次有机制造单元通过相互刺激和协调来确保系统的平衡和稳定。本节将用动态调度模型对这种刺激和协调过程进行详细阐述。对动态调度在操作层面的调度约束做如下假设。

（1）每个机床在同一时刻只能完成一个操作。

（2）工序的加工不可抢占，即若一道工序在一台机器上加工，必须加工完成后，才能加工另一道工序。

（3）工件的一道工序必须在其前一道工序完成后方可开始加工。

（4）一个具有加工能力集 S_i 的有机制造单元，有能力执行一项任务 $T_j=\{T_{lj}\}$ 的条件是：$\mathrm{TYPE}_j \subseteq S_i \Leftrightarrow \mathrm{TYPE}_{lj} \subseteq S_i$。其中，$\mathrm{TYPE}_j=\{\mathrm{TYPE}_{lj}\}$ 是任务 $T_j=\{T_{lj}\}$ 的工序类型集；i 是有机制造单元编号；j 是工件编号；l 是工序编号。

BIMS 动态调度模型如图 3.1 所示，分为三个阶段。第一阶段为系统正常运行阶段（无意外扰动事件），BIMS 通过神经调节保证系统的正常运作。神经调节是中枢神经系统维持和调整机体内部各器官系统动态平衡的过程。相应地，BIMS 中各个层次的有机制造单元被组织成阶层体系结构，车间层有机制造单元（中枢神经系统）制订全局最优调度计划，并将其发送至底层的有机制造单元（器官）；

底层的有机制造单元接到计划并执行其自身的固定操作。

BIMS 针对车间层不确定扰动的反应可以分为两个阶段，即响应干扰阶段和干扰之后的恢复阶段。在第一阶段，即系统应对干扰的响应阶段：当意外扰动（如机床故障）出现时，BIMS 通过内分泌调节维持系统的稳定。内分泌调节是通过控制激素的分泌来保证血液中生物化学环境平衡的。例如，当人体受到寒冷的刺激，下丘脑刺激垂体和甲状腺分泌甲状腺激素促进身体的新陈代谢来维持体温稳定。而在生产过程中，由于内外界的扰动导致某些有机制造单元的任务和资源与原计划存在偏差，这些偏差可以视作激素浓度的震荡；同时，这些偏差刺激单元层有机制造单元与其他有机制造单元相互协调合作，来维持制造系统相对稳定。协作过程中，在没有车间层有机制造单元干预的情况下，通过相关的单元层有机制造单元进行从设备层到单元层的计划调整，使受到扰动的单元层有机制造单元可以获得一个可替代的调度计划，以确保产品的及时交货，同时保证了较低的在制品水平。如图 3.1（b）所示，故障机床的两个任务通过内分泌调节，被分配到其他具有相似加工能力的机床，以确保制造系统正常运行。

在第二阶段，即系统在干扰之后的恢复阶段：在执行完一个基于事件的动态调度之后的一段时间内，故障的机床恢复正常。此时，在第一阶段参与协调的有机制造单元中可能会产生交货期的偏差。将这些偏差视作激素的震荡，BIMS 再次利用神经内分泌调节机制调整系统，使系统保持平衡。当车间层的有机制造单元接收到下层的偏差信息后，首先从产生偏差的任务中选择出具有较大偏差的一组瓶颈任务，然后通过各个层次间有机制造单元的相互协调，将瓶颈任务重新分配。如果延迟的任务进行重新分配，这意味着延迟被解决或者弱化；如果延迟的任务不能被重新分配，则相关的有机制造单元必须接受延迟。如图 3.1（c）所示，一台机床存在交货期偏差的任务，按照内分泌调节机制，可以被分配到另外一台具有相似加工能力的机床上，从而解决了任务延迟的问题。

BIMS 在车间层有机制造单元没有直接地处理干扰，仅仅是接收相关有机制造单元间的交互信息反馈，然后继续优化全局计划以恢复系统。

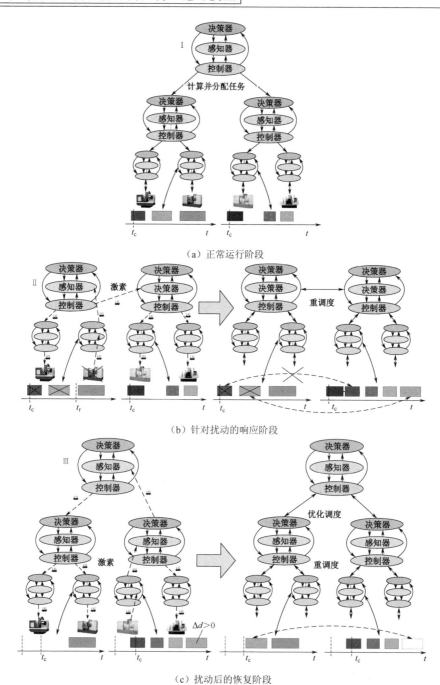

（a）正常运行阶段

（b）针对扰动的响应阶段

（c）扰动后的恢复阶段

图 3.1　BIMS 动态调度模型

3.3　基于 BIMS 的资源分配机制

如 3.2 节所示，BIMS 中的动态调度模型利用神经内分泌调节机制针对扰动迅速做出反应。本节将详细阐述动态调度的核心机制——基于神经内分泌调节的资源分配机制。

3.3.1　神经内分泌多重反馈调节模型

神经系统和内分泌系统功能与结构的相互联系，主要指下丘脑、垂体和腺体按照一定的顺序相互发送信号，该顺序被称为"轴"，例如，下丘脑-垂体-肾上腺轴。为了更好地解释神经内分泌激素调节机制和相关的控制模型，Keenan 提出了一个基于"下丘脑-垂体-肾上腺"胁迫应答的多重反馈调节模型，这种神经内分泌多重反馈具有显著的时变动力学特征，体现在其生动的搏动和 24 小时的节律输出。如图 3.2 所示，下丘脑(中枢神经系统)分泌促肾上腺皮质激素释放激素(CRH)，刺激垂体分泌出肾上腺皮质激素（ACTH），然后该激素刺激肾上腺分泌皮质醇。当皮质醇在体内升高（降低）时，可通过各种传导因子或感受器反馈给垂体和下丘脑，抑制（促进）ACTH 和 CRH 的分泌，从而调节皮质醇浓度的变化，最终达到平衡状态。因此，这种激素控制模型通过多层负反馈可以快速、灵敏地实现对输出的控制。

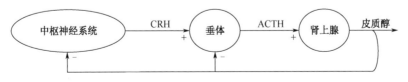

图 3.2　神经内分泌多重反馈调节模型

3.3.2　BIMS 多重反馈调节模型

受神经内分泌调节机制的启发,本节提出了一个 BIMS 多重反馈调节模型(见图 3.3)。图中相关符号定义如下。

GT:原计划的全局任务。

GR:原计划的全局资源容量。

DD:全局任务的交货期。

PT:有机制造单元的计划任务调度。

PR:有机制造单元的计划资源分配。

PD:有机制造单元的计划交货期。

TF:有机制造单元完成的任务。

RC:有机制造单元资源容量的消耗。

AD:任务在有机制造单元的实际交货期。

ΔR:有机制造单元中资源消耗与计划资源消耗的偏差。

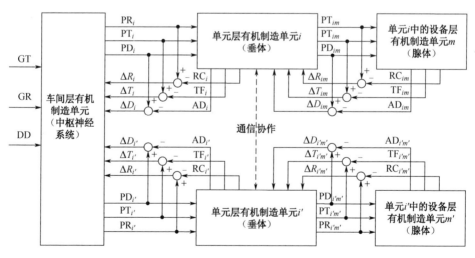

图 3.3　BIMS 多重反馈调节模型

ΔT：有机制造单元中实际任务完成情况与计划任务完成情况的偏差。

ΔD：有机制造单元中实际交货期与计划交货期的偏差。

I：单元集。

M：设备集。

根据神经内分泌调节原理，BIMS 中车间层、单元层和设备层的有机制造单元分别被视作生物体的中枢神经系统、脑垂体和腺体；资源、任务和交货期的偏差被视作三种类型的激素；有机制造单元中相应的激素浓度被表示为 ΔR、ΔT 和 ΔD。资源的偏差 ΔR 包含机床类型、加工能力和产生资源偏差的机器号；任务偏差 ΔT 包含工件号、工件的工艺路线和交货期；交货期的偏差 ΔD 包含不能按时交货期完成的工件号、产生交货期偏差的机器号和交货期的偏差值。如果系统中某些激素浓度（如 ΔR、ΔT 和 ΔD）不等于零，这意味着系统中发生了意外事件，系统将会触发神经内分泌调节来进行资源的管理，以保证系统平衡。资源管理是通过对资源的重新配置来重新安排调度计划的，以减小当前计划相对于原计划的偏差。BIMS 的资源分配机制将在 3.3.3 节进行详细的阐述。

3.3.3 BIMS 资源分配机制

根据 BIMS 多重反馈调节模型，在本章中提出了 BIMS 的资源分配机制。在资源分配过程中，不同阶层有机制造单元之间的相互刺激反应如图 3.4 所示。相关参数如下：

J：任务集。

L：任务的加工工序集。

T_j：可以被单元层有机制造单元加工的任务，其中 $j \in J$。

T_{jl}：可以被设备层有机制造单元加工的任务，其中 $l \in L, j \in J$。

ρ_j：执行任务 T_j 所需的价值激素，其中 $j \in J$。

ρ_{jl}：执行任务 T_{jl} 所需的价值激素，其中 $l \in L, j \in J$。

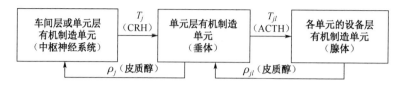

图 3.4　不同阶层有机制造单元之间的相互刺激反应

当系统产生扰动并产生了偏差（如 ΔR、ΔT 或 ΔD 时），车间层或单元层有机制造单元将会从这些偏差中选择出瓶颈任务 $\{T_j\}$（类似于 CRH），并将其以激素的形式释放到车间环境中。受到 T_j 的刺激，单元层有机制造单元将 T_j 划分为一组机床可以加工的任务 $\{T_{jl}\}$（类似于 ACTH），并将其以激素的形式释放到单元层环境中。受到 T_{jl} 刺激，设备层有机制造单元根据任务优先级尝试将新任务插入原计划中。经过重新调度，设备层有机制造单元会选择一个对自身影响最小的调度计划，并评估完成任务（T_{jl}）所要付出的代价 ρ_{jl}（类似于皮质醇），然后将其以价值激素的形式向上反馈。当车间层或单元层有机制造单元受到各单元价值激素的刺激时，首先根据价值激素进行评估，然后将任务授予一个适当的单元。在这里，有机制造单元反馈的价值激素是偏离原计划所产生的额外价值，是执行任务产生的费用，并考虑资源利用率影响的加权值。执行任务产生费用的计算公式如下：

$$C_{im}^{T_{jl}} = PC_{im}^{T_{jl}} + IC_{im}^{T_{jl}} + SC_{im}^{T_{jl}} \tag{3.1}$$

其中，$PC_{im}^{T_{jl}}$ 是加工费用，$IC_{im}^{T_{jl}}$ 是存储费用，$SC_{im}^{T_{jl}}$ 是任务延迟产生的费用。加工费用取决于相关机床的生产力，存储和延迟产生的费用取决于交货期的预计偏离程度。而执行生产任务产生费用的具体计算过程在本节不做详尽阐述。

设备层有机制造单元不但要计算出执行任务产生的费用，还要考虑当前设备资源利用率的影响。即同一个任务在不同的设备上加工时，产生较低费用但具有较高的负载率的设备可能会输给产生较高费用但是有较低负载率的设备。为了确保那些具有较低负载率的设备可以更容易地被选中，受 Hill 调节的启发，在此提出了资源负载率的权重函数：

$$
w_{im} = \begin{cases} \alpha\left(1 + \dfrac{(LT - LR_{im})^{n_c}}{(H_2)^{n_c} + (LT - LR_{im})^{n_c}}\right), LR_{im} < LT \\[3mm] \alpha\left(1 - \dfrac{(LR_{im} - LT)^{n_c}}{(H_1)^{n_c} + (LR_{im} - LT)^{n_c}}\right), LR_{im} \geqslant LT \end{cases} \tag{3.2}
$$

其中，LT 是指定负载率，LR_{im} 是单元 i 中设备 m 的实际负载率，H_1 和 H_2 分别为 Hill 函数上升函数和下降函数的阈值，α、n_c 是系数因子，n_c 控制 Hill 函数的斜率。图 3.5 为资源负载率权重函数图，相应参数选择为 LT=60%，$H_1 = 35$，$H_2 = 50$，$\alpha = 1$，n_c=4。

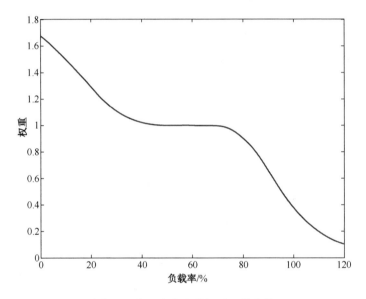

图 3.5　资源负载率的权重函数曲线

由式（3.2）可知，根据指定负载率和实际负载率之间的偏差（$LT - LR_{im}$），有机制造单元对执行任务产生的价值的调整如下：若 $LT - LR_{im} > 20\%$（如 $LR_{im} = 30\%$），执行任务产生的价值将被减少，以确保有机制造单元可以比较容易地被选中；若 $LT - LR_{im} < -20\%$（如 $LR_{im} = 90\%$），执行任务产生的价值会被增加，该有机制造单元被选中的概率随之降低；若 $LT - LR_{im} \in [-20\%, 20\%]$，则执行任务产生的价值保持不变或进行微调，有机制造单元将会根据实际价值进行

选择。因此，考虑负载率的权重价值激素可以根据下式计算：

$$\rho_{im}^{T_{jl}} = C_{im}^{T_{jl}} / w_{im} \tag{3.3}$$

在单元内，当各个设备层有机制造单元计算出受任务刺激产生的价值激素后，单元层有机制造单元会将任务分配给具有最低价值激素的设备。如果同时存在几个设备具有相同的最低价值激素量的情况，其中具有较低负载率的设备将会被分配任务。

在执行整个资源分配的过程中，各个有机制造单元的自治能力起至关重要的作用，神经内分泌调节机制对自适应调节和调度策略起到了重要的理论支撑作用。在实际资源分配过程中，执行任务产生较小价值的设备可以从底层被发掘出来，同时，各个设备间的资源利用率也可以得到很好的平衡。

3.4 BIMS 动态调度的调节过程

在生产过程中，系统会受到各种各样不确定的扰动。本节将以紧急订单、机床故障和生产延迟三种最常见的扰动为例，来描述 BIMS 针对这些扰动的动态调度机制。为描述方便，这里使用车间、单元和机床分别代替车间层有机制造单元、单元层有机制造单元和设备层有机制造单元。

3.4.1 紧急订单的动态调度

紧急订单是一种任务，通常有较高的优先级，并且有非常紧迫的交货时间。因此，当紧急订单到达车间以后必须立即被执行。由于全局最优的调度计划先前已经被车间控制器制订完毕，紧急订单进入系统被视作对系统的干扰。在这种情况下，由紧急订单引起的实际任务与计划任务的偏差被视作任务激素的振荡，并激发系统的神经内分泌调节。如图 3.6 所示，各阶层的有机制造单元根据各自的操作按照如下步骤执行动态调度：

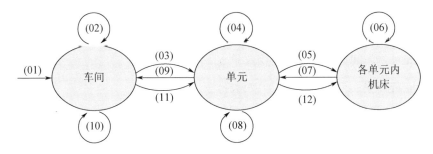

图 3.6　针对紧急订单的动态调度

Step 01：车间接受紧急订单，并将其加入全局任务（ΔGT）。

Step 02：车间将订单任务（ΔGT）划分至单元可独立完成的任务（$\{\Delta T_j\}$）。

Step 03：车间将任务（ΔT_j）以 CRH 的形式释放到车间环境中。

Step 04：单元受到 ΔT_j 的刺激，将 ΔT_j 划分为自身单元内各个机床 BIMC 可以独立完成的任务（$\{\Delta T_{jl}\}$）。

Step 05：各个单元将 ΔT_{jl} 以 ACTH 的形式释放到自身单元环境中。

Step 06：机床受到 ΔT_{jl} 刺激，将从中提取加工类型（TYPE_{lj}），并且核实自身的加工技术（S_{im}）。若 $\text{TYPE}_{lj} \subseteq S_{im}$，机床将对原计划进行重新调度，过程如下：首先提取新任务的优先级，并将任务尝试插入比其优先级低的任务之前，然后根据式（3.3）计算价值激素的增量（$\rho_{im}^{\Delta T_{jl}}$），最后比较所有的可行调度方案，选择插入任务引起价值激素增幅最小的方案（p_{im}）为最优方案；如果 $\text{TYPE}_{lj} \not\subset S_{im}$，则表示机床没有能力完成 ΔT_{jl}，不执行任何操作。

Step 07：机床将带有价值激素增量的新计划（$p_{im}, \rho_{im}^{\Delta T_{jl}}$）以皮质醇的形式反馈至自身所在单元。

Step 08：单元收到来自相关机床的反馈信息 $\{(p_{im}, \rho_{im}^{\Delta T_{jl}})\}$ 后，将对原计划进行重新调度，并从可行调度方案中选择价值激素增幅最小的方案（$p_i, \rho_i^{\Delta T_j}$）为最优计划。

Step 09：单元将带有价值激素增量的新计划 $(p_i, \rho_i^{\Delta T_j})$ 以皮质醇的形式反馈至车间。

Step 10：车间收到来自相关单元的反馈信息 $\{(p_i, \rho_i^{\Delta T_j})\}$，将从调度方案集中选择价值激素增幅最小的方案 $(p_i^{\text{opt}}, \rho_i^{\Delta T_j})$ 为最优计划。

Step 11：车间把 ΔT_j 分配至相关单元。

Step 12：单元把 $\{\Delta T_{ji}\}$ 分配至相关机床。

Step 13：循环执行 Step 03 至 Step 12，直至 $\{\Delta T_j\}$ 中所有任务分配完毕为止。

3.4.2　机床故障的动态调度

在系统内出现机床故障的情况下，相关机床将会产生任务与资源的偏差。在这种情况下，由机床故障引起的任务与资源的偏差被视作激素的震荡，并激发系统的神经内分泌调节。如图 3.7 所示，各阶层的有机制造单元根据各自的操作，按照如下步骤执行动态调度：

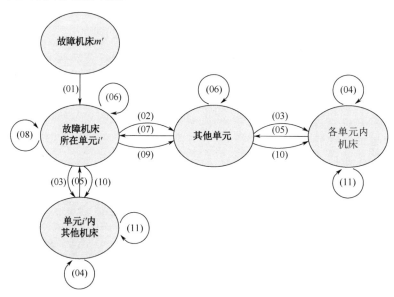

图 3.7　针对机床故障的动态调度

Step 01：当故障发生后，故障机床 m' 预估自身的状态和预计修复时间，并提取出任务和资源信息($\{\Delta T_{jl}\}$，$\Delta R_{i'm'}$)，然后将其以激素的形式向其单元反馈。$\{\Delta T_{jl}\}$ 包含预估故障时间内无法完成的任务；$\Delta R_{i'm'}$ 包含故障机床的状态和预估故障持续时间。

Step 02：单元 i' 受到 $\{\Delta T_{jl}\}$ 刺激，将 ΔT_{jl} 以 CRH 的形式，释放到车间环境中。

Step 03：所有单元受到 ΔT_{jl} 刺激，将 ΔT_{jl} 以 ACTH 的形式，释放到单元环境中。

Step 04：机床受到 ΔT_{jl} 刺激，将从中提取加工类型(TYPE_{lj})，并且核实自身的加工技术(S_{im})。若 $\mathrm{TYPE}_{lj} \subseteq S_{im}$，则机床对原计划进行重新调度，过程如下：首先将任务尝试插入原调度计划中，然后根据式(3.3)计算价值激素的增量($\rho_{im}^{\Delta T_{jl}}$)，最后比较所有的可行调度方案，选择插入任务导致价值激素增幅最小的方案(p_{im})为最优方案；如果 $\mathrm{TYPE}_{lj} \not\subset S_{im}$，则表示机床没有能力完成 ΔT_{jl}，不执行任何操作。

Step 05：机床将带有价值激素增量的新计划(p_{im}，$\rho_{im}^{\Delta T_{jl}}$)以皮质醇的形式反馈至自身所在单元。

Step 06：单元收到来自相关机床的反馈信息 $\{(p_{im}, \rho_{im}^{\Delta T_{jl}})\}$，将对原计划进行重新调度，并从现有调度方案中选择价值激素增幅最小的方案(p_i，$\rho_i^{\Delta T_{jl}}$)为最优计划。

Step 07：单元将带有价值激素增量的新计划(p_i，$\rho_i^{\Delta T_{jl}}$)以皮质醇的形式反馈至单元 i'。

Step 08：单元 i' 收到来自相关单元的反馈信息 $\{(p_i, \rho_i^{\Delta T_{jl}})\}$，将从现有调度方案集中选择价值激素增幅最小的方案(p_i^{opt}，$\rho_i^{\Delta T_{jl}}$)为最优计划。

Step 09：单元 i' 将 ΔT_{jl} 分配至相关单元。

Step 10：单元将 ΔT_{jl} 分配至相关机床。

Step 11：机床执行任务，并更新生产调度计划。

Step 12：循环执行 Step 02 至 Step 11，直至 $\{\Delta T_{jl}\}$ 中所有任务分配完毕为止。

3.4.3　生产延迟的动态调度

当紧急订单、机床故障等干扰在系统中被处理后，系统中将会出现生产的延迟。同时，相关机床会检测到交货期的偏差。在这种情况下，由生产延迟引起交货期偏差被视作激素的震荡，并激发系统的神经内分泌调节。如图 3.8 所示，各阶层的有机制造单元根据各自的操作按照如下步骤执行动态调度。

Step 01：当不确定扰动事件结束后，受到事件影响的各个机床检测自身状态，并提取出相关的任务信息 $(\Delta T_{jl}, \Delta d_{jl}^{\Delta T_{jl}}, \rho_{im,\mathrm{orig}}^{\Delta T_{jl}})$，其中包含任务的交货期偏差和相关任务产生的价值激素增量。

Step 02：机床将任务信息 $(\Delta T_{jl}, \Delta d_{jl}^{\Delta T_{jl}}, \rho_{im,\mathrm{orig}}^{\Delta T_{jl}})$ 反馈至自身单元。

Step 03：单元收到 $\{(\Delta T_{jl}, \Delta d_{jl}^{\Delta T_{jl}}, \rho_{im,\mathrm{orig}}^{\Delta T_{jl}})\}$，将信息汇总并反馈至车间。

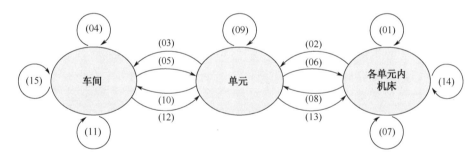

图 3.8　针对生产延迟的动态调度

Step 04：车间收到扰动信息，将从中选出一组交货期偏差严重的瓶颈任务 $\{\Delta T_{jl}\}$。

Step 05：车间将 ΔT_{jl} 以 CRH 的形式，释放到车间环境中。

Step 06：单元受到 ΔT_{jl} 的刺激，将 ΔT_{jl} 以 ACTH 的形式，释放到其单元环境中。

Step 07：机床受到 ΔT_{jl} 刺激，将从中提取加工类型 (TYPE_{lj})，并且核实自身

的加工技术(S_{im})。若 $\text{TYPE}_{lj} \subseteq S_{im}$，则机床将对原计划进行重新调度，过程如下：首先将任务尝试插入原调度计划中，然后根据式（3.3）计算价值激素增量（$\rho_{im}^{\Delta T_{jl}}$），最后比较所有的可行调度方案，选择插入任务引起价值激素增幅最小的方案（p_{im}）为最优方案；若 $\text{TYPE}_{lj} \not\subset S_{im}$，则表示机床没有能力完成 ΔT_{jl}，不执行任何操作。

Step 08：机床将带有价值激素增量的新计划（$p_{im}, \rho_{im}^{\Delta T_{jl}}$）以皮质醇的形式反馈至自身所在单元。

Step 09：单元收到来自相关机床的反馈信息 $\{(p_{im}, \rho_{im}^{\Delta T_{jl}})\}$ 后，将对原计划进行重新调度，并从可行调度方案中选择价值激素增幅最小的方案（$p_i, \rho_{im}^{\Delta T_{jl}}$）为最优计划。

Step 10：单元将带有价值激素增量的新计划（$p_i, \rho_{im}^{\Delta T_{jl}}$）以皮质醇的形式反馈至车间。

Step 11：车间收到来自相关单元的反馈信息 $\{(p_i, \rho_{im}^{\Delta T_{jl}})\}$ 后，从调度方案集中选择价值激素增幅最小的方案（$p_i^{\text{opt}}, \rho_{im}^{\Delta T_{jl}}$）为最优计划。若 $\rho_{im}^{\Delta T_{jl}} < \rho_{im,\text{orig}}^{\Delta T_{jl}}$，则表示 ΔT_{ij} 的新计划比原计划更好，执行 Step 12；若 $\rho_{im}^{\Delta T_{jl}} \geqslant \rho_{im,\text{orig}}^{\Delta T_{jl}}$，则表示 ΔT_{ij} 的原计划更好，执行 Step 15。

Step 12：车间把 ΔT_{jl} 分配给相关单元。

Step 13：单元把 ΔT_{jl} 分配至相关机床。

Step 14：机床执行任务，并更新生产调度计划。

Step 15：车间将 ΔT_{jl} 从 $\{\Delta T_{ij}\}$ 中删除，若 $\{\Delta T_{ij}\} \not\subset \phi$，则执行 Step 05；若 $\{\Delta T_{ij}\} \subset \phi$，则执行 Step16。

Step 16：车间开始对调度计划进行全局优化。

在基于神经内分泌调节原理的动态调度过程中，紧急订单和机床故障是属于事件型的扰动，系统应对的处理在动态调度的第二阶段；生产延迟属于状态型扰动，发生在事件型扰动之后，系统应对的处理在动态调度的第三阶段。不管哪种扰动，都会使生产偏离原计划，在此情况下利用神经内分泌调节可以很好地控制和调整生产偏离原计划的程度。下文将用实验验证所提的动态调度模型的优越性。

3.5 案例分析

本章针对 BIMS 应对不确定的扰动，提出了一种基于神经内分泌协调机制的车间动态调度方法。为了得到该模型的对比实验，根据 Cavalieri 定义的基准框架，实验必须在考虑不同的干扰条件下执行不同的制造系统模型。在本次的实验中设置 2 个单元层有机制造单元，每个单元层有机制造单元内有 3 台机床有机制造单元，所有机床配备了必需的工具，可以执行一系列的操作。不考虑加工前的准备时间，每个任务在执行的过程中都有一个准确的加工时间；不考虑工件在机床之间的运输时间。实验案例采用 4 种订单 $T^o=\{T^o\}$，每个订单包含 4～6 个任务 $T^o=\{T^o_j\}$，每个任务包含 2～4 道工序 $T^o_j=\{T^o_{jl}\}$，其中，o 为订单编号。订单任务相关参数见表 3.1，括号内的数值为完成任务的加工时间。不同的订单按顺序到达制造系统，并且属于相同任务的各种工作同时到达制造系统。本次实验考虑以下三种车间场景。

（1）无扰动发生。

（2）单元层有机制造单元 1 中的一台机床有 20%的概率发生故障。

（3）单元层有机制造单元 1 和单元 2 中分别有一台机床有 20%的概率发生故障。

表 3.1　订单任务相关参数

T^1	T^2
T^1_1: $T^1_{11}(15)$; $T^1_{12}(18)$	T^2_1: $T^2_{11}(16)$; $T^2_{12}(10)$; $T^2_{13}(18)$
T^1_2: $T^1_{21}(10)$; $T^1_{22}(18)$; $T^1_{23}(25)$	T^2_2: $T^2_{21}(20)$; $T^2_{22}(15)$; $T^2_{23}(8)$
T^1_3: $T^1_{31}(10)$; $T^1_{32}(20)$; $T^1_{33}(16)$	T^2_3: $T^2_{31}(9)$; $T^2_{32}(14)$; $T^2_{33}(18)$; $T^2_{34}(12)$
T^1_4: $T^1_{41}(15)$; $T^1_{42}(22)$; $T^1_{43}(15)$	T^2_4: $T^2_{41}(10)$; $T^2_{42}(20)$; $T^2_{43}(12)$; $T^2_{44}(15)$
T^1_5: $T^1_{51}(8)$; $T^1_{52}(16)$; $T^1_{53}(20)$	

T^3	T^4
T_1^3 : $T_{11}^3(14)$; $T_{12}^3(18)$; $T_{13}^3(10)$	T_1^4 : $T_{11}^4(14)$; $T_{12}^4(22)$; $T_{13}^4(19)$; $T_{14}^4(18)$
T_2^3 : $T_{21}^3(17)$; $T_{22}^3(15)$; $T_{23}^3(20)$	T_2^4 : $T_{21}^4(25)$; $T_{22}^4(21)$; $T_{23}^4(16)$
T_3^3 : $T_{31}^3(10)$; $T_{32}^3(20)$; $T_{33}^3(9)$	T_3^4 : $T_{31}^4(10)$; $T_{32}^4(12)$; $T_{33}^4(14)$; $T_{34}^4(18)$
T_4^3 : $T_{41}^3(15)$; $T_{42}^3(25)$; $T_{43}^3(20)$; $T_{44}^3(10)$	T_4^4 : $T_{41}^4(13)$; $T_{42}^4(20)$; $T_{43}^4(16)$
T_5^3 : $T_{51}^3(11)$; $T_{52}^3(18)$; $T_{53}^3(8)$; $T_{54}^3(22)$	T_5^4 : $T_{51}^4(19)$; $T_{52}^4(24)$; $T_{53}^4(10)$; $T_{54}^4(15)$
	T_6^4 : $T_{61}^4(18)$; $T_{62}^4(16)$; $T_{63}^4(20)$

3.5.1 性能指标

在制造系统环境下，对系统进行分析的过程中，通常采用的性能指标可以分为定量指标和定性指标两类。

在此研究中，评估执行 BIMS 动态调度的定量指标主要有产率、资源利用率、生产周期和延迟等。产率是一个制造系统的生产力指标，表示产量和相关时间间隔的比值。资源利用率是指在相关时间间隔中加工时间所占的百分比。生产周期是指系统加工一个产品时，从产品进入系统到产品完成加工所需的时间，由后处理等待时间、运输时间、预处理等待时间、加工准备时间和加工时间组成。一个系统的生产周期越短，该系统在固定的时间内生产的产品就越多，系统的性能就越好。延迟是指实际加工结束时间和目标加工结束时间之间的偏差。

评估和分析 BIMS 动态调度的定性指标主要有稳健性和敏捷性。稳健性是制造系统针对内外界不确定扰动，保证系统正常工作和维持系统相对稳定的能力。BIMS 的稳健性可以通过引入可能出现的扰动来验证系统是否正常工作。例如，系统针对机床故障、新的紧急订单和任务数量的增加等扰动进行反应。敏捷性是制造系统针对内外界不确定扰动进行快速反应的能力。BIMS 的敏捷性是根据系统产率的损失进行评价的：

$$\text{lopr} = \left(1 - \frac{\text{opr}_{\text{transient}}}{\text{opr}_{\text{steady}}}\right) \times 100\% \tag{3.4}$$

其中，$\text{opr}_{\text{steady}}$ 是制造系统在稳定时的产率，$\text{opr}_{\text{transient}}$ 是制造系统出现不确定扰动后的过度产率。系统产率的损失可以直接反映系统的敏捷性：产率的损失越小，系统的敏捷性就越好，反之亦然。

通过对本章提出的方法进行实验，可以得到各种性能指标来评估 BIMS 的性能。

3.5.2 结果分析

为了将 BIMS 的动态调度方法与其他制造系统的调度方法比较，本节建立了具有常规控制结构的制造系统的调度模型，并把两种调度方法应用于同一个实验。

（1）在常规方法中，任务根据最早交货期优先法则进行调度，根据先入先出的规则，零件按照工艺路线进行加工。若系统出现扰动，且在车间内没有得到有效的处理，车间层控制器必须对受影响任务和资源重新分配以应对扰动。

（2）在 BIMS 的方法中，在正常状态下，各个层次的有机制造单元被组织成阶层体系结构，车间层有机制造单元制订全局最优调度计划，并将其发送至底层的有机制造单元；在受干扰的状态下，BIMS 采用神经内分泌调节机制快速调整各个有机制造单元的行为，从而敏捷地对干扰做出反应。

通过实验所提取出的数据，四种定量指标如图 3.9 所示。在产率和资源利用率这两个指标上，BIMS 的方法得到的结果比常规方法高，而在生产周期和延迟这两个指标上，BIMS 的方法得到的结果比常规方法低。因此，BIMS 的方法在四种定性指标的仿真中都优于常规方法，体现了其较好的生产优化能力。

两种系统的稳健性对比结果如下：在常规制造系统中，车间层控制器在扰动产生和结束的时刻都要对整个系统进行重新调度优化。重新调度优化耗费大量的时间，系统必须等待，直至调度结果被计算出来。而在 BIMS 的动态调度方法中，系统可以动态地对扰动产生和扰动结束进行响应，保证了系统的相对稳定性，而不会使系统瘫痪。因此，BIMS 的动态调度方法较常规制造系统有着较高的稳健性。

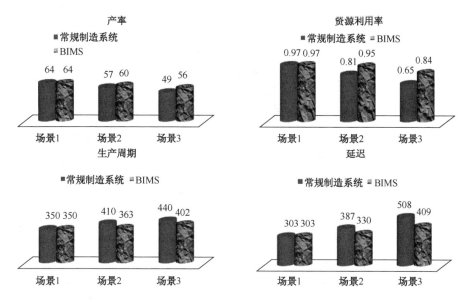

图 3.9　定量指标结果比较

通过提取实验数据，两种方法产率的损失如图 3.10 所示。结果表明，BIMS 的动态调度方法比常规制造系统调度方法有着较低的产率损失，因此体现出较高的稳健性。

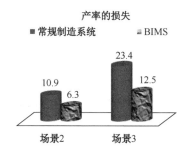

图 3.10　产率损失的结果比较

通过分析定量和定性性能指标，实验结果表明，本章提出的动态调度方法在改善系统的性能方面有较好的潜能。

3.6 本章小结

本章在 BIMS 模型的基础上建立了一个车间层动态调度模型。利用神经内分泌调节机制，该模型针对系统内外界的扰动进行敏捷响应，并且维持系统的全局优化性和稳定性。在实现动态调度过程中，不同阶层有机制造单元的不同计算能力和优化能力起到了至关重要的作用。在资源重配置的过程中，系统的底层在计算价值激素时考虑了交货期和产率的影响，因此，延迟和资源分配不均的问题可以从底层就得到解决。最后，通过案例分析，对比应用动态调度方法的类生物化制造系统和常规控制结构的制造系统在不同场景下运行的性能参数，结果表明，BIMS 的动态调度方法具有较好的全局生产优化能力，提高了系统的稳健性和敏捷性。

第 4 章

基于生物启发式智能算法的
绿色工艺规划

4.1 研究背景

当今，能源的开发与利用已变成世界各国共同关心的议题，它是人类日常生活得以正常开展的物质基础，是经济快速发展的物资保障，是生态环境健康发展的关键因素。第二次世界大战结束后，全球经济发展节奏迅猛，世界能源消耗呈现快速增长趋势。根据英国石油公司 2018 年公布的世界能源年度统计报告显示，世界能源消耗的增长速度每年基本保持在 2.9% 左右。按照当前的增长趋势，在不久的将来，三大主要能源燃料——石油、煤炭和天然气将面临匮乏。该报告进一步指出，截至 2018 年年底，已探明的石油存储量为 1.73 万亿桶，仅能满足未来 50 年的生产需求；已探明的煤炭存储量为 15 980 亿吨，预计能满足未来 200 年的开采；已探明的天然气存储量约为 119 万亿立方米，预计还能开采 60 年。因此，坚持节约能源、提高能效，继续可持续发展模式是化解能源危机的必经之路。

中国作为能源生产和消耗大国，对能源的需求量在快速增长，尤其是当前正处在工业化、城镇化深入发展阶段，经济保持稳定推进，带动能源需求持续上升。

从一次能源消费结构来看，我国能源消耗仍以化石能源（主要是煤炭）为主体。而近年来，随着能源成本的持续走高及其开发使用过程中所造成的环境污染和气候变化等问题，发展资源节约、环境友好的绿色经济模式是中国未来市场发展的必然选择。此外，中国作为一个能源进口大国，对外依存度依旧较高。国家能源局指出，我国 2018 年原油进口量为 46 189 万吨，其进口依存度到达 69.8%；天然气进口量为 1 254 亿立方米，其进口依存度为 45.3%。在国际化能源贸易中，中国占据的地位越来越重要，并且正在改变全球的能源体系。图 4.1 和表 4.1 给出了我国 2007—2017 年的能源消耗总量及能源构成分布情况。

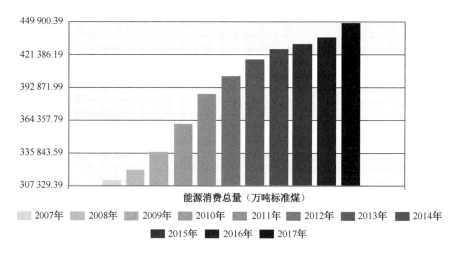

图 4.1　2007—2017 年中国能源消耗总量变化趋势

表 4.1　2007—2017 年我国能源消耗总量及结构分布

年　　份	能源消耗总量/ 万吨石油当量	占能源消耗总量的比重/%			
		煤　　炭	石　　油	天　然　气	水电、核电、风电
2017	448 529	60.40	18.80	7.00	13.80
2016	435 819	62.00	18.50	6.20	13.30
2015	429 905	63.70	18.30	5.90	12.10
2014	425 806	65.60	17.40	5.70	11.30
2013	416 913	67.40	17.10	5.30	10.20
2012	402 138	68.50	17.00	4.80	9.70

续表

年　份	能源消耗总量/	占能源消耗总量的比重/%			
	万吨石油当量	煤　炭	石　油	天　然　气	水电、核电、风电
2011	387 043	70.20	16.80	4.60	8.40
2010	360 648	69.20	17.40	4.00	9.40
2009	336 126	71.60	16.40	3.50	8.50
2008	320 611	71.50	16.70	3.40	8.40
2007	311 442	72.50	17.00	3.00	7.50

　　制造业作为我国国民经济发展的支柱产业,在改革开放 40 多年中得到了迅速的发展,其消耗的能源资源是非常巨大的。从"十二五"规划到"十三五"规划,我国政府开始注重寻求一条适合国民经济发展、具有中国特色的新型工业化道路,并且在"十二五"期间,中国政府通过采取一系列措施,在节约能源、提高能效方面取得了卓越成效。目前,我国经济发展在健康稳固地推进,但仍难以摆脱对能源资源的高度依赖,且随着能源需求不断增加,能源短缺、环境冲击与经济增长的矛盾日趋尖锐。同时,制造业作为工业节能减排工作开展的重点和难点,每年消耗的总能量均要占到工业领域内所有行业全年消耗总能量的 50%以上,如图 4.2 所示。路甬祥院士指出,当前能源资源和环境约束严重制约中国制造业的

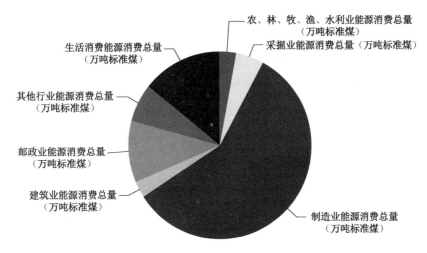

图 4.2　我国能源消耗行业分布（2017 年）

发展，依靠科学技术降低能源资源消耗，最终走向一个绿色低碳制造的可持续能源时代。因此，必须通过技术能力创新、提高能源利用与管理、调整经济结构和加速工业转型升级实现我国制造业的节能减排。

4.2 制造过程节能降耗研究现状总结及意义

4.2.1 研究现状

近些年，随着制造业在制造过程中消耗了大量的能源资源及其造成的环境冲击问题日趋严峻，人们不得不重新审视能源资源在未来发展中如何更加可持续地被合理开发和使用的问题。当前，对制造过程中能量效率问题的研究正在国际上受到重视，发达国家和发展中国家均相继启动了制造业在制造过程中的能效研究内容，并出台了相关法律、法规、政策和标准。不少著名的国际组织提出了制造过程节约能源与提高能效的研究主题。国际生产工程学会（The International Academy for Production Engineering，CIRP）在爱尔兰都柏林大学提出以"节能低碳制造"作为第 26 届国际制造会议的主题。科学技术委员会——切削小组（Scientific Technical Committees—Cutting，STC-C）提出机械制造过程中的能量效益研究作为一个重要的研究课题。国际标准化委员会（International Organization for Standardization，ISO）通过制定高能效机床设计规范，明确了机床的国际设计标准，对机床行业朝着高效节能方向前进提供了文件指导和帮助。许多高校也纷纷以制造过程能量效率问题为研究方向建立研究团队，如美国麻省理工学院 Gutowski 教授团队、德国斯图加特大学 Dietmair 教授与 Verl 教授团队和国内重庆大学刘飞教授团队等。

在已有的关于减少制造过程中能量消耗的研究中，概括起来主要集中在三个层次。一是从设备层次减少机器各个部件的能量消耗和开发设计高效节能的机器设备；二是从产品能量消耗层次研究产品在制造过程中所需要的能量及其能耗影响因素，进而提升和改进产品的节能特性，三是从设备 产品层次（即系统层次）通过设计合理的系统决策模型来实现整个系统的节能降耗。

1. 设备层节能降耗研究

从设备耗能的角度来讲，国内外不少研究机构、组织及学者从研究设备的设计结构和工作原理出发，提升原有设备的节能空间和开发出具有高效节能的制造设备。国际上一些研究团队开展的研究工作综述如下。

美国麻省理工学院的 Gutowski 教授所在团队对多种机床的耗能情况进行了深入研究。他们通过分析一系列制造方法（如机械加工、注塑模加工、激光加工等）在加工产品过程中的能源资源消耗及环境影响状况，建立了多种机床设备能量消耗模型图。如图 4.3 所示为加工中心和数控铣床工作时的能耗分布情况，Gutowski 教授指出，机床设备消耗的能量除了用于去除材料所需，很大部分用于

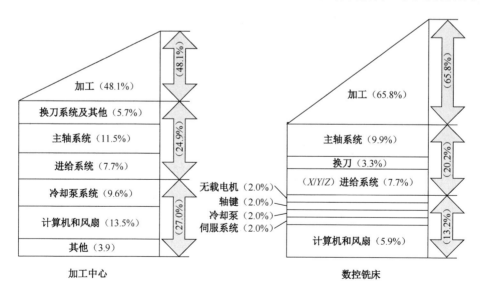

图 4.3　不同机床能耗分解图

机床部件运行所需；他还指出，加工任务在加工过程中的耗能情况受机床类型影响较大，通过比较与评估不同机床部件耗能情况，为加工任务合理选择机床，可以有效地减少制造过程中的能量消耗。

澳大利亚新南威尔士大学的相关研究小组对数控机床在加工过程中所需要的能量进行了深入研究。他们指出，数控机床一般的能量消耗主要由四部分构成（见图 4.4），一是基本能耗，即从机床启动到停机阶段维持机床运行所消耗的必不可少的固定功率，包括冷却、润滑、液压、控制系统及辅助系统（如照明、通风等）的工作；二是操作准备能耗，包括主轴启动与变速、刀具选择与变更及刀具空载操作（即空切）；三是刀具去除材料能耗（即有用功率），一般固定不变；四是非加工能耗，即在加工去除材料阶段，因摩擦、振动、噪声及热变形等所要消耗的非生产功率。

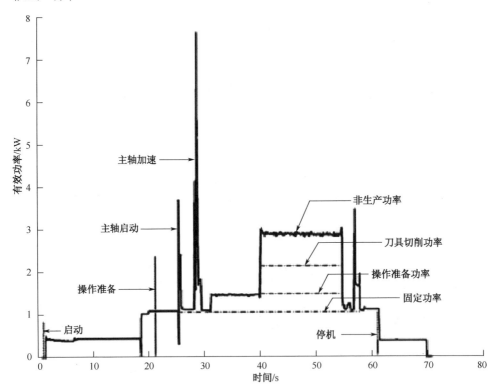

图 4.4　机床加工过程所需功率

德国斯图加特大学 Dietmair 教授和 Verl 教授所在的团队对制造系统中的机床随时间变化而处于不同操作状态下的能量消耗进行了研究。他们建立了基于离散事件的机床能耗模型，并基于此能耗模型对机床能耗行为进行预测和优化。如图 4.5 所示是一台机床从停机启动、加工准备、加工任务到关机结束随时间变化处在不同操作下的状态变化图（见图 4.5（a）），不同操作状态下所需的能量不同（见图 4.5（b）），从而对任务加工过程中的能耗进行预测分析并进行节能优化。

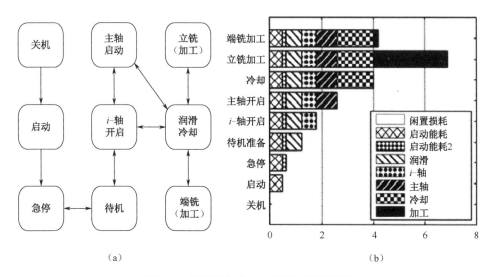

（a）　　　　　　　　　　　　（b）

图 4.5　机床操作状态与对应的能量消耗

此外，德国布伦瑞克工业大学 Zein 教授在其专著中提出了一个能量指标管理概念，从机床能耗数据获取、分解、建模、评估到实施，通过采用一系列方法与工具最终实现机床的节能设计与制造。德国达姆施塔特大学的 Abele 等人以机床的主轴单元为主要研究对象，对其能耗行为进行了分析研究，指出了机床在结构设计方面的节能潜力。日本森精机公司的 Mori 等研究员以加工中心为研究对象，分析了三种铣削加工方式在选用不同的加工参数组合下的机床耗能情况，指出采用合适的铣削方式进行加工操作时，其能耗能够显著减少。西班牙的 Zulaika 等人研究了铣床在保证结构刚度的情况下，通过采用新材料来减轻移动部件的方式达到降低能耗的目的，结果表明机床能够实现 13%左右的节能。德国的 Neugebauer

等人从优化机床部件及部件间相互作用的角度描述了提高机床能效利用的方案。比利时的 Devoldere 等人对折弯机和多轴铣床的能量消耗进行了研究，指出机器设备在非生产过程中存在巨大的节能潜力。

国内，重庆大学刘飞教授所在的课题小组一直致力于机床能量特性的研究，并取得了一定研究成果。例如，在其所述专著中，刘飞教授针对国内普通机床能效利用率低下问题进行了深入研究，对能量流向机床各个部件进行了详细描述，如图 4.6 所示。他们提出了机床能量流系统模型，并建立了能量信息、能量损失和节能效益等理论，为我国机床节能技术的研究提供了重要参考价值和指导。重庆大学的施金良教授以变频调速类数控机床为研究对象，分析了数控机床主要部件的能量消耗特性，给出了数控机床主传动系统的动态功率平衡方程，并以此为基础，从四个方面提高机床在运行过程中的能量利用率，这四个方面为：①降低数控机床的空载功率；②提高数控机床加工过程的实载率；③提高数控机床的切削负载率；④合理匹配数控机床与加工任务。除此之外，有的学者研究了数控机床主传动系统在空载运行下的能量消耗特性，提出了基于频率的空载运行耗能参数模型。还有人针对机床服役过程是由启动、空载和加工等时段构成的，建立了各个服役时段的机电主传动系统的能量消耗模型，并给出了机电主传动系统能量效率的获取方法。还有学者在分析了数控机床总能耗统计分布的基础上，建立了

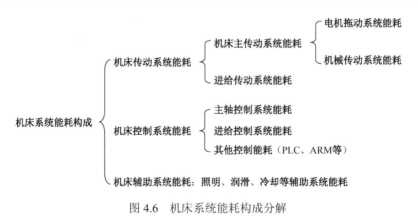

图 4.6　机床系统能耗构成分解

加工动力系统能量流数学模型、加工关联辅助系统能量流数学模型、动力关联辅助系统能量流数学模型及其他系统能量流数学模型。另外，同济大学的张曙教授等指出：我国机床在提升能效方面还有很大潜力，考虑主轴电机、伺服驱动部件、液压装置和冷却装置等方面，可以选用更为节省能源消耗的元器件。重庆科技学院的谢东等人基于神经网络方法，建立了切削速度、进给量和切削深度等切削参数与数控机床能耗之间的联系，提出将低速切削、低速进给和大的切削深度组合方式用于实施机床节能加工较为理想。浙江大学的贾顺等人根据数控机床在车外圆操作中耗能情况，设计了一种基于基本动作要素的切削功率建模方法用来评估机床在 14 种基本操作下的所需能量。合肥工业大学的周丹等人给出了数控机床在使用阶段中的能量消耗模型，并基于能量设计因子概念对数控机床的能量进行了优化设计。内蒙古科技大学的方桂花等人分析了机床液压系统在运行中的能量损失情况，提出从液压泵的结构设计和工作原理方面来提高机床的能量利用效率。

2. 产品层节能降耗研究

从产品耗能的角度来讲，产品在整个开发周期的每个阶段都会涉及能源资源的消耗。因此，从产品开发周期的某个重要阶段（如产品工艺设计阶段）和产品开发的整个阶段研究产品节能降耗的理论均受到国内外研究人员的重视。从产品单个阶段耗能情况出发，特别在产品工艺设计阶段对能量消耗及其带来的环境冲击的研究尤为突出。如美国加州大学伯克利分校 Sheng 教授所在的团队对产品零部件在工艺规划过程中所要考虑的多种因素，如能量消耗及其环境污染等，进行了深入研究，并基于产品零部件特征的微观规划和宏观规划两方面详细阐述了一种新的绿色产品工艺规划的方法。他们指出，微观规划是基于产品零部件单个特征的属性，综合考虑能耗、时间、质量等性能指标来评估和分析工艺方法、工艺设备和工艺参数等各个方面因素，从而制定一个面向绿色节能制造的产品零部件特征加工工艺方案；由于微观规划并没有考虑各个特征之间的相互关系（如几何交叉和嵌套等），使不同特征加工顺序的切削量改变引起机床能耗和废物流等的变化。因此，他们进一步研究宏观规划，从经济和环保的角度出发对微观规划进行分析，将与机器相关、刀具相关和其他相关的特征进行分组，从而形成新的良好的面向绿色节能制造的产品工艺规划方案，方案设计如图 4.7 所示。

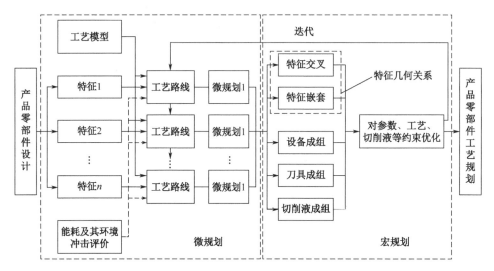

图 4.7　基于能耗及其环境影响的产品零部件工艺规划

同时，产品在其他阶段的耗能行为也得到了研究。有学者提出了采用一种生命周期能量分析法用于汽车零部件材料的选择，结果表明采用该方法获得的产品具有耗能更少的特性。通过对产品设计过程中材料耗能属性的研究，开发了具有节能特性的材料选择系统，并开发了有关的产品材料设计数据库。还有学者采用基于设计参数编码的材料选择方法，对产品所需材料进行轻量化设计，实现了产品节能降耗的需求。或是提出在产品使用阶段将产品耗能作为一项重要指标的想法，用来指导产品在设计过程中考虑的节能技术。

从产品各个阶段消耗的能量情况出发，采用产品生命周期评价（Life Cycle Assessment，LCA）方法进行能耗建模、节能分析、能量评估与预测是研究能源节约设计的一个重要方向。有的学者分析了产品开发过程中能量消耗情况，建立了一个能量因子数学模型，并提出基于公理化设计理论来减少产品在整个生命周期开发过程中的能量消耗。还有人提出集成公理化设计和模块化设计思想，用来建立产品在原材料提取、制造、装配、使用、拆卸和回收整个周期的总能量消耗数学模型。

近些年，随着能量效率问题研究受到越来越多的重视，关于从产品层次探究节能潜力获得了进一步分析和认识。英国拉夫堡大学 Rahimifard 教授所在的研究小组指出：原材料经过在工厂/车间里一系列操作变化最终转换为产品，在制造过程中不可避免地要消耗大量的能源，能量的消耗形式可以分为直接能耗（Direct Energy，DE）和间接能耗（Indirect Energy，IE）两种，如图 4.8 所示。直接能耗表示直接用于产品的生产加工的能量（如机械加工、喷涂、检测等），而间接能耗用于维持制造车间所需的环境的能量（如照明、通风、加热等）。其中，直接能耗分为理论能耗和辅助能耗，理论能耗是直接参与过程加工所消耗的能量（如车削去毛坯余量所需能量），辅助能耗是间接支持加工过程所消耗的能量（如冷却泵为机械加工散热所消耗的能量），机床的开启、待机及停机所需能量都属于辅助能耗。

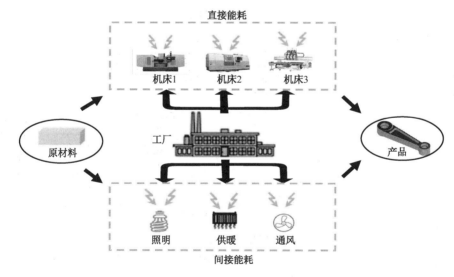

图 4.8　产品制造过程中能量消耗分布

在上述产品能量消耗定义的基础上，人们分别从产品单道工序耗能、产品耗能和整个制造系统能耗角度提出了能效评估指标，并借助仿真软件 Arena 建立了产品蕴含能量仿真模型，这样可以清楚地知道加工单元产品所需能耗及影响产品制造系统的能耗因素。同时，可以获得能量消耗透明度分析数据，并分别反馈到设计阶段和制造阶段，从而为产品在制造过程中实现节能操作提供指导和帮助，如图 4.9 所示。此外，英国曼切斯特大学的 Mativenga 教授等通过分析刀具在满足使用寿命的前提下，探索产品的工艺参数，即切削速度、进给量和切削深度在不同参数组合下的能量消耗情况，以此建立产品在制造过程中具有最小能量消耗的计算模型。

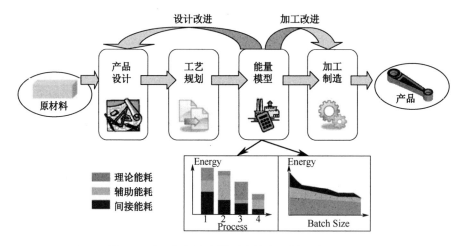

图 4.9 基于能耗仿真模型支持产品制造过程节能

国内也有很多高校和单位在这方面展开了大量的研究，重庆大学刘飞团队和合肥工业大学刘光复团队就是其中研究较为突出的代表。刘飞教授所在研究组从产品工艺的角度出发，对与节能制造工艺方面直接关联的工艺要素规划、工艺过程规划和工艺评价与决策等方面进行了深入研究，并已形成一套比较完善的绿色产品节能理论体系。例如，他们围绕课题"绿色制造工艺规划方法及实用技术研究"，针对若干典型产品工艺的资源环境特性进行了研究，建立了绿色制造的产品工艺数据库和工艺知识库的原型系统；围绕课题"面向绿色制造的工艺规划关键使能技术及应用支持系统研究"，针对产品工艺规划中的关键使能技术进行研究，开发了一套面向绿色制造的工艺规划应用支持系统。合肥工业大学刘光复教授所在的课题研究小组主要是从全生命周期的角度研究产品在原材料生产阶段、加工阶段、装配阶段、运输阶段、使用阶段和回收处理阶段的能量消耗情况，他们构建了一套产品全生命周期能量分析、评价和优化理论体系。例如，在产品全周期设计模型中关于节能降耗方面，有学者首次提出了能量设计因子和设计元思想，他们通过识别和提取产品各个阶段的能量因子，建立动态能量消耗模型；结合产品结构，基于设计元思想分析产品各个阶段能耗之间的关系，给出产品结构节能优化设计方案。还有学者全面分析了机械产品在生命周期各个阶段过程中的能量消耗情况，建立了一种新的产品全生命周期能耗过程模型，并借助键合图等相关理论给出了各个阶段能耗之间的关系及量化公式。之后有学者在此基础上深入研究了产品节能设计的几项关键技术，即产品能耗信息建模技术、能量因子识别和提取技术、产品节能设计优化方法和能耗信息反馈机制。也有学者在评价产品生命周期各个阶段能量特性的基础上，提出了能量消耗因素不确定条件下的产品能量优化评估模型。此外，国内其他一些学者也进行了探讨，如描述了产品面向节能制造工艺种类选择的基本要求和原则与模糊评判方法，建立工艺参数优化模型及求解方法，实现了工艺参数的绿色选择；给出了基于产品制造工艺特性的绿色工艺评价准则，并通过公理化设计方法实现对制造工艺中经济和环境元素的权衡决策；采用本体方法建立了基于知识语义表达的产品能量消耗计算模型，并使用神经网络技术预测了产品在制造过程中的能耗情况；考虑产品拆解过程具有不确定性，提出了能量可拆解的思想，并建立了产品拆解能量消耗分析评估模型。

3．系统层节能降耗研究

从整个制造系统耗能的角度来讲，能耗优化与调度和系统能耗建模仿真是近些年在国内外迅速兴起的两个重要研究方向。在制造系统决策模型中，传统生产车间调度模型一般考虑以生产时间、成本和质量这三个性能指标作为优化目标，而与传统生产调度相比，面向节能的车间调度不仅要考虑传统的性能指标为调度目标，还要考虑与环境冲击如能源消耗相关的调度目标。众所周知，化工、钢铁、石化等流程行业的能量消耗每年几乎都占工业总能量消耗的一半以上，已成为工业节能降耗的首要对象，而通常这些流程制造业一般可以抽象简化为流水车间或者柔性流水车间（亦称混合流水车间）模型。因此，很多关于制造系统车间调度的节能优化的研究大部分是以流水型车间为研究对象，通过建立各种能耗数学模型和其他指标模型，最终实现节能调度。例如，较为有影响的一项研究是美国的Mouzon教授等提出了采用若干调度规则实现非瓶颈机器停机节能策略，并建立了求解单个机床中总能耗和总延迟度最小的调度模型；美国普渡大学的研究者在对流水车间的一般调度指标分析基础上，提出了同时将考虑调度生产周期、最大功耗和碳排放量作为一种新的数学规划模型，并实现了节能优化调度；意大利热那亚大学的研究者通过分析了柔性流水车间调度策略，提出了在不改变工件的分配和加工顺序情况下考虑节能调度模型。在我国，广东工业大学设计了基于分支定界法求解置换流水车间调度环境下减少能量消耗的调度模型；国防科技大学的刘向指出，高能耗行业如冶金、化工行业在进行生产调度过程中因其生产时间（包括准备时间和加工时间）与能源消耗量紧密关联，提出了一个适用于混合流水车间能耗预测的数学模型；之后有学者在此基础上进一步研究了解混合流水车间动态调度环境下的节能模型；南京理工大学的学者描述了锻造行业在生产调度过程中消耗了大量的能源且造成了环境的污染的现状，进而给出了锻造生产调度的节能减排数学模型，并设计开发了具有节能减排功能的调度系统；也有学者分析了离散工业生产调度过程中能量消耗情况，以生产时间延迟和能量消耗两个指标为优化目标，设计了一种面向节能的混合整数规划数学模型；通过研究流水车间生产能耗问题，也有学者在此基础上分别建立了加工装配型问题、并行机问题和单机批处理问题的节能降耗调度模型。另外，离散制造业量大面广，节能降耗潜力巨大，同样也受到国内外研究者的关注。例如，英国诺丁汉大学的学者研究了作业车间调度环境下能量的消耗情况，建立了非加工阶段能量消耗和总加权延迟时间两个优化目标模型，并实现了系统的节能调度。重庆大学的学者描述了在单工序加工车间基于禁忌搜索算法实现机械加工系统能量消耗和工件完工时间同步优化调度；也有学者研究了多机床加工系统中节能、降噪与任务合理分配的多目标模型和基于批量分割及交货期约束的机床节能优化调度模型。哈尔滨工业大学的学者建立了几种不同调度车间类型的能量消耗数学模型，并采用遗传算法求解出最优节能调度方案。合肥工业大学的学者阐述了考虑节能降耗的关键机器调度问题，给出了与能耗相关的四种调度目标模型：①限定时间目标，能量消耗最小化建模；②限定能量消耗，完工时间最小化建模；③能量消耗和完工时间加权和最小化建模；④能量消耗和完工时间同时最小化之间的折中处理建模。

传统制造系统建模与仿真以时间、成本和质量效率为出发点，对制造系统的能量利用效率问题考虑有限。目前，通过系统建模与仿真方法去构建系统制造过程中能量消耗仿真模型的研究正在兴起。其中，德国不伦瑞克工业大学的 Herrmann 教授和 Thiede 教授所在团队针对生产系统涉及的各种制造过程、制造设备和技术服务支持等方面在生产过程中存在能量消耗问题进行了系统的分析，提出了能量流仿真概念并构建了一个面向能耗的制造系统能量仿真、预测和评估的框架。瑞典铸造技术研究所的 Soliding 等基于离散事件仿真方法设计了一个可以综合考虑多种因素，如能量消耗因素、自动化程度等面向集成仿真环境的生产系统。英国拉夫堡大学的 Ghani 等把离散事件仿真技术和虚拟环境设计方法进行有机结合，对制造系统的能量消耗进行了仿真评估，为制造系统实现优化节能提供重要指导。同济大学的张悦和王坚采用连续 Petri 网方法建立了企业在生产过程中的能耗仿真模型，对企业生产能耗过程中的能量流、物质流和信息流进行了有效模拟。

4.2.2　现状总结

制造过程节能降耗的研究现状表明：能源资源的合理使用已经在国内外得到广泛认同和重视，不管是发达国家和地区，还是在发展中国家和地区，制造过程节能降耗的研究工作已经逐步地开展起来，并且通过一些节能技术手段取得了一些成效。其中，节能技术手段可以归纳为结构节能、技术节能和管理节能三个方面。结构节能是从国家发展战略的角度制定和出台一系列政策、法律、法规和标准，使产业结构（特别是高能耗的产业结构）朝着可持续节能型方向发展；技术节能是从生产设备、生产工艺和制造技术等方面提高制造过程中的能源利用效率；管理节能是从管理创新、信息融合和智能优化等角度降低制造过程中的能量消耗。目前，国内外对制造过程节能降耗的研究尚处于初期探索阶段，现有研究虽然在结构节能、技术节能和管理节能三个层次上都有所涉及，但还没有形成成熟的系统理论框架；也缺乏具有实际参考价值的指导方法。

4.2.3　研究意义

随着全球制造对能源资源需求的不断增加，能源资源的逐渐枯竭及其成本的上升和制造系统对环境冲击的影响日趋严峻，绿色节能制造成为面向经济可持续发展型和环境友好型的一种新的制造模式。中国作为世界上能源消耗和生产大国之一，工业化进程中消费了大量的能源资源，但由于能源资源利用率低下，因此，导致人类赖以生存的生态环境正逐渐遭到破坏。尤其是现代制造业中，以产品为中心的制造模式和以客户为中心的制造模式这两大主流制造模式在很大程度上已经满足人类多样化和个性化的需求，但它们在将制造资源能源转变为产品的过程（设计、制造、包装和运输）中，以及从产品使用到报废处理中，更多地注重物料流和信息流，由于对资源能源的消耗及带来的环境影响考虑有限，最终使人类生存与发展面临越来越多的挑战。因此，如何降低制造系统在机械产品设计加工过程中的能量消耗及其环境污染是工业化部门面临的一个重要挑战。

传统制造系统的生产目标一般考虑以加工时间、加工成本和加工质量三方面的性能指标作为研究对象，一方面可借助工艺规划系统对机械产品的工艺路线进行合理设计进而提高产品生产效率，另一方面通过研究生产调度系统实现对加工任务和加工资源进行合理的配置优化从而提高生产效率。制造系统在将制造资源转变为产品的过程中设计、制造、包装和运输，以及产品使用到报废处理过程中，更多地注重物料流和信息流，对生产过程产生的能源消耗和关联的环境冲击影响考虑有限，而事实上，把节能降耗目标作为一个重要指标来研究制造系统是工业化部门面临的一个重大挑战，同时也是企业走可持续发展的必经之路。鉴于此，本章对制造过程中节能降耗理论进行了研究，在此基础上分别对制造系统中的工艺规划和车间调度两个子系统的节能降耗问题进行了深入研究，并给出节能设计方法。之后本章将进一步研究工艺规划与车间调度集成下的节能降耗的方法，并且开发了应用支持系统予以支持验证，为制造系统的节能降耗研究与应用提供了重要的理论支持和技术帮助。

4.3 面向绿色节能的柔性工艺规划问题

4.3.1 国内外研究现状及不足之处

工艺规划作为制造系统的一个重要研究部分，它是连接机械产品设计与制造的桥梁与纽带。在现代化智能制造系统中，产品零件的生产加工过程往往具有很大的柔性，一个产品零件的设计方案可以由不同的工艺路线选择产生，在基于某项或者某几项生产性能指标（如生产成本、生产时间和生产质量）最优要求时，运用各种算法（如整数规划法、遗传算法和蚁群算法），在满足一系列约束条件下进行求解，进而可以从中选择出一条最优工艺路径，不少学者在这方面进行了深入研究。例如，通过分析 FMS（Flexible Manfactruing Systems，柔性制造系统）中工艺柔性问题，建立了一个包括机器负荷平衡最大化、零件移动次数最少和刀具变换次数最少的多目标优化数学模型，并提出采用一种共生衍化算法来求解 Pareto 最优解集。又比如，通过描述一种柔性工艺规划问题，给出了总生产时间最短和总生产成本最小的优化目标函数，并设计了一种改进的遗传算法对其中的一种目标进行优化求解。还有学者分析了工艺规划过程中的工步排序问题，构造了以加工辅助时间为最短的数学优化目标，并提出了采用一种模拟退火算法进行优化求解。而针对柔性制造系统中的工艺路线优化配置问题，有学者考虑以系统的生产效率最优为优化目标，设计了一种混合遗传算法进行求解。通过研究 CAPP 系统中工艺路线决策问题，建立了最小加工成本目标函数，并使用遗传算法进行了有效优化。还有学者阐述了生产工艺规划在考虑多种约束下的工艺路线优化问题，采用了总加工时间最少和总加工成本最低两个数学目标模型，并运用一种混合遗传算法进行了决策优化。

上述研究基本是建立在传统的柔性工艺规划基础上的，主要以经济目标，如生产时间、生产成本和生产质量为出发点进行决策方案的制定和生产目标的优化。工艺规划是制造过程的一个重要环节，然而传统的柔性工艺规划很少从可持续发展的角度考虑生产制造过程中的能源使用效率，对能量消耗及其带来的环境冲击等社会环境目标考虑不够充分。考虑把能量消耗目标作为一个性能指标用于评估工艺规划的相关研究并不是很多。工艺规划过程中，能量消耗研究的一个重要参考为美国加州大学伯克利分校 Sheng 教授所在团队提出的研究理论。他们对产品的工艺规划过程进行了较为全面的研究，搭建了一个涉及生产效率、加工质量和能量消耗等多个目标的优化模型框架；他们在基于产品零件特征的微观规划方面阐述了一种绿色产品工艺规划方法，指出微观规划是基于产品零件单个特征的属性，通过综合考虑能耗、时间、质量等性能指标来评估与分析工艺方法、工艺设备及工艺参数等各种因素，从而制定一个面向绿色节能制造的产品零件特征加工工艺方案；他们也指出，基于产品零件特征的微观规划并没有考虑各个特征之间的相互关系，例如特征之间存在几何交叉关系，这使得不同特征加工顺序的切削量发生变化，从而导致能耗和废物流等发生变化。因此，他们进一步研究宏观规划，即从经济和环境的角度出发对微观规划进行分析，将机器相关、刀具相关和其他相关的特征进行分组，从而形成更好的面向绿色节能制造的产品工艺规划方案。国内，重庆大学在工艺规划过程中考虑能耗指标这方面做了不少研究。例如，曹华军在分析了工艺规划相关理论的基础上，指出能源资源消耗及其带来的环境污染是工艺规划面向绿色化过程中必须重点考虑的因素，他从宏观角度出发，建立了一个面向绿色制造的工艺规划系统框架，并给出了一种面向绿色制造的工艺规划决策支持模型及其求解方法。除此之外，有学者从微观角度出发具体探讨了工艺规划过程中工艺要素选择和工艺过程优化两方面的绿色节能制造特性；还有人提出了一种面向绿色制造的工艺规划支持系统，该系统能够较好地评估和优化工艺过程中的能量消耗；还有人研究了机械制造中的典型加工工艺方法（以车削为研究对象），建立了一个基于生产率、成本、资源消耗（如能量消耗）和环境污染的多目标优化数学模型，并给出了优化结果。另外，在分析工艺规划过程中，有学者兼顾考虑经济和环境因素，提出了一个基于碳排放模型的工艺规划方法并采用遗传算法求得最优方案。但这些研究基本都是从单一的工艺路线方案的角度出发，对涉及能源资源消耗及其带来的环境冲击的一些工艺设备和工艺方法进行优化，而从多工艺路线的角度考虑节能优化方案还有待深入研究。

4.3.2 研究思路和方法

在分析产品零件工艺柔性的基础上，本节将探讨产品零件在不同工艺路线下能量消耗优化问题。首先，给出柔性工艺规划问题的描述，从能量消耗角度对产品零件柔性工艺规划进行研究，其规划目标是通过对不同工艺路线的生产加工时间目标和能量消耗目标进行优化，从中选出节能潜力明显的工艺路线方案。其次，鉴于该目标求解属于组合优化问题范畴，提出采用一种新的遗传算法进行优化解集的探索。最后，对提出算法的效率和可行性进行验证。

4.3.3　面向节能的柔性工艺规划模型

符号定义。

M：表示机器集。

G：表示一个产品零件加工工艺路线集。

O_{lj}：表示第 l 条工艺路线上的第 j 道操作工序。

N_l：表示第 l 条工艺路线的操作工序集。

T_m：表示机器 m 的启动时间。

P_m^i：表示机器 m 的输入功率。

P_{jlm}^u：表示操作工序 O_{jl} 在机器 m 上的空载功率。

P_{jlm}^c：表示操作工序 O_{jl} 在机器 m 上的切削功率。

t_{jlm}：表示操作工序 O_{jl} 在机器 m 上进行生产操作前的闲置运行时间。

S_{jlm}：表示操作工序 O_{jl} 在机器 m 上的开始加工时间。

T_{jlm}：表示操作工序 O_{jl} 在机器 m 上生产加工时间。

$$X_l = \begin{cases} 1，若加工零件选择第 l 条加工工艺路线。 \\ 0，其他情况。 \end{cases}$$

$$Y_{jlm} = \begin{cases} 1，若工序 O_{jl} 被安排在机器 m 上操作。 \\ 0，其他情况。 \end{cases}$$

1．问题描述

柔性工艺规划问题的研究主要是基于零件在制造过程中存在以下三个方面的柔性特征进行的。

（1）加工方法选择柔性：零件某一个加工特征面可以选择不同的加工方法。

（2）加工工序排序柔性：零件一些加工特征在不影响约束要求下可以互换。

（3）加工装备选择柔性：同一道工序可以选择不同的机床进行加工。

该问题就是根据某项或者某几项生产性能指标最优要求，在产品零件从毛坯到成品的制造过程中选择出一条最优工艺路径。通常，一个产品零件的柔性工艺路线采用网状图和 AND/OR 图进行结合描述，如图 4.10 所示。面向节能的柔性工艺规划拟要解决的问题是在满足约束要求下考虑传统经济指标性能（主要研究总的生产加工时间）下兼顾能量消耗指标，最终从多条工艺路线中选择一个最优工艺方案。

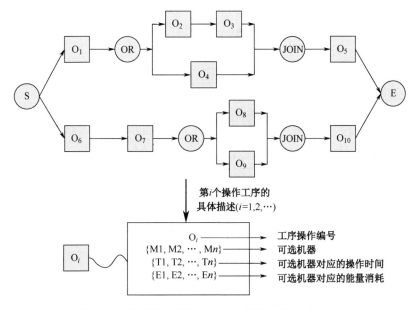

图 4.10　基于网状图和 AND/OR 图的柔性工艺路线

2．数学模型

根据上文对柔性工艺规划问题的描述，建立问题的数学模型。该模型从产品零件的总加工时间最短和总的能量消耗最少两方面进行考虑。总加工时间最优目标是基于经济指标的角度进行建模，直接给出其数学模型表达式：

$$\min f_1 = \sum_{j \in N}^{N_l} (T_{jlm} \times X_l \times Y_{jlm}) \tag{4.1}$$

从能量消耗角度分析产品零件的工艺规划可知，一个零件通常是由若干加工特征构成的，而每个加工特征一般要经过一道或者多道操作工序加工形成。因此，研究操作工序的能量消耗是实现整个零件节能工艺规划设计的基础。通过对机器在加工过程中能量消耗情况的研究，操作工序的能量消耗主要集中于机器的三种操作状态，即启动状态、闲置运行状态和切削加工状态，如图4.11所示。

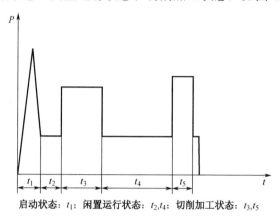

启动状态: t_1; 闲置运行状态: t_2, t_4; 切削加工状态: t_3, t_5

图4.11 操作工序能耗分解示意图

工序操作具体能量消耗形式描述如下。

（1）当机器处在启动状态时，工序操作的能量消耗主要体现在机器部件激活动作上，如液压部件、冷却润滑部件、控制部件和外围部件(风扇、空调等）的开启。此部分的能耗可用 E_1 表示，其数学表达式描述如下：

$$E_1 = \sum_{m \in M} \int_0^{T_m} P_m^i(t)\mathrm{d}t \qquad (4.2)$$

（2）当机器处在闲置运行状态时，工序操作的能量消耗表现在机器部件（主要涉及主轴驱动部件和伺服驱动部件)执行一系列动作行为，如加工任务操作（包括装卸、夹紧和定位）和刀具操作（包括退刀、换刀和进刀）等。同时，机器在等待任务加工的过程中也将消耗能量。因此，这个阶段的能量消耗可用 E_2 表示，其数学表达式描述如下：

$$E_2 = \sum_{j \in N} \sum_{m \in M} (P_{jlm}^u \times t_{jlm} \times X_l \times Y_{jlm}) \qquad (4.3)$$

（3）当机器处在加工状态时，工序操作的能量消耗表现在用于去除材料和维护机器的正常运行。此部分的能耗可用 E_3 表示，其数学表达式描述如下：

$$E_3 = \sum_{j \in N} \sum_{m \in M} ((P_{jlm}^u + \alpha \times P_{jlm}^c + \beta \times (P_{jlm}^c)^2) \times T_{jlm} \times X_l \times Y_{jlm}) \qquad (4.4)$$

式中，α, β 表示负载功率系数，可通过线性回归方法获取。

根据式（4.2）、式（4.3）和式（4.4），可得到产品零件在工艺规划过程中的总能量消耗表达式：

$$E_{total} = E_1 + E_2 + E_3 \tag{4.5}$$

因此，建立产品零件在工艺规划过程中能量消耗模型，通过合理优化使得总的能量消耗最小化即 $E_{total} \to \min$，可实现节能优化目标。其数学描述形式如式（4.6）所示。

$$\min f_2 = E_{total} \tag{4.6}$$

此外，该数学模型除了满足在生产加工过程中的一些强制约束条件（如基准先行、先主后次、先面后孔），还应尽量满足工艺路线优化过程中的一些约束条件。

（1）操作工序约束条件：一个产品零件的不同操作工序不能同时加工。

$$S_{(j+1)lm} \times X_l \times Y_{(j+1)lm} - S_{jlm'} \times X_l \times Y_{jlm'} \geqslant T_{jlm'} \times X_l \times Y_{jlm'}$$
$$l \in G, j \in N_l, m, m' \in M \tag{4.7}$$

（2）机器约束条件：一台机器在每个时刻只能对一道工序进行操作。

$$S_{jlm} \times X_l \times Y_{jlm} - S_{j'lm} \times X_l \times Y_{j'lm} \geqslant T_{j'lm} \times X_l \times Y_{j'lm}$$
$$l \in G, j, j' \in N_l, j \neq j', m \in M \tag{4.8}$$

（3）工艺路线选择约束条件：一个产品零件每次只能选择一条工艺路线进行操作。

$$\sum_{l \in G} X_l = 1 \tag{4.9}$$

（4）操作工序–机器间约束条件：每道工序操作只能选择一台机器进行加工。

$$\sum_{m \in M} Y_{jlm} = 1, l \in G, j \in N_l \tag{4.10}$$

4.4 基于生物启发式改进算法求解面向节能的柔性工艺规划模型

柔性工艺规划问题已被证实为 NP 困难（Non-deterministic Polynomial-time

Hard，NP-hard）问题，本节探讨的面向节能的柔性工艺规划问题亦属于 NP-hard 难题范畴。因此，本节提出采用一种改进的遗传算法（Improved Genetic Algorithm，IGA），对上述问题模型进行求解优化。涉及的内容包括基因编码设计、种群初始化、适应度函数、基因操作设计（包括选择操作设计、交叉操作设计和变异操作设计）和算法实施流程。

4.4.1　基因编码设计

基因编码设计是遗传算法（Genetic Algorithm，GA）解决优化问题首要考虑的问题，一般常采用二进制编码和十进制编码设计。考虑这两种编码不能完整地表达出工艺规划相关信息，因此，本小节采用整数编码进行设计。针对 GA 中的每条染色体，提出使用多层整数编码机制，每一层基因编码均能传递工艺规划的不同信息含义。具体而言，面向节能的柔性工艺规划编码结构有三组基因串组成，即特征基因串、工艺基因串和机器基因串，它们分别表示一个产品零件的所有特征编号、所有可选的工艺路线编号和所有操作任务的可选加工机器编号。各个编码层的关系既相互联系，也相互独立。一方面，三组基因串中任一组中的某个零件信息通过 GA 操作以后，在另外两个基因串中能够找到关联信息，如在特征基因串中的每个特征在工艺基因串和机器基因串中能够找到相应的选择工艺路线编号和加工机器编号；另一方面，三组基因串在 GA 的基因操作中可以根据各自的问题特点采用相应的操作方法，这对整个种群避免产生非法个体是非常有利的。

4.4.2　种群初始化

通常，一个初始种群是随机产生的。由上所述可知，每个个体均由三组基因串构成，因此，本节研究的种群应分别考虑对零件特征基因串、工艺基因串和机器基因串进行初始化处理。具体而言，零件特征基因串的初始化借助 Randperm 函数方法产生，工艺基因串和机器基因串的初始化采用 Unidrnd 函数方法产生。

考虑产品零件特征基因串在种群初始化过程中，因为特征强制约束条件的存在可能会产生不可行解（非法解），这将伸整个初始种群参与 GA 操作的运行效率大大降低。本节在研究产品零件特征之间的约束关系基础上，提出了一种基于特征约束矩阵算法的规则，能够确保产生的每条染色体均对应一个可行解，而且在算法进行迭代操作过程中也不会产生非法解。其具体实施流程描述如下。

Step 01：根据产品零件特征之间的约束关系，构造一个关联特征约束矩阵 A。其中，A 的构造规则为：如果有且仅有一个特征 f 在一个或者多个特征 F' 之前加工，那么取该组特征约束的数字编号直接构成 A 的一行；如果有多个特征 F 在一个或者多个特征 F' 之前加工，那么多个特征 F 中的每一个特征 $f \in F$ 均在这一个或者多个特征 F' 之前加工。同样，取每个 f 对应的特征约束的数字编号直接构成 A 的一行。搜索多个特征 F' 中特征个数最多者并取其数目再加 1 作为 A 的列向量的大小，对于小于最多数目的其他多个特征 F' 所对应的行向量，其数目不足的进行补零处理。

Step 02：根据关联特征约束矩阵 A，找出不在 A 中的其他特征编号，构建一个按照特征编号升序排列的非关联特征块向量 B。若 A 中元素含有零件的所有特征编号，那么 B 为零向量；

Step 03：根据初始特征基因串（设为个体 $S1$）和向量 B，定位初始个体 $S1$ 中非约束特征编号及其对应位置，约束特征位置全部清零，继而构成一个非关联矩阵 $S11$，同时把约束特征按当前顺序提取出来重新构造一个关联矩阵 $S22$。

Step 04：基于关联特征约束矩阵 A，从新分配关联矩阵 $S22$ 中的元素，得到新的关联矩阵 $S22*$。把重新分配的关联矩阵 $S22*$ 中元素按顺序插入到非关联矩阵 $S11$ 的零位置中，从而可以生成一个合法的特征工艺串。

例如，一个非法的初始特征基因串及特征之间应满足的约束关系如表 4.2 所示，该初始特征基因串的合法化处理过程如图 4.12 所示。

表 4.2　初始特征基因串及其特征间的约束关系

初始特征基因串（非法）	F7-F14-F2-F10-F4-F11-F9-F12-F3-F13-F6-F5-F8-F1
特征约束 1	F5，F9 在 F2，F7 之前加工
特征约束 2	F8，F12 在 F3，F5 和 F9 之前加工
特征约束 3	F3 在 F5 之前加工
特征约束 4	F10 在 F7 之前加工

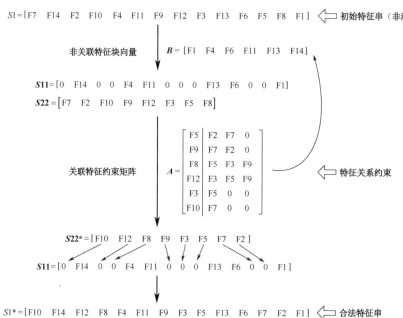

图 4.12　初始特征基因串的合法化处理示意图

4.4.3　适应度函数

适应度函数的设计主要用来对种群中的每个个体进行评价，它一般与生产目标函数联系紧密。本节考虑的生产目标如下。

（1）f_1：最小化总加工时间。

（2）f_2：最小化总能量消耗。

因此，本节选用上述两个生产目标函数并直接将其变换为适应度函数进行个体评价操作。

4.4.4　基因操作设计

基因操作设计包括选择操作设计、交叉操作设计和变异操作设计三个部分。由之前所述可知，每条染色体中的特征基因串、工艺基因串和机器基因串三组基因串可以根据各自的问题特点采用相应的基因操作方法。针对工艺基因串和机器基因串的交叉操作，研究时一般采用单点、双点和部分映射等交叉方法，并且不会产生不可行解。因此，本小节直接选用双点交叉方法分别用于工艺基因串和机器基因串的交叉设计。针对工艺基因串或机器基因串的变异操作采用按照变异概率 P_m，使工艺基因串或机器基因串中某个基因随机选取该基因位对应的可选工艺集或者可选机器集中的其他值。而针对产品零件特征基因串交叉和变异的操作设计由于特征之间的复杂约束性，一般的交叉、变异往往会产生非法染色体，需要借助一些方法，如罚函数方法、可行解变换法和约束调整法，将其转为合法染色体，这将直接影响 GA 的求解能力。因此，本节重点描述产品零件特征基因串的基因操作设计，具体设计过程如下。

1. 选择操作设计

选择操作的设计目的在于保留好的基因个体，从而提高整个种群的质量。目前，常用的设计方法包括锦标赛选择法、比例选择法、最佳个体保持法和基于排名的选择法。这里采用基于排名的选择方法（Rank-based Selection）。首先根据评价结果依次将种群中的每个个体由好到差进行排列，然后基于一定的分配机理如线性分配机理给种群中的每个个体赋予一个选择概率，且要求所有个体选择概率之和为 1。此外，个体的性能越优秀，赋予的选择概率越大，这对保存优秀的个体进入下一代进行迭代操作是非常有利的。

2. 交叉操作设计

为避免产品零件特征基因串在交叉过程中产生非法解集，提出采用基于特征关系约束块的交叉方法，如图 4.13 所示。具体实施步骤描述如下。

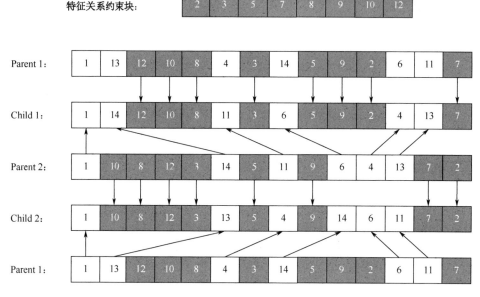

图 4.13　基于特征关系约束块的交叉方法

Step 01：基于产品零件特征在初始化过程中构造出的关联特征约束矩阵 A，依次搜索每一行特征元素，把具有紧密关系的特征元素放在一起，且要求特征编号按照由小到大的顺序排列，从而构成一个或者若干特征关系约束块组成特征关系约束块集。根据表 4.2 和图 4.13 的内容可知，A 的 6 行元素彼此之间均有联系，可直接构成一个特征关系约束块：2—3—5—7—8—9—10—12，且特征关系约束块集中只含有一个特征关系约束块。

Step 02：从特征关系约束块集中随机选择一个特征关系约束块，复制父代 1(Parent 1)中含有该特征关系约束块的元素到子代 1(Child 1)中，并保留它们的位置；同样，复制父代 2(Parent 2）中含有该特征关系约束块的元素到子代 2(Child 2)

中，并保留它们的位置。

Step 03：把父代 1(Parent 1)中不含有特征关系约束块元素的其他元素按顺序复制到子代 2(Child 2)中；同样，把父代 2(Parent 2)中不含有特征关系约束块元素的其他元素按顺序复制到子代 1(Child 1)中。

3．变异操作设计

当交叉操作进行到一定代数之后，个体适应度值不再随之改变，算法容易陷入早熟收敛状态。因此，有必要借助一定的扰动机制来改变基因信息，从而增加种群多样性，减少陷入局部最优的概率。变异操作即是根据一定的变异概率对个体基因进行扰动操作，如互换、逆序和插入等操作，从而使算法具有一定的局部搜索能力。目前，已存在多种变异方法用于遗传算法操作，如均匀变异（uniform mutation）与非均匀变异（non-uniform mutation）、功率变异（power mutation）和基于免疫操作的变异等。本章提出采用一种基于激素调节机制的模拟退火算法（Simulated Annealing Algorithm，SAA）替代遗传算法的变异操作，这将有助于增加 GA 在解空间的探索能力和探索效率。由 SAA 算法机理可知，它是一种基于Mente Carlo 迭代求解策略的全局概率型搜索算法，状态产生函数、状态接受函数、温度更新函数、抽样稳定准则和结束准则是直接影响算法寻优结果的主要环节。而温度的选择和控制对算法性能的影响尤为显著。借鉴生物激素分泌具有快速稳定维持生物机体内外环境的功能，提出采用基于生物激素调节机制的规律来设计 SAA 的温度冷却控制函数。基于改进 SAA 作为 GA 变异操作的设计具体描述如下。

1）基于关键路径的状态产生函数设计

状态产生函数（即邻域函数）的设计应保证产生的候选解尽可能遍布全部解空间。它由候选解产生的概率分布和产生候选解的概率方式两部分组成。概率方式的设计可以多样化，可以是交换操作、逆序操作和插入操作等，而概率分布可以是正态分布、指数分布或 Cauchy 分布等。这里采用基于关键路径的领域结构设计状态产生函数。

在生产过程中，一般将由连续加工的若干工序组成的持续时间最长的路径称为关键路径。一个可行解可能包括多条关键路径，关键路径是构造邻域结构的核心组成部分。关键路径在同一台机器上加工的相邻工序组成关键块。

定义：设 P、Q 是两个可行方案，若 Q 是通过交换 P 中同一机器上相邻两工序的次序得到的，或者是通过合理的移动 P 中关键块上的工序位置得到的，并且保证 Q 的生产周期小于 P，则称 Q 是 P 的改进型方案。

定理：若 Q 是 P 的改进型方案，则 Q 一定可以通过以下方式之一得到。

（1）交换 P 中某个关键块的第一道工序和第二道工序，或是交换 P 中某个关键块的最后一道工序和倒数第二道工序。

（2）移动 P 中某个关键块的某一道工序到该块的最前面一道工序，或是移动 P 中某个关键块的某一道工序到该块的最后一道工序。

通过上述分析，可以给出基于关键路径的领域结构构造方法：若 Q 是通过移动可行解 P 中的某个关键块中任一道工序（不包括 P 中该关键块的首、尾道工序）到该关键块的首道工序的前面或是尾道工序的后面得到的方案，则 Q 是 P 的邻居。所有这样得到的邻居为 P 的邻域，显然这样得到的邻域是非常小的。图 4.14 是基于关键路径的邻域结构的移动与交换操作。

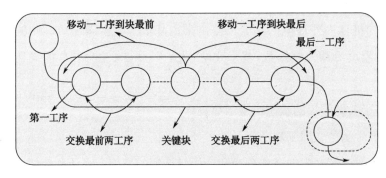

图 4.14　基于关键路径的领域结构的移动与交换操作

2）SAA 状态接受函数设计

状态接受函数的合理设计能够保证在分布机制的作用下，使 SAA 避免陷入局部最优的陷阱。由实验表明，状态接受函数的具体形式对 SAA 性能的影响不显著。因此，采用以下准则作为接受新状态函数的方案。

$$\min\{1, \exp(-\Delta/T) > \mathrm{random}(0,1)\} \tag{4.11}$$

式中，Δ 为新旧状态的目标函数值之差，目标函数可以是工件的总加工时间、机器的平衡利用率、工件的延迟度或制造成本等；T 为当前温度。

3）初始温度设计

一般，初始温度 T_0 越高，SAA 的收敛性越好。它决定了退火过程的起始阶段能否以大概率接受劣解。关于初始温度的设定，结合模拟退火的理论和工艺规划的特点，给出初始的温度：

$$T_0 = (U_{\max} - U_{\min}) \times 100 \tag{4.12}$$

其中，

$$\begin{cases} U_{\max} = \sum_{i,j} t_{ij} \\ U_{\min} = \min\{\max_i \sum_j t_{ij}, \max_k \sum_{t_{ij}=k} t_{ij}\} \end{cases} \tag{4.13}$$

式中，$U_{\max}$ 是最大加工时间；$U_{\min}$ 是最短加工时间；t_{ij} 是加工时间矩阵 $\boldsymbol{T}$ 中第 i 个加工任务使用第 j 台机器的时间。

4）温度更新函数设计

在 SAA 温度更新操作中，一般采用指数退温函数，即 $T_{k+1} = \alpha T_k$。其中，$0 < \alpha < 1$，且其大小可以不断变化，采用这种方法，温度下降的速度完全取决 α 值的选取，实际中动态选值是比较难的。此外，Logarithmic 函数、Boltzmann 函数和 Cauchy 函数也被用于设计温度变化操作，并取得了一定成效。由于生物激素分泌具有快速稳定维持生物机体内外环境的使用，如胰腺分泌的胰岛素，具有降低血糖浓度的作用，而胰高糖素具有提升血糖浓度的作用。当血糖浓度较低时，则

由胰高糖素按照激素调节规律函数进行快速调节，使血糖浓度升高。相反，当血糖浓度较高时，则由胰岛素按照激素调节规律函数进行快速调节，使血糖浓度降低。这种激素调节规律函数具有很好的收敛性质，使胰岛素与胰高糖素能快速地达到动态平衡，从而保持人体的正常血糖水平。基于上述研究基础，我们提出一种新的温度更新函数来操作 SAA。

根据腺体分泌激素的一般调节规律：激素的调节规律具有单调性和非负性，并且激素调节规律遵循 Hill 函数分布规律，其数学表达如式（4.14）所示：

$$
\begin{cases}
F_{up}(X) = \dfrac{X^n}{T^n + X^n} \\[2mm]
F_{down}(X) = \dfrac{T^n}{T^n + X^n}
\end{cases}
\tag{4.14}
$$

式中，T 为阈值，且 $T>0$；X 是自变量；n 为 Hill 因子，且 $n \geqslant 1$。n 和 T 共同决定函数曲线上升或下降的斜率。该函数具备如下特性：① $F_{up} = 1 - F_{down}$；② $0 \leqslant F_{up}(X) \leqslant 1, 0 \leqslant F_{down}(X) \leqslant 1$。

同时，如果一种激素 a 受另一种激素 b 控制调节，则激素 a 的分泌速率 $V_{up}^{\alpha}(V_{down}^{\alpha})$ 与激素 b 的浓度 C_b 存在如下关系。

$$
\begin{cases}
V_{up}^{a} = V_{a0} \times (1 + \dfrac{C_0}{V_{a0}} \times \dfrac{C_b^{\ n}}{C_b^{\ n} + T^n}) \\[2mm]
V_{down}^{a} = V_{a0} \times (1 - \dfrac{C_0}{V_{a0}} \times \dfrac{C_b^{\ n}}{C_b^{\ n} + \mathrm{T}^n}) + C_0
\end{cases}
\tag{4.15}
$$

式（4.15）中，V_{a0} 是激素 a 的初始分泌速率，C_0 是一个常量系数。

因此，本章基于生物激素调节机制的规律，给出了 SAA 新的温度更新函数：

$$
T(k+1) = \alpha \times F_{down}(k) - \frac{k \times \Delta T}{\exp(k)}
\tag{4.16}
$$

其中，

$$
F_{down}(k) = \frac{1}{1 + k^n}
\tag{4.17}
$$

$$
\Delta T = T(k+1) - T(k)
\tag{4.18}
$$

式 4.16 中，α 为常量系数，取 $\alpha = T_0$；n 为 Hill 系数，且 $n \geqslant 1$；k 为迭代的次数；ΔT 为当前温度与前一次温度的差值，且总满足 $\Delta T < 0$。图 4.15 给出了温度更新函数在不用 Hill 系数下的变化情况（n 分别取 1.0, 1.2, 1.5, 2.0）。

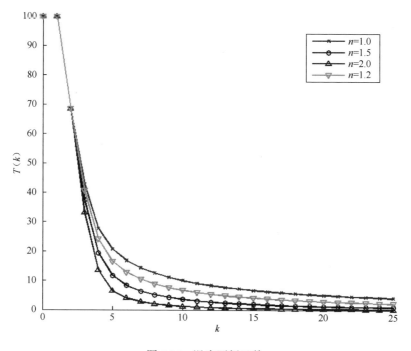

图 4.15　温度更新函数

4.4.5　算法实施流程

根据上述对所提算法的各个部分的详细设计阐述，可给出改进遗传算法的实施流程，具体如图 4.16 所示。

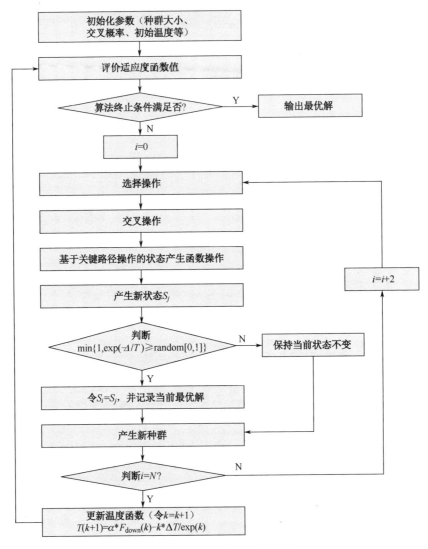

图 4.16 改进遗传算法实施流程图

4.5 实验仿真与结果分析

改进遗传算法（IGA）测试以 Matlab 为仿真环境，采用操作系统为 Windows

XP 的计算机：硬件环境的处理器为 Intel Pentium（R）、主频为 3.20GHz 及物理内存为 1.0GB。实验部分包括两部分，一是对 IGA 的性能进行测试验证；二是采用 IGA 来求解本节所提的数学模型。

4.5.1　算法性能测试

为了对所提出算法的性能进行评估，将改进的遗传算法（IGA）与标准的遗传算法（SGA）和模拟退算法（SAA）进行比较。测试目标是优化一个产品零件在工艺规划过程中总的加工时间，使该加工时间最小。测试数据信息见表 4.3，某个加工零件定义了 14 个加工特征，经分析需要在 5 台加工设备上完成 20 个操作工序的加工。

表 4.3　测试实例相关数据表

特征编号	操作任务编号	可选加工机器	可选机器对应的加工时间	特征约束关系
F1	O_1	M2, M3, M4	40, 40, 30	F1 在所有特征之前
F2	O_2	M2, M3, M4	40, 40, 30	F2 在 F10，F11 之前
F3	O_3	M2, M3, M4	20, 20, 15	
F4	O_4	M1, M2, M3, M4	12, 10, 10, 7.5	
F5	O_5	M2, M3, M4	35, 35, 26.25	F5 在 F4，F7 之前
F6	O_6	M2, M3, M4	15, 15, 11.25	F6 在 F10 之前
F7	O_7	M2, M3, M4	30, 30, 22.5	F7 在 F8 之前
F8	O_8—O_9—O_{10}	M1, M2, M3, M4	21.6, 18, 18, 13.5	
		M2, M3, M4	10, 10, 7.5	
		M2, M3, M4, M5	10, 10, 7.5, 12	
F9	O_{11}	M2, M3, M4	15, 15, 11.25	F9 在 F10 之前
F10	O_{12}—O_{13}—O_{14}	M1, M2, M3, M4	48, 40, 40, 30	F10 在 F11，F14 之前
		M2, M3, M4	25, 25, 18.75	
		M2, M3, M4, M5	25, 25, 18.75, 30	

续表

特征编号	操作任务编号	可选加工机器	可选机器对应的加工时间	特征约束关系
F11	O_{15} O_{16}	M1, M2, M3, M4	26.4, 22, 22, 16.5	
		M2, M3, M4	20, 20, 15	
F12	O_{17}	M2, M3, M4	16, 16, 12	
F13	O_{18}	M2, M3, M4	35, 35, 26.25	F13 在 F4, F12 之前
F14	O_{19}—O_{20}	M2, M3, M4	12, 12, 9	
		M2, M3, M4, M5	12, 12, 9, 14.4	

　　程序仿真运行 15 次，测试实例运行结果见表 4.4 所示。从表 4.4 中可知，几种算法均能探索到最优解，但是从平均最优解、平均收敛代数和平均运行时间上可以看出，改进的算法比另外两种算法更占有优势。另外，图 4.17 给出了几种算法求解目标函数适应度值的收敛曲线图，进一步证明了改进遗传算法的优越性。

表 4.4　测试实例运行结果

相 关 算 法	最 优 解	平均最优解	平均收敛代数	平均运行时间
改进遗传算法（IGA）	337.5	337.5	14.2	18.61
标准遗传算法（SGA）	337.5	338.1	26.6	22.62
模拟退火算法（SAA）	337.5	337.5	35.5	66.23

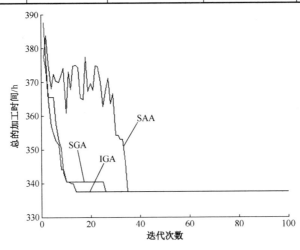

图 4.17　不同算法求解目标适应度收敛曲线图

4.5.2　IGA 求解面向节能的柔性工艺规划模型

为了便于研究柔性工艺规划中的各个工序的能耗情况，我们汇总了相关加工设备能耗数据。据相关资料统计分析表明，实际用于去除材料加工所消耗的能量占总的能量消耗平均不到 30%，并且在给定材料去除速率下的能耗大小基本固定不变，其他剩余能量的消耗主要集中在机器启动状态和机器闲置运行状态。因此，本节重点考虑机器在空载运行情况下能量消耗情况，根据对机床的能耗相关研究，设置测试实例中每台机器的运行的空载运行功率如表 4.5 所示。测试实例的目标函数包括总的加工时间和总的能量消耗。

表 4.5　测试实例中每台机器空载运行功率

机器编号	M1	M2	M3	M4	M5
空载运行功率/kW	1.77	2.20	2.20	3.36	7.50

首先，考虑总的加工时间最短时的能量消耗情况。采用 IGA 运行程序 10 次，所得最优加工时间是 337.5h，对应的能量消耗为 1 134kWh，且在该最优解下的一条最好工艺路线为 O_1—O_{11}—O_6—O_2—O_{12}—O_{13}—O_{14}—O_{15}—O_{16}—O_{18}—O_{17}—O_{19}—O_{20}—O_3—O_5—O_7—O_8—O_9—O_{10}—O_4。其次，在不影响交货期的前提下考虑最小化总的能量消耗，运行改进遗传算法得到一个能耗适应度收敛曲线图，如图 4.18 所示。可知最优的总的能量消耗为 989.24kWh，且在该最优解下的一条最优工艺路线为 O_1—O_{18}—O_6—O_2—O_{17}—O_{11}—O_3—O_5—O_7—O_4—O_8—O_9—O_{10}—O_{12}—O_{13}—O_{14}—O_{19}—O_{20}—O_{15}—O_{16}。与加工时间最短时的能量消耗相比，节约能量约为 12.77%。最后，进一步研究了总加工时间和总能量消耗之间的关系，测试结果如图 4.19 所示。从这些结果可知，零件工艺规划过程中总的加工时间和总的能量消耗是一对相互矛盾的目标。缩短总的加工时间，将消耗更多的能量；反之，要降低总的能量消耗，在不影响交货期前提下适当延长生产加工时间，这

对工艺规划过程实施节能操作是可行的。

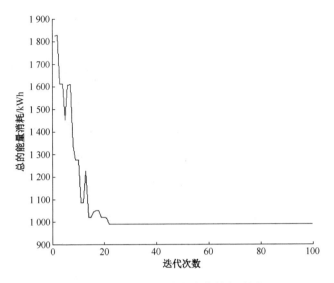

图 4.18　总的能耗适应度收敛曲线图

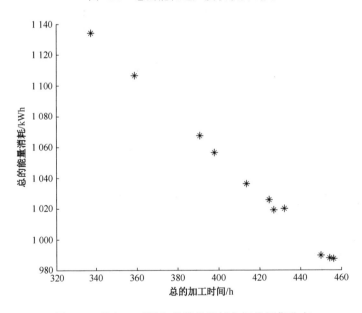

图 4.19　总加工时间和总能量消耗之间的解集分布

4.6 本章小结

　　本章首先在分析柔性工艺规划问题的基础上，提出了一种面向节能的柔性工艺规划的模型描述，其优化目标是减小生产过程中总的加工时间和总的能量消耗。其次，基于生物激素调节机制的规律，设计了模拟退火算法中的速度冷却控制部分，并将其作为遗传算法中的变异操作部分用于改进遗传算法的设计。然后，通过性能测试证明了所提算法的有效性，并采用该算法对上述数学模型进行了求解。最后，对一个工艺规划案例进行试验分析，结果表明：工艺规划过程中总的生产加工时间与总的能量消耗两个目标之间存在矛盾。并指出在不影响交货期的前提下，延长生产加工时间，能够实现工艺节能规划。

第 5 章

基于内分泌调节机制的柔性流水车间绿色调度问题

5.1 引言

5.1.1 国内外研究现状及不足之处

生产车间动态调度作为一个能及时响应制造系统中动态事件的决策优化问题，一直备受众多研究者的关注。根据生产车间受扰动情况的影响，动态事件通常分为外部扰动事件和内部扰动事件，具体事件分类如图 5.1 所示，而基于这些扰动事情求解车间动态调度问题的研究策略大体可以分为三种类型：完全反应调度（Completely Reactive Scheduling）、预反应调度（Predictive-Reactive Scheduling）和鲁棒调度（Robust Proactive Scheduling），其中，预反应调度在制造系统中使用最为广泛。目前，关于车间动态调度问题的研究，一般以调度效率和调度稳定性作为优化目标，而对动态调度过程中兼顾能耗优化目标考虑有限。华中科技大学的张利平研究了柔性作业车间在动态调度环境下机器加工任务过程中总空载能量消耗情况，建立了以调度能耗、调度效率和调度稳定三个目标为评价指标的数学规划模型。国防科学技术大学的曾令李对面向节能的混合流水车间动态调度进行了研究，提出了基于空闲时间窗口概念设计方法用于调度优化流程时间和能量消耗两个目标，并给出了数学模型。

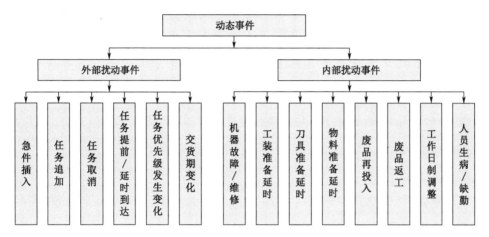

图 5.1　生产车间动态事件分类图

此外，相对静态调度问题而言，生产车间动态调度问题计算更具有复杂性，它属于更加复杂的 NP-hard 问题。关于求解该类问题的方法大体分为四种，即运筹学方法、仿真方法、人工智能方法和智能优化方法。运筹学方法通常采用数学规划基本思想来求解一些小规模事件问题，全局搜索质量高，分支定界（Branch and Bound）算法是其典型代表。然而，运筹学方法因其计算能力有限，很难在大规模动态调度问题中显示出它的优越性。仿真方法能够比较理想地模拟制造系统的实际运行环境，从而可以实现对调度计划的控制，但因其实验设计的特定性，很难获取一般研究规律，并且由于制造系统本身具有随机性，实验结果只有统计意义。人工智能方法在解决复杂制造系统的调度问题上具有一定优势，算法主要包括神经网络（Neural Network）、专家系统（Expert System）和多智能体（Multi-agent System）等。但是，这种方法开发周期较长、投入成本较高，且对制造系统出现新情况的适应性较差。智能优化方法是受生物行为或物理反应的启发而提出的一种有效搜索方法，包括遗传算法（Genetic Algorithm）、模拟退火算法（Simulated Annealing Algorithm）、禁忌搜索（Tabu Search）、蚁群优化（Ant Colony Optimization）和粒子群优化（Particle Swarm Optimization）等，目前在生产车间动态调度中应用较为广泛，尤其以遗传算法求解调度问题尤为突出。比如，有的学者针对柔性制造系统在进行面向任务的动态车间调度过程中存在的问题，提出采用遗传算法对评价指标完工时间进行实时优化。还有的学者以工件平均延迟时间和平均成本两个性能指标为优化目标，给出一种遗传算法求解作业车间在有机器故障和多条可选加工路线的情况下的调度计划，并指出该算法明显优于常用的分派规则。有的学者设计了一种改进的自适应遗传算法用于求解车间动态调度问题，并证明采用该方法后机器的利用效率和车间的生产效率得到提高。还有学者把遗传算法与禁忌搜索算法相结合用于求解作业车间在有任务到达和机器故障两种情形下多目标动态调度问题，并指出该算法在动态调度环境下行之有效。另外，也有学者研究了一种改进的模拟退火算法用于优化总加权完工时间为目标函数的动态调度问题，或是考虑采用粒子群优化算法用于求解混合流水车间动态调度问题。

5.1.2　研究思路和方法

作为生产车间的一种高级类型，柔性流水车间同样也受动态事件的影响。结合第 3 章内容可知，面向节能的柔性流水车间静态调度模型研究是开展动态环境下节能降耗研究的基础，而仅局限于柔性流水车间静态环境下的节能研究是不充分的。因此，本章将研究面向节能的柔性流水车间动态调度问题，提出采用预反应调度策略进行求解。首先对柔性流水车间动态调度问题进行描述，基于此建立加工工件在制造系统中遇到新工件到达和机器发生故障两种情形下能量消耗的模型，进而构造一个面向绿色节能的柔性流水车间动态调度多目标优化模型，然后提出使用基于内分泌调节机制的自适应粒子群算法去求解该问题模型。

5.2 面向绿色节能的柔性流水车间动态调度模型

符号定义。

j,j'：工件标号。

t：生产阶段标号。

h,m：机器标号。

v：加工速度标号。

s：生产阶段数目。

m_t：在生产阶段 t 的并行机器数目。

n：原有工件数目。

n'：新工件数目。

J：原有工件集，$J = \{1,2,3,\cdots,n\}$。

J'：新工件集，$J' = \{1,2,3,\cdots,n'\}$。

S：生产阶段集，$S = \{1,2,3,\cdots s\}$。

M_t：生产阶段 t 中机器集，$M_t = \{1,2,\cdots,m_t\}$。

M：机器集。

V：速度集。

P_{tm}：生产阶段 t 中机器 m 上第 p 个加工工件。

N_{tm}：生产阶段 t 中机器 m 上加工工件数目。

C_j：工件 j 的完工时间。

C_j'：新工件 j' 的完工时间。

$C_{\max}$：总的完工时间，$C_{\max} = \{C_1, C_2, C_3, \cdots, C_n, C_1', C_2', \cdots, C_n'\}$。

T_{jtmv}：工件 j 在生产阶段 t 中的机器 m 上以速度 v 进行操作的时间。

$T_{j'tmv}'$：新工件 j' 在生产阶段 t 中的机器 m 上以速度 v 进行操作的时间。

S_{jtm}：工件 j 在生产阶段 t 中的机器 m 上的开始时间。

$S_{j'tm}'$：新工件 j' 在生产阶段 t 中的机器 m 上的开始时间。

C_{jtm}：工件 j 在生产阶段 t 中的机器 m 上的结束时间。

$C_{j'tm}'$：新工件 j' 在生产阶段 t 中的机器 m 上的结束时间。

RS：重调度的开始时刻。

T_m：机器 m 的启动时间。

P_m^i：机器 m 的输入功率。

P_{jtm}^u：工件 j 在生产阶段 t 中的机器 m 上的空载功率。

P_{jtm}^c：工件 j 在生产阶段 t 中的机器 m 上的切削功率。

$X_{jtmv} = \begin{cases} 1, & \text{若工件 } j \text{ 被安排在生产阶段 } t \text{ 中的机器 } m \text{ 上以速度 } v \text{ 进行操作。} \\ 0, & \text{其他情况。} \end{cases}$

$X_{j'tmv}' = \begin{cases} 1, & \text{若新工件被安排在生产阶段 } t \text{ 中的机器 } m \text{ 上以速度 } v \text{ 进行操作。} \\ 0, & \text{其他情况。} \end{cases}$

5.2.1　问题描述

柔性流水车间动态调度问题（Flexible Flow-shop Dynamic Scheduling Problem，FFDSP）一般可以描述为：当前调度系统有 n 个工件构成的工件集 $J = \{1, 2, 3, \cdots, n\}$，所有工件的加工工艺路线均相同。有 s 个连续生产阶段构成的生产阶段集 $S = \{1, 2, 3, \cdots, s\}$，在生产阶段 $t(t \in S)$ 有 $m_t(t \in S)$ 台机器构成的机器集 $M_t = \{1, 2, 3, \cdots, m_t\}$，且要求 $m_t \geqslant 1$。所有工件均需要通过每个生产阶段，且在任意两个连续生产阶段之间的中间缓冲储存为无限大。此外，工件 $j(j \in J)$ 在生产阶段 $t(t \in S)$ 内的机器 $m(m \in M_t)$ 上可以从有 d 个速度构成的速度集 $V = \{1, 2, 3, \cdots, d\}$

中选择一个加工速度 $v(v \in V)$，这意味着工件在同一个生产阶段的不同机器上进行操作会有不同的加工时间，且对应的能量消耗也将不相同。由于实际加工环境常常存在扰动，需考虑新工件到达和机器发生故障两类动态事件：第一，设有 n' 个新工件构成的工件集 $J' = \{1, 2, 3, \cdots, n'\}$ 在原调度方案进行到某一时刻要求加入生产调度中；第二，设有 m'_t 台机器构成的机器集 $M'_t = \{0, 1, 2, \cdots, m'_t\}$ 在原调度方案进行中发生故障，故障可以发生在机器空闲阶段，也可以发生在机器加工阶段。拟解决的问题是确定每个阶段并行机器的分配与同一台机器上不同工件加工顺序的布置，从而使整个制造系统的某一项或几项性能指标，如加工时间、加工成本和加工质量达到最优。

此外，柔性流水车间动态调度还应满足以下假设条件。

（1）工件的每道工序在每个阶段选择一个确定速度的并行机器进行加工。

（2）工件经过每道工序阶段，选择不同速度并行机器的操作时间是可知的。

（3）每个工件在机器上的加工工艺路线相同。

（4）每台机器在每个时刻只能加工工件的一道工序。

（5）同一个工件不允许同时在不同的机器上进行加工。

（6）所有工件在零时刻均可以被加工，且工件的加工一旦进行则不允许中断。

（7）不同工件的工序没有顺序约束，同一工件的工序之间有先后约束。

（8）工件操作中遇上机器故障，将重新加工。

（9）机器发生故障后，其修复时间可计算。

（10）准备时间和运输时间不予考虑。

5.2.2　能量消耗模型

根据生产车间中工件在机器上加工所需能量情况，类似于第 2 章考虑产品零件工序操作在机器设备上能量消耗的分解，可将柔性流水车间在动态环境下加工任务所需的能量分成以下三个阶段。

（1）机器处在启动阶段所需能耗用 E_1 表示，其数学表达式如下：

$$E_1^i = \sum_{m \in M} \int_0^{T_m} P_m^i(x)\mathrm{d}x \tag{5.1}$$

（2）机器处在闲置运行阶段所需能耗用 E_2 表示，其数学表达式如下：

$$E_2 = \sum_{t \in S} \sum_{m \in M_t} \sum_{v \in V} (((C_{(p_{tm}+1)tm} - T_{(p_{tm}+1)tmv} X_{(p_{tm}+1)tmv}) - C_{p_{tm}tm})P_{(p_{tm}+1)tm}^u +$$
$$((C'_{(p_{tm}+1)tm} - T'_{(p_{tm}+1)tmv} X'_{(p_{tm}+1)tmv}) - C'_{p_{tm}tm})P_{(p_{tm}+1)tm}^u) \tag{5.2}$$

（3）机器处在加工阶段所需能耗用 E_3 表示，其数学表达式如下：

$$E_3 = \sum_{j \in J} \sum_{t \in S} \sum_{m \in M_t} \sum_{v \in V} (P_{jtm}^u + \alpha P_{jtm}^c + \beta(P_{jtm}^c)^2)X_{jtm}T_{jtmv} +$$
$$\sum_{j' \in J'} \sum_{t \in S} \sum_{m \in M_t} \sum_{v \in V} (P_{j'tm}^u + \alpha P_{j'tm}^c + \beta(P_{j'tm}^c)^2)X'_{j'tmv}T'_{j'tmv} \tag{5.3}$$

式中，α, β 表示负载功率系数，可通过线性回归方法获取。

根据式（5.1）、式（5.2）和式（5.3），可得到柔性流水车间总的能量消耗表达式。

$$E_{\text{total}} = E_1 + E_2 + E_3 \tag{5.4}$$

因此，建立柔性流水车间能量消耗模型，通过合理调度使得总的能量消耗最小化 $E_{\text{total}} \to \min$，可实现节能优化目标。其数学表达式如式（5.5）所示。

$$\min f_1 = E_{\text{total}} \tag{5.5}$$

5.2.3 调度效率模型

本章采用性能指标最大完工时间（Makespan）来衡量柔性流水车间的调度效率，其数学表达形式如式（5.6）所示。

$$\min f_2 = C_{\max} \tag{5.6}$$

根据柔性流水车间的动态调度环境要求，调度目标还应满足以下约束条件。

$$C_{\max} \geqslant C_{jtm}, \ j \in J, t \in S, m \in M_t \tag{5.7}$$

$$C_{\max} \geqslant C'_{j'tm}, \ j' \in J', t \in S, m \in M_t \tag{5.8}$$

$$C_{jtm} \geqslant S_{jtm} + X_{jtmv} T_{jtmv} , j \in J, t \in S, m \in M_t, v \in V \qquad (5.9)$$

$$C'_{j'tm} \geqslant S'_{j'tm} + X'_{j'tmv} T'_{j'tmv} , j' \in J', t \in S, m \in M_t, v \in V \qquad (5.10)$$

$$C_{jtm} \leqslant S_{j(t+1)h} , j \in J, t \in \{1, 2, \cdots, s-1\}, m \in M_t, h \in M_{t+1} \qquad (5.11)$$

$$C'_{j'tm} \leqslant S'_{j'(t+1)h} , j' \in J', t \in \{1, 2, \cdots, s-1\}, m \in M_t, h \in M_{t+1} \qquad (5.12)$$

$$C_{p_{tm}tm} \leqslant S_{(p_{tm}+1)tm} , t \in S, m \in M_t, p_{tm} \in \{1, 2, \cdots, N_{tm} - 1\} \qquad (5.13)$$

$$C'_{p_{tm}tm} \leqslant S'_{(p_{tm}+1)tm} , t \in S, m \in M_t, p_{tm} \in \{1, 2, \cdots, N_{tm} - 1\} \qquad (5.14)$$

$$\sum_{m \in M_t} X_{jtmv} = 1 , j \in J, t \in S, v \in V \qquad (5.15)$$

$$\sum_{m \in M_t} X'_{j'tmv} = 1 , j' \in J', t \in S, v \in V \qquad (5.16)$$

$$\sum_{v \in V} X_{jtmv} = 1 , j \in J, t \in S, m \in M_t \qquad (5.17)$$

$$\sum_{v \in V} X'_{j'tmv} = 1 , j' \in J', t \in S, m \in M_t \qquad (5.18)$$

$$RS \leqslant S_{jtm} , j \in J, t \in S, m \in M_t \qquad (5.19)$$

$$RS \leqslant S'_{j'tm} , j' \in J', t \in S, m \in M_t \qquad (5.20)$$

在此约束条件中，式（5.7）和式（5.8）表示工件完工时间约束，即每个工件（包括原有工件和新工件）的完工时间不允许超过最大完工时间；式（5.9）和式（5.10）表示原有工件和新工件的完工时间均由开始时间和结束时间构成；式（5.11）和式（5.12）表示同一个工件（原有工件或新工件）只有完成当前生产阶段的操作才允许进入下一个生产阶段；式（5.13）和式（5.14）表示同一台机器同一时刻只能加工一个工件；式（5.15）和式（5.16）表示原有工件和新工件在每个生产阶段，只允许选择一台机器进行加工；式（5.17）和式（5.18）表示原有工件和新工件在一台机器上均以选定的速度进行操作；式（5.19）和式（5.20）表示因新工件到达或是机器故障而进入重调度期内的工件（包括原有未完成操作的工件和新工件）开始执行时间至少应在重调度开始时刻之后。

5.3 内分泌系统中激素调节规律研究

内分泌系统中的不同种类的激素是通过内分泌细胞（腺体）所分泌出来的，这些内分泌激素对其所作用的特定的靶组织具有抑制或促进性功能，从而使生物体维持机体内外环境的快速稳定。不同腺体激素的浓度之所以在生物体内部能够维持快速的稳定，最主要的原因是内分泌激素调节的规律在其中起到了至关重要的作用。

2004 年，国外学者 Farhy 就曾对内分泌系统的激素分泌调节规律进行了深入研究，并提出了激素分泌的通用调节规律：内分泌系统的激素调节函数 $F(G)$ 具有非负性和单调性，其可分解为遵守 Hill 函数调节规律的上升函数 $F_{up}(G)$ 和下降函数 $F_{down}(G)$：

$$F_{up}(G) = \frac{G^n}{T^n + G^n} \tag{5.21}$$

$$F_{down}(G) = \frac{T^n}{T^n + G^n} = 1 - \frac{G^n}{T^n + G^n} \tag{5.22}$$

式中，T 表示内分泌激素浓度的某种阈值，且 $T > 0$；G 为激素分泌过程中的变量；n 为 Hill 因子，且 $n \geqslant 1$。Hill 函数通常具有以下几个特性：①$F(G)_{T=G}=1/2$；②$F_{down}(G) = 1 - F_{up}(G)$；③$0 \leqslant F(G) \leqslant 1$，$F(G)$ 可以是 $F_{up}(G)$ 或 $F_{down}(G)$。

为了清晰说明 Hill 函数的特性，针对 Farhy 总结出的调节规律公式中的参数 n 分别取值 1、2、3 进行试验，其变化规律曲线如图 5.2 所示。由图 5.2 中曲线变化可知，参数 n 的值越大，则激素调节趋于稳定的时间越短。

假设在内分泌系统中，激素 x 被激素 y 控制，那么激素 y 在体液环境中的浓度 C_y 对激素 x 的分泌速率 $V_{up(down)}$ 的影响为：

$$V_{up(down)} = aF(C_y) + V_{x0} \tag{5.23}$$

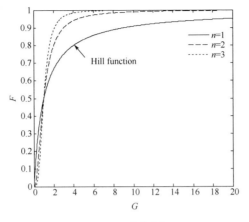

（a）Hill 上升曲线

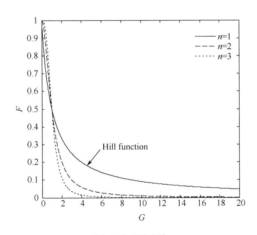

（b）Hill 下降曲线

图 5.2　参数 n 取不同值对 Hill 曲线的影响

式（5.23）中，V_{x0} 表示激素 x 的初始分泌速率，a 为常数。

将式（5.21）和式（5.22）代入到式（5.23）得到式（5.24）和式（5.25）：

$$S_{\text{up}} = a\frac{C_y^{\,n}}{T^n + C_y^{\,n}} + S_{x0} = S_{x0}(1 + \frac{a}{S_{x0}} \cdot \frac{C_y^{\,n}}{T^n + C_y^{\,n}}) \tag{5.24}$$

$$S_{\text{down}} = a\frac{T^n}{T^n + C_y^{\,n}} + S_{x0} = S_{x0}[1 - \frac{a}{S_{x0}} \cdot \frac{C_y^{\,n}}{T^n + C_y^{\,n}})] + a \tag{5.25}$$

因此，受激素调节机制的启发，本章在粒子群优化算法原始的更新方程中引入激素因子 HF（Hormonal Factor），使改进后的粒子群算法具有更好的局部搜索特性和更快的全局收敛速度，以便得到更优的调度序列。

5.4 基于内分泌调节机制的改进粒子群算法求绿色节能车间动态调度模型

5.4.1 面向节能的柔性流水车间动态调度策略实施流程

面向节能的柔性流水车间动态调度最常用的动态调度策略即预反应调度，它是根据实际生产车间环境中扰动事件的影响，对原先调度计划进行调整和修改，从而使其在整个生产过程中具有连续可执行性。例如，某个柔性流水车间有 7 台机器，当前存在 3 个工件需要在 3 个生产阶段进行连续操作，受扰动事件影响，2 个新工件（job 1 和 job 2，黑斜体表示）在时刻 RS=7 加入调度，调度数据信息见表 5.1，其中标黑数据表示待加工信息。以完工时间 Makespan 为调度指标的一个基于预反应调度策略的最优调度结果甘特图如图 5.3 所示。

表 5.1　柔性流水车间调度数据信息

工件编号	生产阶段 1			生产阶段 2		生产阶段 3	
	M1	M2	M3	M4	M5	M6	M7
job 1	2	2	3	4	**5**	7	6
job 2	6	5	4	3	**4**	**4**	7
job 3	3	5	**4**	**6**	5	**3**	**2**
job 4	5	3	5	4	2	8	6
job 5	3	5	2	4	3	6	3

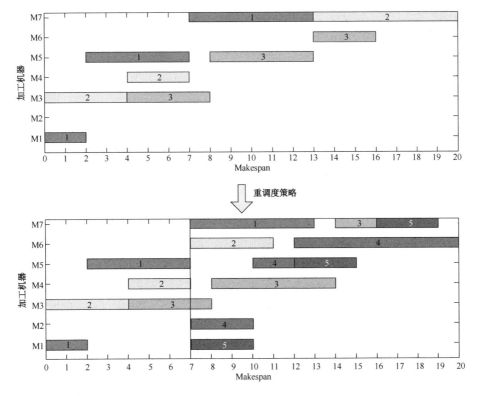

图 5.3 基于预反应式调度策略的最优调度结果甘特图

　　面向节能的柔性流水车间动态调度实施流程如图 5.4 所示，主要涉及三个重要部分，即原先调度计划、重调度时刻点和优化算法。柔性流水车间首先按照原先调度计划执行生产，由于实际生产环境下会遇到一系列扰动事件（如新工件到达和机器发生故障），因此需要设置请求中断处理环节，根据扰动事件的类型，对原先调度计划进行改进，确定重调度时刻点，根据新的调度情况下的加工任务和加工设备资源的分配情况，采用优化算法进行优化处理，进而制订一条新的面向节能的调度计划。按照此过程，反复执行，直至调度生产结束。其中，优化算法是柔性流水车间在动态环境下实现节能降耗的关键所在。基于此，本章在研究生物激素调节生物机体内外环境上具有快速稳定的控制规律基础上，将此调节规律函数与粒子群算法进行结合，从而设计出一种更好的启发式算法，并将其用来求解面向节能的柔性流水车间动态调度模型。

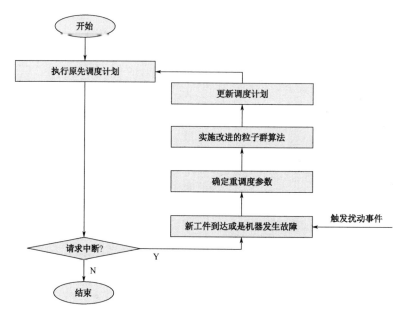

图 5.4　面向节能的柔性流水车间动态调度实施流程

5.4.2　粒子群算法的基本理论

粒子群优化（Particle Swarm Optimization，PSO）算法是由美国著名学者 Kennedy 和 Eberhart 通过观察鸟群觅食行为于 1995 年提出的一种基于群智能知识的新型优化算法。在 PSO 算法中，每个粒子（相当于一只鸟）被定义为优化问题（即搜索食物）的一个候选解，粒子通过调整两部分来改变它在解空间的位置，一是根据粒子本身的最好经验即认知学习部分，二是根据整个群体获得的最好经验即社会学习部分，从而最终实现目标优化。假设解空间是一个 D 维空间，由 D 个变量构成，那么在 D 维空间中的粒子 i 在第 k 代具有如下一些描述特征。

（1）粒子位置描述：$X_i(k) = (x_{i1}(k), x_{i2}(k), \cdots, x_{iD}(k))$，$x_{id}(k) \in R$，式中 $x_{id}(k)$ 表示粒子 i 的第 d 个变量在第 k 代的位置。

（2）粒子速度描述：$V_i(k) = (v_{i1}(k), v_{i2}(k), \cdots, v_{iD}(k)), v_{id}(k) \in R$，式中 $v_{id}(k)$ 表示粒子 i 的第 d 个变量在第 k 代的速度。

（3）粒子个体最优位置描述：$P_i(k) = (p_{i1}(k), p_{i2}(k), \cdots, p_{iD}(k)), p_{id}(k) \in R$，式中 $p_{id}(k)$ 表示粒子 i 的第 d 个变量在第 k 代通过自身获得的最优位置。

（4）粒子群体最优位置描述：$P_g(k) = (p_{g1}(k), p_{g2}(k), \cdots, p_{gD}(k)), p_{gd}(k) \in R$，式中 $p_{gd}(k)$ 表示在 d 维空间中经过第 k 代整个粒子群体获得的最优位置。

一般而言，粒子基于认知学习部分和社会学习部分来更新粒子的速度和位置，从而实现最优位置的搜索，其数学形式描述如下。

$$v_{id}(k+1) = w \times v_{id}(k) + c_1 \times r_1 \times (p_{id}(k) - x_{id}(k)) + c_2 \times r_2 \times (p_{gd}(k) - x_{id}(k)) \quad (5.26)$$

$$x_{id}(k+1) = x_{id}(k) + v_{id}(k+1) \quad (5.27)$$

式中，w 表示惯性权重；c_1 表示认知学习系数；c_2 表示社会学习系数；r_1 和 r_2 表示随机数且服从 $U(0,1)$。

5.4.3 基于内分泌调节机制的改进粒子群算法的动态柔性流水车间调度模型

由 PSO 的基本理论可知，粒子速度与位置的调整规则对整个群体在解空间最终搜索到最佳位置起着决定作用。此外，采用何种编码方式描述粒子对算法的求解也起着重要作用。因此，针对柔性流水车间动态调度问题，提出了基于矩阵表达的编码和解码规则与基于激素调节机制的速度更新规则。

5.4.3.1 基于矩阵表达的粒子编码和解码规则

基于矩阵元素及其位置关系可以有效地处理工序间的约束关系，本节提出了一个具有 n 行、s 列的编码矩阵 $X(k)$ 代表群体中的一个粒子，其中矩阵的表示形式为：

$$X(k) = \begin{bmatrix} x_{11}(k) & x_{12}(k) & \cdots & x_{1s}(k) \\ x_{21}(k) & x_{22}(k) & \cdots & x_{2s}(k) \\ \vdots & \vdots & x_{jt}(k) & \vdots \\ x_{n1}(k) & x_{n2}(k) & \cdots & x_{ns}(k) \end{bmatrix} \quad (5.28)$$

式中，$x_{jt}(k)$ 表示一个实数，且满足 $x_{jt}(k) \in (\sum_{t=1}^{s-1} m_t + 1, \sum_{t=1}^{s} m_t + 1)$, $j \in R$, $t \in S$；k 表示迭代次数。

编码矩阵 **X(k)** 映射到柔性流水车间调度问题上可以阐述为：**X(k)** 的每一行表示一个工件或任务所需要经过的生产阶段，**X(k)** 的每一列表示所有工件或是任务处在同一生产阶段。**X(k)** 的元素 $x_{jt}(k)$ 由两部分构成，即整数部分和小数部分。整数部分用于描述机器编号，小数部分用于描述工件加工优先级权值大小。

此外，针对柔性流水车间调度可能存在的干扰事件做如下规定：如果在第 k 次迭代过程中工件 j 在生产阶段 t 于扰动发生前完成加工，那么 $x_{jt}(k)$ 等于 0；如果在第 k 次迭代过程中工件 j 在生产阶段 t 开始进行重调度，那么 $x_{jt}(k)$ 遇到以下任一事件，其值均等于一个随机实数。

事件 1：新工件抵达。

事件 2：原有工件待加工。

事件 3：原有工件正在加工。

在解码阶段，根据编码矩阵 **X(k)**，对其每个元素值进行取整并记为 $\text{int}(x_{jt}(k))$，从而构造一个新的表达矩阵 **Q(k)**，该矩阵的形式为：

$$Q(k) = \begin{bmatrix} \text{int}(x_{11}(k)) & \text{int}(x_{12}(k)) & \cdots & \text{int}(x_{1s}(k)) \\ \text{int}(x_{21}(k)) & \text{int}(x_{22}(k)) & \cdots & \text{int}(x_{2s}(k)) \\ \vdots & \vdots & \text{int}(x_{jt}(k)) & \vdots \\ \text{int}(x_{n1}(k)) & \text{int}(x_{n2}(k)) & \cdots & \text{int}(x_{ns}(k)) \end{bmatrix} \quad (5.29)$$

式中，$\text{int}(x_{jt}(k))$ 表示一个整数，且满足 $\text{int}(x_{jt}(k)) \in [\sum_{t=1}^{s-1} m_t + 1, \sum_{t=1}^{s} m_t]$，$j \in R$, $t \in S$；k 表示迭代次数。

解码具体流程如下。

Step 01：确保在扰动事情发生前，已完成加工的工件在矩阵 $X(k)$ 相应位置上取零。

Step 02：在第一个生产阶段，如果矩阵 $Q(k)$ 中 $\text{int}(x_{j1}(k)) = \text{int}(x_{h1}(k))$，$j, h \in J, j \neq h$，那么取出 $X(k)$ 第一列中整数部分相同的元素，然后比较它们的小数部分的大小，小数取值越小，安排其优先加工。最后，$X(k)$ 第一列剩余元素根据 $Q(k)$ 对应位置的取值，安排其到相应加工机器上进行操作。如果 $X(k)$ 中 $x_{j1}(k) = x_{h1}(k)$，$j, h \in J, j \neq h$，那么它们在机器上的加工优先级则随机产生。同样，$X(k)$ 第一列其他元素根据 $Q(k)$ 对应位置的取值，安排其到相应加工机器上进行操作。

Step 03：在其他生产阶段，工件进入下一个生产阶段开始操作的时间取决于它们在前一个生产阶段的结束时间。具体而言，如果工件在前一个生产阶段结束操作越早，那么它进入下一个生产阶段在带有排队工件的机器上开始操作的优先级越高；如果工件在前一个生产阶段的结束时刻是相同的，那么它们在下一个生产阶段若分配在同一台机器上操作，则它们的小数部分取值越小，安排其优先加工。

例如，根据矩阵编码和解码规则，采用 Matlab 软件在扰动事件发生后随机产生一个 5 个工件、3 个生产阶段的表达矩阵 $X(k)$，并对矩阵 $X(k)$ 的各元素进行取整得矩阵 $Q(k)$：

$$X(k) = \begin{bmatrix} 0 & 0 & 6.9674 \\ 0 & 0 & 7.1977 \\ 0 & 4.1205 & 7.0679 \\ 1.2503 & 5.1560 & 6.3512 \\ 2.0231 & 5.8495 & 7.6005 \end{bmatrix} \rightarrow Q(k) = \begin{bmatrix} 0 & 0 & 6 \\ 0 & 0 & 7 \\ 0 & 4 & 7 \\ 1 & 5 & 6 \\ 2 & 5 & 7 \end{bmatrix} \quad (5.30)$$

根据矩阵解码规则，通过分配工件到机器上和每台机器上工件排序情况，工件和机器之间的关联将得到确认，具体解码结果如图 5.5 所示。

5.4.3.2 基于激素调节机制的速度更新规则

为了提高 PSO 算法的搜索效率和搜索质量，同样借鉴生物激素调节机制，提出了一种新的惯性权重 w 设计方法，该方法可以有效地平衡全局搜索能力和局部搜索能力。由著名学者 Farhy 对生物激素调节机理的研究结果可知，人体激素的调节遵循一定的规律，如当人的血糖升高时，会通过胰腺分泌一种激素即胰岛素来降低血糖；相反，当人的血糖降低时，可通过胰腺分泌另一种激素即胰高血糖分配工件到机器上：

Job 1：第1、2个加工阶段已完成，第3个加工阶段选择机器M6

Job 2：第1、2个加工阶段已完成，第3个加工阶段选择机器M7

Job 3：第1个加工阶段已完成，第2、3个加工阶段分别选择机器M4、M6

Job 4：第1、2、3个加工阶段分别选择机器M1、M4、M6

Job 5：第1、2、3个加工阶段分别选择机器M2、M5、M7

每台机器上工件排序：

M1：Job 1

M2：Job 2

M3：Job 3

M4：Job 3

M5：Job 4 → Job 5（基于工件4和工件5在加工阶段1具有相同完工时间且有5.8495＞5.1560）

M6：Job 1 → Job 4（基于工件1比工件4在前一个生产阶段结束时间更早）

M7：Job 2 → Job 3 → Job 5

图 5.5　FFDSP 粒子的解码示例

素来升高血糖，从而最终使人体内环境维持在一个稳定的状态。这两种激素的分泌就遵循 Hill 函数分布规律，其数学表达式如式（5.24）和式（5.25）所示。

因此，基于生物激素调节机制的规律给出惯性权重 w 设计为：

$$w(k) = (w_{\max} - w_{\min}) \times \frac{T^n}{T^n + k^n} + w_0 \tag{5.31}$$

其中，$w_{\max}$ 表示惯性权重的最大值；$w_{\min}$ 表示惯性权重的最小值；w_0 表示惯性权重的初始值；k 表示当前迭代次数；T 表示阈值，且 $T>0$；n 表示 Hill 系数，且 $n \geqslant 1$。

此外，基本粒子群算法在认知学习部分（即 $c_1 \times r_1$）和社会学习部分（即 $c_2 \times r_2$）是独立而又随机存在的，这对粒子群在搜索质量方面是有影响的。

因此，基于内分泌调节机制的描述思想，给出粒子新的速度更新公式为：

$$
\begin{aligned}
v_{id}(k+1) = &\left((w_{\max} - w_{\min}) \times \frac{T^n}{T^n + k^n} + w_0\right) \times v_{id}(k) + \\
&(1-r_2) \times c_1 \times r_1 \times (p_{id}(k) - x_{id}(k)) + (1-r_2) \times c_2 \times (1-r_1) \times (p_{gd}(k) - x_{id}(k))
\end{aligned}
$$

$$\tag{5.32}$$

根据式（5.31）和式（5.32）的计算结果，$x_{jt}(k)$ 在进行位置更新后，可能会超出规定范围，即 $(\sum_{t=1}^{s-1} m_t+1, \sum_{t=1}^{s} m_t+1)$。因此，在生产阶段 t，$x_{jt}(k)$ 整数部分的取值一旦超出范围，则在区间范围 $[\sum_{t=1}^{s-1} m_t+1, \sum_{t=1}^{s} m_t]$ 中进行随机取值。

假设给定 $w_{max}=0.9$，$w_{min}=w_0=0.4$，T-12，n-0.5，c_1-c_2-1.8，r_1-0.3，r_2-0.8，则粒子在第 k 代的速度 $V(k)$、个体最优位置 $P(k)$ 和群体最优位置 $P_g(k)$ 可描述为：

$$V(k)=\begin{bmatrix} 0 & 0 & -0.127\,1 \\ 0 & 0 & -4.202\,6 \\ 0 & -0.078\,1 & -0.065\,2 \\ 1.284\,9 & -0.166\,8 & -0.233\,0 \\ 1.879\,0 & 0.260\,1 & 0.263\,9 \end{bmatrix},\ P(k)=\begin{bmatrix} 0 & 0 & 7.002\,6 \\ 0 & 0 & 6.052\,3 \\ 0 & 4.142\,0 & 7.085\,9 \\ 2.9582 & 5.090\,7 & 6.415\,6 \\ 3.8485 & 5.777\,6 & 7.527\,6 \end{bmatrix},$$

$$P_g(k)=\begin{bmatrix} 0 & 0 & 7.177\,6 \\ 0 & 0 & 6.411\,6 \\ 0 & 4.249\,6 & 7.175\,7 \\ 2.7279 & 5.992\,0 & 6.736\,5 \\ 1.5034 & 5.418\,8 & 7.164\,2 \end{bmatrix}$$

(5.33)

由式（5.27）和式（5.32）可以获得粒子在第 k+1 代的编码和解码矩阵如下：

$$X(k+1)=\begin{bmatrix} 0 & 0 & 6.938\,6 \\ 0 & 0 & \cancel{2.947\,3} \\ 0 & 4.102\,7 & 7.053\,1 \\ 3.237\,5 & 5.311\,9 & 6.298\,4 \\ 3.807\,0 & 5.908\,3 & 7.660\,3 \end{bmatrix} \rightarrow Q(k+1)=\begin{bmatrix} 0 & 0 & 6 \\ 0 & 0 & (6) \\ 0 & 4 & 7 \\ 3 & 5 & 6 \\ 3 & 5 & 7 \end{bmatrix}$$

(5.34)

5.5 实验仿真与结果分析

本节通过 Matlab 仿真实验来验证上述所提到的改进粒子群算法的性能，并求解面向节能的柔性流水车间动态调度问题的效率。本测试采用个人计算机的配置为：操作系统为 Windows XP、处理器为 Intel Pentium（R）、主频为 3.20GHz 和物理内存为 1.0GB。

5.5.1　性能测试

为验证改进粒子群算法的计算性能，首先测试四种不同的粒子群算法，包括标准粒子群算法（S-PSO）、具有关联系数的粒子群算法（IW-PSO）、具有新惯性权重的粒子群算法（NS-PSO）和同时具有关联系数和新惯性权重的粒子群算法（NIW-PSO）。粒子群算法（PSO）参数设置见表 5.2。不同粒子群算法的实验结果比较见表 5.3。测试事例是基于 Serifoglu 和 Ulusoy 提出的基准问题，并在此问题基础上进行扩展，考虑车间实际干扰事件（即动态事件），其中，工件数目 $n=10,20,50,100$，生产阶段 $s=2,5,8$。对于每一个测试事例，工件的加工时间服从均匀分布 $U(1,100)$，每一个生产阶段的机器数目均服从均匀分布 $U(1,5)$。本节考虑的动态事件包括新工件到达和机器故障两种类型，其中，每一个测试事例中新工件到达的数目为基准问题下工件数目的 0.2 倍；在调度周期内仅考虑一台机器发生故障的情况，且故障修复时间服从指数分布。

表 5.2　粒子群算法（PSO）参数设置

种群大小	50
初始惯性权重、最大惯性权重和最小惯性权重（w_0，w_{max}，w_{min}）	0.4，0.4，0.9
阈值系数（T）	12
Hill 系数（n）	2
认知学习系数（c_1）	1.8
社会学习系数（c_2）	1.8

表 5.3 不同粒子群算法的实验结果比较

问题规模	S-PSO			IW-PSO			NS-PSO			NIW-PSO		
	Best	Worst	Avg	Best	Worst	Avg	Best	Worst	Avg	Best	Worst	Avg
2×10	281	281	281	281	281	281	281	281	281	281	281	281
2×20	472	532	481.33	472	501	478.61	472	501	473.84	472	514	472.61
2×50	1 805	1 832	1 815.10	1 776	1 832	1 793.02	1 768	1 832	1 784.27	1 756	1 832	1 784.73
2×100	3 622	3 647	3 622.06	3 617	3 636	3 617.02	3 610	3 610	3 610	3 610	3 610	3 610
5×10	703	787	725.68	695	746	713.61	696	781	696.85	692	754	712.35
5×20	1 006	1 094	1 006.39	1 006	1 076	1 006.81	1 004	1 107	1 056.14	991	1 061	1 014.98
5×50	1 982	2 118	1 983.03	2 017	2 101	2 030.29	1 928	2 101	2 027.27	1 875	2 084	1 998.84
5×100	3 848	3 935	3 848.09	3 800	3 894	3 800.47	3 840	3 840	3 840	3 783	3 911	3 810.56
8×10	1 019	1 080	1 058.40	1 036	1 057	1 045.09	1 080	1 080	976.60	998	1 080	1 025.45
8×20	1 363	1 541	1 366.78	1 466	1 478	1 466.11	1 498	1 498	1 364.67	1 333	1 500	1 404.99
8×50	2 630	2 675	2 630.18	2 578	2 664	2 578.28	2 592	2 592	2 592	2 560	2 630	2 573.42
8×100	6 271	6 384	6 274.17	6 246	6 334	6 270.03	6 332	6 332	6 259.92	6 217	6 330	6 226.63

为便于算法比较，本节采用平均偏差相对百分比（Average Relative Percentage Deviation，ARPD）指标作为评价标准，其计算公式如式（5.35）所示。实验测试结果见表 5.4，其中，CPU 表示算法的运行时间。

$$\mathrm{ARPD} = \frac{\sum_{i=1}^{I} \frac{C_{\max}^{i} - S_{\mathrm{best}}}{S_{\mathrm{best}}} \times 100}{I} \tag{5.35}$$

式中，I 表示测试次数，$C_{\max}^{i}$ 表示粒子群算法第 i 次运行所获得的最优最大完工时间（Makespan），S_{best} 表示该实例已知的 Makespan 最优解。不同算法之间的性能比较见表 5.4。

表 5.4 不同算法之间的性能比较

问题规模	GA		SAA		PSO		NIW-PSO	
	ARPD	CPU(s)	ARPD	CPU(s)	ARPD	CPU(s)	ARPD	CPU(s)
2×10	0	0.94	0	1.99	0	0.26	0	0.25
2×20	1.21	3.20	0.42	6.23	1.58	0.85	0.91	0.86
2×50	1.58	55.2	1.23	55.96	2.10	1.27	1.06	1.23
2×100	0.47	467.37	0.22	281.00	0.50	10.97	0	10.66

问题规模	GA		SAA		PSO		NIW-PSO	
	ARPD	CPU(s)	ARPD	CPU(s)	ARPD	CPU(s)	ARPD	CPU(s)
5×10	1.69	0.94	2.02	2.19	2.94	0.23	1.67	0.23
5×20	2.49	8.20	3.54	13.03	3.88	1.6	1.72	1.55
5×50	2.63	141.20	1.95	72.51	2.21	42.33	3.46	42.13
5×100	1.09	1 223.03	1.17	408.50	1.59	239.5	0.47	240.00
8×10	5.99	1.88	3.61	2.19	1.46	0.38	2.91	0.38
8×20	2.45	14.20	1.54	9.57	4.09	2.08	0.75	2.06
8×50	1.99	240.01	1.41	104.99	0.46	43.00	0.66	42.23
8×100	0.98	2 018.63	1.32	554.74	0.23	370.56	0.17	369.82
Total average	1.88	347.90	1.54	126.08	2.10	59.42	1.38	59.28

由表 5.4 可知，NIW-PSO 算法的平均 ARPD 是 1.38，而 GA、SAA 和 PSO 的平均 ARPD 分别为 1.88、1.54 和 2.1，NIW-PSO 的算法性能更优。进一步可知，NIW-PSO 算法的运行时间明显低于 GA 和 SAA。综上所述，本章选用 NIW-PSO 算法来求解面向节能的柔性流水车间动态多目标调度问题。

5.5.2 测试实例

采用 NIW-PSO 算法求解面向节能的柔性流水车间动态多目标调度问题，调度目标为最小化完工时间和能耗两个指标。测试事例和第 3 章中 IGAA 求解面向节能的柔性流水车间调度问题事例相同，即 12 个工件，3 道工序，每道工序的机器数为 3、2 和 4，具体数据见表 5.5。

表 5.5 工件在每台机器上的加工数据

工件编号		工序 1			工序 2			工序 3		
		机器 1	机器 2	机器 3	机器 4	机器 5	机器 6	机器 7	机器 8	机器 9
1	主轴转速/rpm	600	600	400	300	250	1 500	1 200	1 500	1 300
	停机启动时间/s	14	12	10	9	7	25	18	20	20
	加工时间/h	2	2	3	4	5	2	3	2	3
	空载功率/kW	2.26	1.36	1.43	1.46	1.2	4.03	3.8	3.72	3.43

续表

工件编号		工序 1			工序 2			工序 3		
		机器 1	机器 2	机器 3	机器 4	机器 5	机器 6	机器 7	机器 8	机器 9
2	主轴转速/rpm	400	350	250	350	300	1 200	1 100	950	1 000
	停机启动时间/s	10	8	7	10	8.5	22	17	17.5	17
	加工时间/h	4	5	4	3	4	3	4	5	4
	空载功率/kW	1.86	0.98	0.9	1.68	1.3	3.42	3.32	2.1	2.68
3	主轴转速/rpm	200	350	250	300	400	1 200	1 100	1 500	900
	停机启动时间/s	5	8	7	9	10	22	17	20	15.5
	加工时间/h	6	5	4	4	2	3	4	2	5
	空载功率/kW	1	0.98	0.9	1.46	1.55	3.42	3.32	3.72	2.25
4	主轴转速/rpm	400	400	250	150	250	1 200	850	950	800
	停机启动时间/s	10	9	7	4.5	7	22	13.5	17.5	14
	加工时间/h	4	3	4	6	5	3	6	5	7
	空载功率/kW	1.86	1.12	0.9	1.32	1.2	3.42	2.94	2.1	1.99
5	主轴转速/rpm	400	350	400	350	450	1 200	1 100	900	900
	停机启动时间/s	10	8	10	10	12	22	17	17	15.5
	加工时间/h	4	5	3	3	1	3	4	6	5
	空载功率/kW	1.86	0.98	1.43	1.68	1.7	3.42	3.32	2.12	2.25
6	主轴转速/rpm	200	350	250	200	350	900	1 200	800	900
	停机启动时间/s	5	8	7	6	9	18	18	15.5	15.5
	加工时间/h	6	5	4	5	3	4	3	9	5
	空载功率/kW	1	0.98	0.9	1.46	1.42	2.8	3.8	1.92	2.25
7	主轴转速/rpm	250	600	250	300	200	900	1 100	1 200	900
	停机启动时间/s	6	12	7	9	6	18	17	18	15.5
	加工时间/h	5	2	4	4	6	4	4	3	5
	空载功率/kW	1.18	1.36	0.9	1.46	1.1	2.8	3.32	3.26	2.25
8	主轴转速/rpm	500	350	250	125	250	1 200	1 200	900	1 000
	停机启动时间/s	12	8	7	3	7	22	18	17	17
	加工时间/h	3	5	4	7	5	3	3	6	4
	空载功率/kW	2.1	0.98	0.9	1.22	1.2	3.42	3.8	2.12	2.68

续表

工件编号		工序 1			工序 2			工序 3		
		机器 1	机器 2	机器 3	机器 4	机器 5	机器 6	机器 7	机器 8	机器 9
9	主轴转速/rpm	600	350	250	500	400	750	750	900	900
	停机启动时间/s	14	8	7	13	10	13.5	12	17	15.5
	加工时间/h	2	5	4	1	2	7	8	6	5
	空载功率/kW	2.26	0.98	0.9	2.14	1.55	2.14	2.6	2.12	2.25
10	主轴转速/rpm	500	200	250	350	300	900	750	900	800
	停机启动时间/s	12	5	7	10	8.5	18	12	17	14
	加工时间/h	3	5	4	3	4	4	8	6	7
	空载功率/kW	2.1	0.8	0.9	1.68	1.3	2.8	2.6	2.12	1.99
11	主轴转速/rpm	250	600	250	350	250	850	800	900	900
	停机启动时间/s	6	12	7	10	7	17.5	13	17	15.5
	加工时间/h	5	2	4	3	5	6	7	6	5
	空载功率/kW	1.18	1.36	0.9	1.68	1.2	2.54	2.76	2.19	2.25
12	主轴转速/rpm	200	350	250	200	300	1 200	1 100	850	900
	停机启动时间/s	5	8	7	6	8.5	22	17	16	15.5
	加工时间/h	6	5	4	5	4	3	4	7	5
	空载功率/kW	1	0.98	0.9	1.46	1.3	3.42	3.32	2.04	2.25

同时，考虑两种动态事件加入该测试事例中，一是在时刻 $t=8$ 时有 3 个新的工件到达，一是在时刻 $t=10$ 时机器 4 发生故障并且故障修复时间设置为 12。现分别考虑如下三种情形下节能调度情况的研究。

（1）原先调度方案正常运行。此情形是第 3 章研究的问题模型，本节将基于启发式算法的多目标优化方法求解该问题，通过采用 NIW-PSO 算法运行程序，结果如图 5.6 所示。从图中可以看出，完工时间和能量消耗之间存在矛盾，即当总的完工时间最短时，总的能量消耗是最大的；相反，总的能量消耗最少时，对应的总完工时间是最长的。其结论和第 3 章采用 IGAA 获得的结论基本一致。进一步可以得到，采用 NIW-PSO 算法的结果甚至更优于 IGAA。当最小完工时间为 28h 时，由 IGAA 方法获得的对应能量消耗是 298.36kWh，而 NIW-PSO 算法获得的对应能量消耗是 269.23kWh，总能量消耗减少 29.13kWh；当最大完工时间为

39h 时，由 IGAA 方法获得的对应能量消耗是 243.03kWh，而 NIW-PSO 算法获得的对应能量消耗是 250.63kWh，总能量消耗减少 7.5kWh。此外，在满足交货期的前提下考虑选用最少能量消耗为调度决策方案，可以节约能量 26.2kWh，节能比为 10.78%，其对应的一个最优调度甘特图如图 5.7 所示。

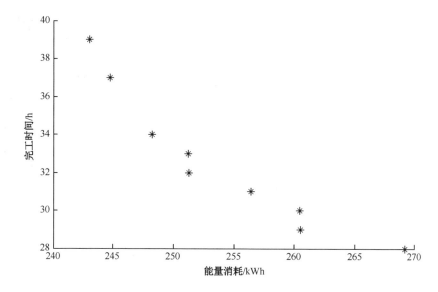

图 5.6　完工时间和总能量消耗解集的空间分布

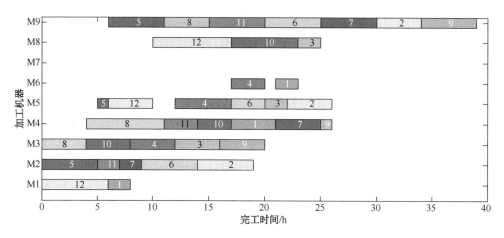

图 5.7　最小能耗方案下的一个最优调度甘特图

（2）原先调度方案中有新的工件插入。当有新的工件插入原先调度中，考虑采用两种策略来减少新调度方案的能量消耗。

策略1（Strategy1）：调度新工件是基于图5.7调度方案中每个生产阶段机器完成原有工件的调度，即在每个生产阶段只有当机器完成原有所有工件的加工后，才允许加工新的工件，未参与原有工件加工的机器可以直接加工新工件。采用NIW-PSO算法运行程序10次，可以获得总能量消耗的最小值是296.22kWh，相关联的完工时间是44h；同样可以获得完工时间最小值是39h，对应的能量消耗是316.87kWh。因此，选择基于最小能耗调度方案可以节约6.97%的能量，其对应的一个最优调度甘特图如图5.8所示。

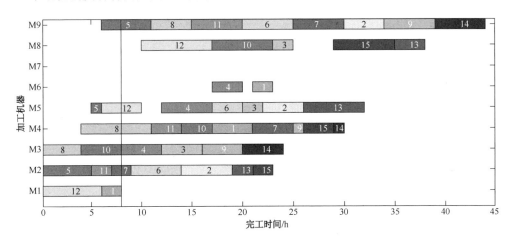

图5.8 基于策略1下最小能耗的一个最优调度甘特图

策略2（Strategy2）：在新工件到达时刻对新工件和原有工件（包括正在加工的工件和待加工的工件）进行同时调度。采用NIW-PSO算法运行程序10次，可以获得总能量消耗的最小值是282.29kWh，相关联的完工时间是46h；同样可以获得完工时间最小值是35h，对应的能量消耗是377.29kWh。因此，选择基于最小能耗调度方案可以节约33.65%的能量，其对应的一个最优调度甘特图如图5.9所示。与策略1相比，在均选择基于最小能耗调度方案的前提下，策略2能够节约能量13.93kWh。同时，图5.10给出了两种策略所对应的平均最小能量消耗和关联的完工时间，从图中可见策略 2 的节能效果优于策略 1 的节能效果。

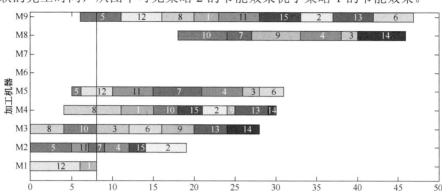

图 5.9　基于策略 2 下最小能耗的一个最优调度甘特图

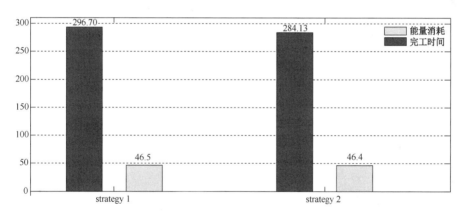

图 5.10　两种策略相关结果比较

（3）原先调度方案中有机器发生故障。当有正在加工的机器在某个时刻发生故障，重调度机制将被触发，故障机器在维修期内其上待加工工件将被分配到该生产阶段其他机器上进行加工。采用 NIW-PSO 算法运行程序 10 次，可以获得总能量消耗的最小值是 280.90kWh，相关联的完工时间是 46h；同样可以获得完工时间最小值是 39h，对应的能量消耗是 350.57kWh。因此，选择基于最小能耗调度方案可以节约 24.80%的能量，其对应的一个最优调度甘特图如图 5.11 所示。

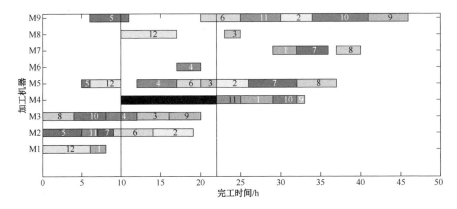

图 5.11　基于机器故障下最小能耗的一个最优调度甘特图

5.6　本章小结

在第 4 章的研究基础上，本章进一步探索面向节能的柔性流水车间在实际环境中遇到扰动事件下的节能调度策略，提出了一种面向节能的柔性流水车间动态调度的模型描述，其调度目标包括总完工时间和总能量消耗。设计了一种改进的粒子群算法，通过性能测试证明其求解质量和求解效率优于其他算法。然后采用改进的粒子群算法对模型在 3 种情形下进行求解，结果均表明完工时间和能量消耗两个目标是存在矛盾的。结果表明，在遇到两类动态调度事件中，即新工件插入原先调度和原先调度中有机器发生故障时，采用最小能耗调度方案是可行有效的。

第 **6** 章

基于内分泌激素调节机制的 AGV 与机床在线同时调度研究

6.1 引言

　　现代制造系统主要由加工单元、自动化立体仓库（Automated Storage/Retrieval System, AS/RS）及自动化物料处理系统组成。然而，随着技术需求的发展，传统的自动物料处理系统已经无法满足现代制造系统对敏捷性和柔性的需求。因此，需要一种更先进、更智能的自动物料处理系统。目前，自动导引小车（Automated Guided Vehicle，AGV）系统被认为是一种非常有效的物料处理系统，它具有柔性高、占空小和生产安全等特性。近年来，许多学者对 AGV 技术进行了深入研究，取得了许多研究成果，使 AGV 逐渐变得更加智能化、柔性化和自治化。

　　一个优秀的 AGV 系统既要确保正常有效的物料运输，同时还要减少运输开销、在制品库存（Work-in-process，WIP）和系统总体运行开销。为了实现这个目标，许多学者用各种方法解决制造系统中的调度问题。在制造系统中，调度问题是在满足一定的约束条件下，进行任务的优化与资源的分配。加工任务在机床之间调度及运输任务在机床与 AGV 之间调度是制造系统调度中必不可少的因素，这会对制造系统的效益产生重要的影响。AGV 调度依赖于机床调度，尤其是机床调度中分配的任务开始加工和结束的时间节点。AGV 调度是优化运输任务在各个机床及 AS/RS 之间的分配。从时效性角度出发，解决 AGV 调度问题可通过离线 AGV 调度方法和在线 AGV 调度方法解决。离线 AGV 调度方法主要进行全局优化，在离线状态仍能计划调度过程中的所有动作；在线调度方法在调度过程中可以实时地分配和发放任务。

离线 AGV 调度是一个 NP-Complete 问题，它同时考虑机床调度和 AGV 调度。许多研究者采用各种方法对 AGV 调度问题进行了深入的研究，其中，启发式的优化方法在解决具有很高计算复杂性的离线 AGV 调度问题时体现了很大的优势。例如，有学者设计了一个整数规划模型，并用公式表达了柔性制造系统中的 AGV 和机床同时调度问题。利用启发式的迭代算法生成机床调度的结果，同时定义了 AGV 的时间窗，随后根据时间窗搜索出 AGV 的可行解。除此之外，还有很多学者利用启发式的方法求解了 AGV 调度问题。

离线 AGV 调度的目的是生成一个固定的调度结果，在其执行期间，调度安排不能有任何变动。然而，生产过程中的任何扰动都可能导致离线调度结果无效。因此，在线的 AGV 调度（派遣）方法可以很好地改善 AGV 系统的性能。从控制角度来看，AGV 的控制方式可以分为集中式控制和分布（离散）式控制。在 AGV 系统中，集中式的控制方法只有一个控制器控制所有的 AGV 运行。而分布式的控制方法有很多子系统，每个子系统都有一个独立的控制器，可以根据它们自身的知识控制 AGV 运行。随着智能制造系统的发展，多智能体制造系统（MAMS）和 Holon 制造系统（HMS）都具有分布式的特性，这为解决在线 AGV 路径选择和分派问题上提供了很大的帮助。例如，有学者提出了一个基于 Agent 的动态路径规划策略，该方法可以适用通用的自动物料处理系统。也有学者将基于 Holon 方法的 AGVS 系统应用于自动化油漆车间，并表现出了很好的性能。Holon 控制方法则可以在单元制造环境下解决物料处理设备的分配问题。

虽然很多学者利用分布式的方法研究 AGV 的在线路径规划和分配，但是很少有学者研究 AGV 和机床的在线同时调度。目前有一个研究团队正在研究此问题。他们提出一种 MAS 的方法处理 AGV 和机床的在线同时调度，该方法在实时环境下利用分布式 Agent 间的竞标和协商机制生成可行调度方案。MAS 的竞标和协商机制有着简单、方便的优点，但它是一种显式协调机制，当制造系统变得更复杂时（机床和 AGV 增加，大量的新任务同时出现），信息处理量将变得很大，导致在有些情况下不能及时给出可行解。受人体信息处理机制启发的智能模型在近些年来成为人工智能领域里的一个新的研究热点。例如，内分泌系统是人体生理系统的一个核心部分，它独特的基于激素反应扩散的信息处理机制给予了研究者许多启发。激素调节机制是一种隐式协调机制，可在系统的各个部分快速调节。与 MAS 的协商竞标机制相比，激素调节机制具有调节方式更简单、信息处理量更少的特点。本章在类生物化制造系统（BIMS）构架的基础上，受内分泌激素调节机制的启发，设计了一种 AGV 实时调度方法，它实时处理运输任务在机床和AGV 之间的分配。

6.2　机床与 AGV 在线调度模型

6.2.1　机床与 AGV 在线调度方法

机床与 AGV 在线调度可以理解为在线的车间调度同时考虑 AGV 的物料运输过程。车间调度生成的工艺路线规划决定了 AGV 调度的关键时间节点。在第 3 章提出了一种车间动态调度的方法，该方法可以用来处理本章所需的车间在线调度问题，因此，本章重点研究 AGV 与机床间的运输任务调度方法，如图 6.1 所示。

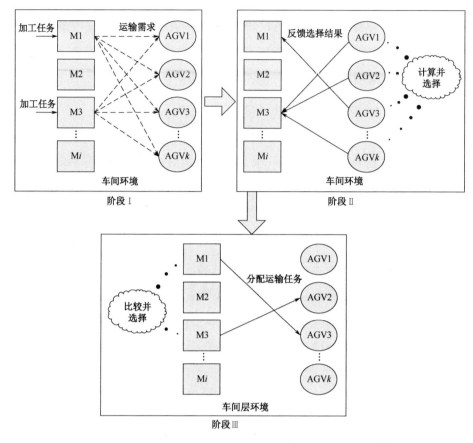

图 6.1 AGV 与机床间的运输任务调度方法

　　该方法具有协调和分布式的特性，其调度协调过程可以分为三个阶段。阶段 I，当一个机床开始执行加工任务，调度过程被触发，机床必须在加工任务完成前寻找一个 AGV 完成后续的运输任务，最后由机床向系统发送 AGV 的需求请求。阶段 II，当 AGV 接到机床的运输请求（从车间环境中感知或收到信息）后，AGV 将根据自身状态，计算其完成运输请求的效率，选择效率最高的运输请求反馈至相关机床。阶段 III，机床接到（感受到）反馈信息后，评估不同的可选方案并选择最合适的一个 AGV 分配运输任务。这种任务分配方法，类似于人体的内分泌激素作用过程，因此下节将介绍一种受激素反应扩散机制启发的 AGV 调度模型。

6.2.2　内分泌系统的激素反应扩散机制

内分泌系统是一个由多种腺体构成的复杂生理网络。内分泌腺体之间通过对激素的分泌、传输和响应相互影响。不同内分泌腺体具有不同的功能，它们有着特有的激素受体可以感受体液环境中的激素。内分泌腺体可以向体液环境中无约束地扩散激素，但是内分泌腺的激素受体只能对某些特定的激素产生反应。内分泌系统的激素反应扩散原理如图 6.2 所示。带箭头的实线代表内分泌腺体之间的内分泌过程或独立内分泌腺体的自分泌过程；带箭头的虚线代表内分泌腺体间从参与者到发起者的激素反馈。例如，当受到刺激时，内分泌腺体 A 分泌激素 A 并释放到体液环境中；当内分泌腺体 B 感受到激素 A 的刺激，内分泌腺体 B 将同时分泌激素 AB 和自分泌激素 B，并反馈至内分泌腺体 A。

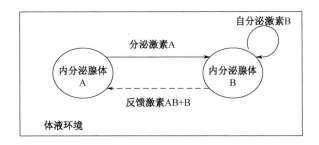

图 6.2　内分泌系统的激素反应扩散原理

内分泌系统的激素反应扩散原理有如下特点。

（1）信息传输功能：激素反应扩散原理没有中央控制部分，只有一个体液环境可供激素传输。而且，内分泌腺体的激素分泌行为只与体液环境中的激素浓度有关，因此不需要点对点的通信。

（2）特异性：激素是内分泌腺体释放的一种化学成分。化学成分和内分泌腺体的感受器之间存在特异性。例如，一种内分泌腺体的感受器只能对某些特定的化学成分起反应，且激素的这种特异性无法改变，由遗传基因决定。

（3）协同作用和拮抗作用：协同作用是两种不同的激素可以对同一个腺体产生相同的作用，而拮抗作用是两种不同的激素对同一个腺体产生截然相反的两种作用。这种激素间的协同作用和拮抗作用对维持内分泌系统平衡与稳定有着重要的影响。

利用激素传播和相互作用的特性，内分泌系统可以被快速调节至平衡状态，并保持很强的适应性。

6.2.3　受激素反应扩散机制启发的机床与 AGV 在线调度模型

为了解决机床与 AGV 在线同时调度问题，受激素反应扩散机制的启发，并根据第 2 章提出的 BIMS 内分泌激素调节模型，我们提出了机床与 AGV 在线调度模型。如图 6.3 所示，类似于内分泌腺体，机床有机制造单元（下称机床）扮演了发起者的角色，为 AGV 有机制造单元（下称 AGV）提供优化和协调服务；

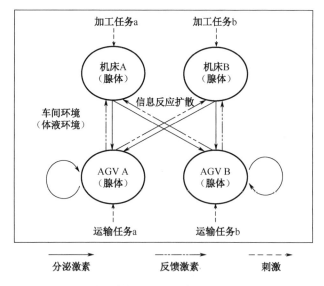

图 6.3　受激素反应扩散机制启发的机床与 AGV 在线调度模型

AGV 扮演了参与者的角色，并提供反应和优化服务。模型假设机床与 AGV 有足够的能力处理计算、对比和决策操作。任务被视作刺激；车间环境被类比为激素环境；车间内的收发信息过程类比为激素的分泌与反馈过程。

一旦加工任务 a 被机床 A 执行，加工任务 a 后续的运输任务 a 随之出现。受到运输任务 a 刺激后，机床 A 评估运输任务 a 对 AGV 的需求程度，然后将需求评估和运输任务信息以激素的形式扩散至车间环境中。当 AGV 受到机床 A 运输需求和运输任务 a（激素）的同时刺激后，AGV 评估运输需求对自身的影响（激素刺激分泌）及自身执行运输任务的性能（自分泌），然后将其以激素浓度的形式反馈至机床 A。根据反馈信息（激素浓度），机床 A 将运输任务分配至相关的 AGV。AGV 在线调度过程中，机床和 AGV 的评估过程与内分泌腺体响应刺激分泌激素的过程非常相似，是一种保持系统平衡的自适应和自调节机制。利用该模型，运输任务可以在没有管理者的情况下执行快速分配。以下将通过数学的形式详细描述运输任务的分配过程。

6.3　基于激素调节原理的调度系统建模

6.3.1　激素调节规律

Farty 提出的激素调节规律指出 $F(C)$ 具有非负性和单调性，且具有上升函数 $F_{up}(C)$ 和下降函数 $F_{down}(C)$ 的特性，并遵循 Hill 函数调节规律，可分别表示为：

$$F_{up}(C) = \frac{C^n}{T^n + C^n} \tag{6.1}$$

$$F_{down}(C) = \frac{T^n}{T^n + C^n} \tag{6.2}$$

其中，C 是自变量；T 是阈值，且 $T > 0$；n 是 Hill 因子，且 $n \geqslant 1$。曲线斜

率的变化率受 T 和 n 的取值影响。该函数具备的性质如下：（1） $F(C)_{T=C}=1/2$ ；（2） $F_{\text{down}}(C)=1-F_{\text{up}}(C)$ ；（3） $0 \leqslant F(C) \leqslant 1$ 。

若激素 x 被激素 y 控制，那么激素 y 的浓度 C_y 与激素 x 的分泌速率 S 之间的关系为：

$$S=aF_{\text{up or down}}(C_y)+S_{x0} \tag{6.3}$$

其中， S_{x0} 是激素 x 的初始分泌速率， a 是一个常数。

例如，由胰腺的胰岛 α 细胞分泌的胰高血糖素，具有提升血糖浓度的作用；由胰腺的胰岛 β 细胞分泌的胰岛素，具有降低血糖浓度的作用。当血糖浓度较低时，胰岛 α 细胞促进胰高血糖素的分泌，并按照激素调节规律的 Hill 上升函数进行快速调节来促进血糖的分泌；当血糖浓度较高时，胰岛 β 细胞促进胰岛素的分泌，并按照激素调节规律的 Hill 下降函数进行快速调节来抑制血糖的分泌。由激素调节的单调性和非负性可知，一种激素对另一种激素只有刺激或者抑制分泌作用。在生物体中，胰岛素和胰高血糖素同时存在，并且在调节血糖浓度方面具有相互拮抗的作用。

若激素 x 被激素 y 和激素 z 同时控制，那么激素 y 的浓度 C_y 和激素 z 的浓度 C_z 与激素 x 的分泌速率 S 之间的关系为：

$$S=aF_{\text{up or down}}(C_y)+bF_{\text{up or down}}(C_z)+S_{x0} \tag{6.4}$$

其中， b 是一个常数。

若 S 为血糖浓度分泌速率， C_y 为胰高血糖素， C_z 为胰岛素，则根据胰高血糖素和胰岛素拮抗作用对血糖浓度的影响，由式（6.4）可得：

$$S=aF_{\text{up}}(C_y)+bF_{\text{down}}(C_z)+S_{x0} \tag{6.5}$$

不同激素之间不仅具有拮抗作用，还有协同作用，如胰高血糖素和肾上腺素在升高血糖浓度方面具有协同功能。若 S 为血糖浓度分泌速率， C_y 为胰高血糖素， C_z 为肾上腺素，根据胰高血糖素和肾上腺素协同作用对血糖浓度的影响，由式（6.4）可得式：

$$S=aF_{\text{up}}(C_y)+bF_{\text{up}}(C_z)+S_{x0} \tag{6.6}$$

受激素间协同与拮抗作用的启发，本节设计出了 AGV 的动态调度算法，详见下文。

6.3.2 调度过程中的时间参数

在 AGV 与机床在线同时调度的问题中，一个任务可分为两个阶段：加工任务（TO）阶段和运输任务（TT）阶段，如图 6.4 所示。相关符号如下：

st：加工任务开始时间。

ct：加工任务结束时间。

ot：加工任务持续时间。

lt：运输任务装载时间。

ult：运输任务卸载时间。

tt：运输任务持续时间。

M：机床集。

K：AGV 集。

J：任务集。

L：工序集。

Z：最大完工时间。

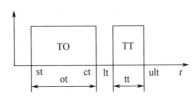

图 6.4 任务的两种阶段

AGV 与机床在线同时调度问题的目标是优化最大完工时间 Z。根据时间参数的相互关系，对调度问题提出如下约束：

$$\text{st}_{jl+1} \geqslant \text{ct}_{jl} + \text{tt}_{jl}, j \in J, l \in L \tag{6.7}$$

$$\text{ct}_{jl} + \text{tt}_{jl} \leqslant \text{ult}_{jl} \leqslant \text{st}_{jl+1}, j \in J, l \in L \tag{6.8}$$

式（6.7）代表一个加工任务的时间约束；而式（6.8）代表加工任务和 AGV 之间的时间约束。上述参数只有 ot 和 tt 是已知参数，其他参数只有在系统实时运行过程中通过计算才能得到。由上述约束可以确定参数间的相互关系。以工件 j 的第 l 道工序为例，我们将详述参数的计算过程。

当加工任务（TO_{jl}）在机床上开始执行时，st_{jl} 和 ot_{jl} 随之确定。ct_{jl} 可根据式（6.9）计算得到：

$$\text{ct}_{jl} = \text{st}_{jl} + \text{ot}_{jl} \tag{6.9}$$

根据 AGV 的运行状态（运输任务、空闲、等待运输任务），AGV 的装载工件时间节点按照如下公式计算：

$$\text{lt}_{\text{AGV}_k}^{\text{TT}_{jl}} = \begin{cases} \text{eft}_{\text{AGV}_k} + \Delta t(\text{NL}, \text{PL}_{jl}), & \text{eft}_{\text{AGV}_k} > \text{ept}_{jl} \\ \text{eft}_{\text{AGV}_k} + \max\{\Delta t(\text{NL}, \text{PL}_{jl}), (\text{ept}_{jl} - \text{eft}_{\text{AGV}_k})\}, & \text{eft}_{\text{AGV}_k} \leqslant \text{ept}_{jl} \end{cases} \tag{6.10}$$

$$\text{lt}_{\text{AGV}_k}^{\text{TT}_{jl}} = \begin{cases} t + \Delta t(\text{CL}, \text{PL}_{jl}), & t > \text{ept}_{jl} \\ t + \max\{\Delta t(\text{CL}, \text{PL}_{jl}), (\text{ept}_{jl} - t)\}, & t \leqslant \text{ept}_{jl} \end{cases} \tag{6.11}$$

其中，t 是当前时间；$\text{eft}_{\text{AGV}_k}$ 是 AGV_k 当前运输任务的最早完工时间；ept_{jl} 是工件 j 的第 l 道工序的最早取件时间；NL 和 CL 分别代表 AGV_k 的下一个位置节点和当前位置节点；PL_{jl} 是工件 j 的第 l 道工序取件节点；Δt 代表两个节点之间的运输时间。不考虑加工预处理时间，可得 $\text{ept}_{jl}=\text{ct}_{jl}$。公式（6.10）代表 AGV 正在运输任务的情况；而式（6.11）代表 AGV 空闲或者等待任务运输的情况。

当工件被 AGV_k 取走时，tt_{jl} 可根据如下公式计算：

$$\text{tt}_{jl} = \Delta t(\text{PL}_{jl}, \text{DL}_{jl}) \tag{6.12}$$

AGV_k 的工件卸载时间可根据公式（6.13）计算：

$$\text{ult}_{jl} = \text{lt}_{\text{AGV}_k}^{\text{TT}_{jl}} + \text{tt}_{jl} \tag{6.13}$$

最后，根据式（6.14）选择最大完工时间：

$$Z = \text{MAX}\{\text{ult}_{jL_j}\} \tag{6.14}$$

其中，L_j 是工件 j 的最后一道工序。

6.3.3 运输任务分配机制

如机床与 AGV 在线调度模型所述，在运输任务分配过程中，机床与 AGV 都会根据自身状态对运输需求和运输任务带来的影响进行评估。这种机床和 AGV 评估过程类似于内分泌腺体响应刺激分泌激素的过程。将运输任务视为刺激，机床和 AGV 视为内分泌腺体，并以激素的刺激和分泌类比评估过程来描述 BIMS 运输任务的分配机制。BIMS 在正常运行的情况下，车间的类激素环境处于平衡状态，当有运输任务进入系统时，将会刺激机床（AGV）产生相应的类激素。类激素浓度的大小与运输任务对机床（AGV）造成的影响有关。影响越大，机床（AGV）产生的类激素浓度就越高。借鉴机床（AGV）受到运输任务刺激而释放类激素的规律建立了一种 AGV 和机床类激素分泌机制，并给出了运输任务分配机制。下面以工件 j 的第 l 道工序为例，详细说明运输任务分配时机床与 AGV 的类激素分泌。

1. 机床的类激素分泌机制

当加工任务 TO_{jl} 在一台机床 M_i 上开始执行时，运输任务 TT_{jl} 的释放将会被触发，此时机床开始寻找合适的 AGV 来完成运输任务。受 TT_{jl} 刺激，机床根据式（6.15）计算评估值（分泌类激素）。评估值的大小（类激素浓度）代表 TT_{jl} 对 AGV 运输需求的紧迫性。

$$H_{M_i}^{TT_{jl}}(t) = ce^{(t-ct_{jl})/pt_{jl}} \tag{6.15}$$

其中，c 是一个常数，且 $c > 0$。当 $c = 4$，$ct_{jl} = 40$，$pt_{jl} = 40$ 时，式（6.15）的曲线如图 6.5 所示。

当 $t < ct_{jl}$ 时，$H_{M_i}^{TT_{jl}}(t) < c$，类激素浓度随时间上升变化比较缓慢，表明 TT_{jl} 对 AGV 完成该运输任务的需求较宽松；当 $t \geq ct_{jl}$ 时，$H_{M_i}^{TT_{jl}}(t) \geq c$，曲线随时间上升

变化越来越快，表明TT_{jl}对AGV完成运输任务的需求很紧迫。

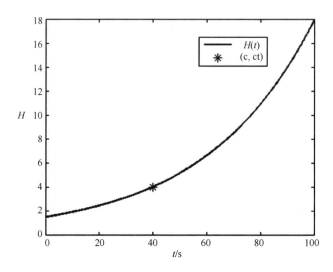

图 6.5　机床受运输任务刺激时的类激素分泌曲线

2. AGV 的类激素分泌机制

机床将受TT_{jl}刺激而产生的评估值（$H_{M_i}^{TT_{jl}}(t)$）以类激素的形式释放到车间环境中。当空闲的 AGV 或者只有一个运输任务的 AGV 受到$H_{M_i}^{TT_{jl}}(t)$的刺激时，以式（6.16）计算评估值（分泌类激素）。评估值的大小（类激素分泌速率）代表$H_{M_i}^{TT_{jl}}(t)$对AGV_k的影响程度。

$$S_{AGV_k}(H_{M_i}^{TT_{jl}}(t)) = \begin{cases} aF_{down}(H_{M_i}^{TT_{jl}}(t)) + S_{AGV_k}^{basal}, & H_{M_i}^{TT_{jl}}(t) < c \\ aF_{down}'(H_{M_i}^{TT_{jl}}(t)) + S_{AGV_k}^{basal}, & H_{M_i}^{TT_{jl}}(t) \geqslant c \end{cases} \quad (6.16)$$

其中，$S_{AGV_k}^{basal}$是AGV_k的基础分泌速率，a是$H_{M_i}^{TT_{jl}}(t)$对AGV_k类激素分泌速率的影响系数。类激素分泌速率结合 Hill 调节函数可以根据如下公式计算：

$$S_{AGV_k}(H_{M_i}^{TT_{jl}}(t)) = \begin{cases} a\dfrac{c^{n_1}}{(H_{M_i}^{TT_{jl}}(t))^{n_1} + c^{n_1}} + S_{AGV_k}^{basal}, & t < ct_{jl} \\ a\dfrac{c^{n_1'}}{(H_{M_i}^{TT_{jl}}(t))^{n_1'} + c^{n_1'}} + S_{AGV_k}^{basal}, & t \geqslant ct_{jl} \end{cases} \quad （6.17）$$

其中，n_1和n_1'是 Hill 因子，且$n_1' > n_1$。当$a = 0.6$，$c = 4$，$n_1 = 2$，$n_1' = 3$，

$S_{\mathrm{AGV}_k}^{\mathrm{basal}} = 0$，$\mathrm{ct}_{jl} = 40$ 时，AGV_k 受 $H_{\mathrm{M}_i}^{\mathrm{TT}_{jl}}(t)$ 刺激时的类激素分泌速率曲线如图 6.6 所示。AGV_k 受 $H_{\mathrm{M}_i}^{\mathrm{TT}_{jl}}(t)$ 抑制作用影响，类激素分泌速率随时间增加慢慢降低；随着时间的增加，当 $t \geqslant \mathrm{ct}_{jl}$ 时，$H_{\mathrm{M}_i}^{\mathrm{TT}_{jl}}(t)$ 会加速抑制 AGV_k 的类激素分泌速率，保证具有较高 $H_{\mathrm{M}_i}^{\mathrm{TT}_{jl}}(t)$ 的运输任务可以被优先选择。

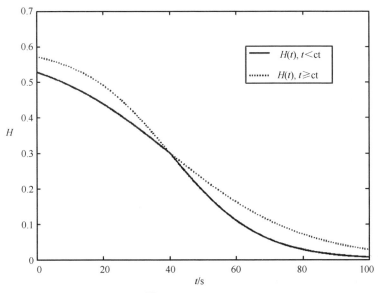

图 6.6　AGV 受 $H_{\mathrm{M}_i}^{\mathrm{TT}_{jl}}(t)$ 刺激时的类激素分泌速率曲线

AGV_k 在受到 $H_{\mathrm{M}_i}^{\mathrm{TT}_{jl}}(t)$ 刺激的同时，还会受到 TT_{jl} 的刺激，并根据式（6.10）或式（6.11）计算出完成任务的时间节点 ult_{jl}。而 AGV 完成 TT_{jl} 的优劣程度由 ult_{jl} 距离 st'_{jl+1} 的大小决定，其中，st'_{jl+1} 代表工件 j 下一道工序开始时间的最早预估节点。因此，受完成 TT_{jl} 优劣程度的刺激，AGV_k 以式（6.18）计算评估值（类激素分泌速率）：

$$S_{\mathrm{AGV}_k}(\mathrm{ult}_{jl}) = \begin{cases} bF_{\mathrm{down}}(\mathrm{ult}_{jl}) + S_{\mathrm{AGV}_k}^{\mathrm{basal}}, \mathrm{ult}_{jl} < \mathrm{st}'_{jl+1} \\ bF_{\mathrm{up}}(\mathrm{ult}_{jl}) + S_{\mathrm{AGV}_k}^{\mathrm{basal}}, \mathrm{ult}_{jl} \geqslant \mathrm{st}'_{jl+1} \end{cases} \qquad (6.18)$$

其中，b 是 AGV_k 完成任务的优劣程度对类激素分泌速率的影响系数。当 $\mathrm{ult}_{jl} < \mathrm{st}'_{jl+1}$ 时，AGV_k 的分泌速率按照 Hill 下降函数分泌；反之，AGV_k 的分泌速

率按照 Hill 上升函数分泌。分泌速率结合 Hill 调节函数根据如下公式计算：

$$S_{\mathrm{AGV}_k}(\mathrm{ult}_{jl}) = \begin{cases} b\dfrac{(\mathrm{st}_{jl+1})^{n_2}}{(\mathrm{ult}_{jl})^{n_2} + (\mathrm{st}_{jl+1})^{n_2}} + S_{\mathrm{AGV}_k}^{\mathrm{basal}}, \mathrm{ult}_{jl} < \mathrm{st}'_{jl+1} \\[4mm] b\dfrac{(\mathrm{ult}_{j,l})^{n'_2}}{(\mathrm{ult}_{jl})^{n'_2} + (\mathrm{st}_{jl+1})^{n'_2}} + S_{\mathrm{AGV}_k}^{\mathrm{basal}}, \mathrm{ult}_{jl} \geqslant \mathrm{st}'_{jl+1} \end{cases} \tag{6.19}$$

其中，n_2 和 n'_2 是 Hill 因子。当 $b = 0.4$，$n_1 = 4$，$n'_1 = 6$，$S_{\mathrm{AGV}_k}^{\mathrm{basal}} = 0$，$\mathrm{ct}_{jl} = 40$，$\mathrm{st}'_{jl+1} = 50$ 时，式（6.19）的曲线如图 6.7 所示。由图 6.7 可知，当 ult_{jl} 接近 st'_{jl+1} 时，类激素的分泌速率较小，表明 AGV_k 对 TT_{jl} 任务的完成较优，因此，在该情况下 AGV_k 容易被选择；反之，当 ult_{jl} 远离 st'_{jl+1} 时，类激素的分泌速率较大，AGV_k 对 TT_{jl} 任务的完成较差，而不容易被选择。

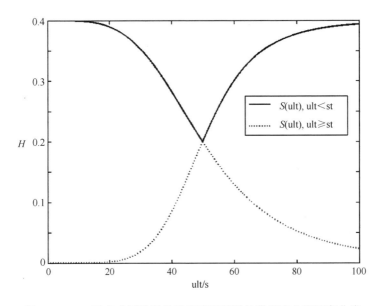

图 6.7　AGV 受完成运输任务优劣情况刺激的类激素分泌速率曲线

如图 6.7 所示，AGV_k 的类激素分泌速率受两种相互独立的类激素（$H_{\mathrm{M}_i}^{\mathrm{TT}_{jl}}(t)$ 和 ult_{jl}）的影响，因此，AGV_k 在受 $H_{\mathrm{M}_i}^{\mathrm{TT}_{jl}}(t)$ 和 ult_{jl} 同时刺激时，其类激素分泌速率按如下公式计算，并将其释放到车间环境中：

$$S_{\mathrm{AGV}_k}(H_{\mathrm{M}_i}^{\mathrm{TT}_{jl}}(t), \mathrm{ult}_{jl}) = \begin{cases} aF_{\mathrm{down}}(H_{\mathrm{M}_i}^{\mathrm{TT}_{jl}}(t)) + bF_{\mathrm{down}}(\mathrm{ult}_{jl}) + S_{\mathrm{AGV}_k}^{\mathrm{basal}}, t < \mathrm{ct}_{jl}, \mathrm{ult}_{jl} < \mathrm{st}'_{jl+1} \\ aF_{\mathrm{down}}(H_{\mathrm{M}_i}^{\mathrm{TT}_{jl}}(t)) + bF_{\mathrm{up}}(\mathrm{ult}_{jl}) + S_{\mathrm{AGV}_k}^{\mathrm{basal}}, t < \mathrm{ct}_{jl}, \mathrm{ult}_{jl} \geqslant \mathrm{st}'_{jl+1} \\ aF'_{\mathrm{down}}(H_{\mathrm{M}_i}^{\mathrm{TT}_{jl}}(t)) + bF_{\mathrm{down}}(\mathrm{ult}_{jl}) + S_{\mathrm{AGV}_k}^{\mathrm{basal}}, t \geqslant \mathrm{ct}_{jl}, \mathrm{ult}_{jl} < \mathrm{st}'_{jl+1} \\ aF'_{\mathrm{down}}(H_{\mathrm{M}_i}^{\mathrm{TT}_{jl}}(t)) + bF_{\mathrm{up}}(\mathrm{ult}_{jl}) + S_{\mathrm{AGV}_k}^{\mathrm{basal}}, t \geqslant \mathrm{ct}_{jl}, \mathrm{ult}_{jl} \geqslant \mathrm{st}'_{jl+1} \end{cases}$$

（6.20）

结合 Hill 函数，AGV_k 的分泌速率可由下式计算：

$$S_{\mathrm{AGV}_k}(t) = \begin{cases} a\dfrac{c^{n_1}}{(H_{\mathrm{M}_i}^{\mathrm{TT}_{jl}}(t))^{n_1} + c^{n_1}} + b\dfrac{(\mathrm{st}_{jl+1})^{n_2}}{(\mathrm{ult}_{jl}(t))^{n_2} + (\mathrm{st}_{jl+1})^{n_2}} + S_{\mathrm{AGV}_k}^{\mathrm{basal}}, t < \mathrm{ct}_{jl}, \mathrm{ult}_{jl}(t) < \mathrm{st}'_{jl+1} \\[2.5ex] a\dfrac{c^{n_1}}{(H_{\mathrm{M}_i}^{\mathrm{TT}_{jl}}(t))^{n_1} + c^{n_1}} + b\dfrac{(\mathrm{ult}_{j,l})^{n'_2}}{(\mathrm{ult}_{jl}(t))^{n'_2} + (\mathrm{st}_{jl+1})^{n'_2}} + S_{\mathrm{AGV}_k}^{\mathrm{basal}}, t < \mathrm{ct}_{jl}, \mathrm{ult}_{jl}(t) \geqslant \mathrm{st}'_{jl+1} \\[2.5ex] a\dfrac{c^{n'_1}}{(H_{\mathrm{M}_i}^{\mathrm{TT}_{jl}}(t))^{n'_1} + c^{n'_1}} + b\dfrac{(\mathrm{st}_{jl+1})^{n_2}}{(\mathrm{ult}_{jl}(t))^{n_2} + (\mathrm{st}_{jl+1})^{n_2}} + S_{\mathrm{AGV}_k}^{\mathrm{basal}}, t \geqslant \mathrm{ct}_{jl}, \mathrm{ult}_{jl}(t) < \mathrm{st}'_{jl+1} \\[2.5ex] a\dfrac{c^{n'_1}}{(H_{\mathrm{M}_i}^{\mathrm{TT}_{jl}}(t))^{n'_1} + c^{n'_1}} + b\dfrac{(\mathrm{ult}_{j,l})^{n'_2}}{(\mathrm{ult}_{jl}(t))^{n'_2} + (\mathrm{st}_{jl+1})^{n'_2}} + S_{\mathrm{AGV}_k}^{\mathrm{basal}}, t \geqslant \mathrm{ct}_{jl}, \mathrm{ult}_{jl}(t) \geqslant \mathrm{st}'_{jl+1} \end{cases}$$

（6.21）

3. 运输任务分配决策

当机床收到所有 AGV 反馈的类激素分泌速率 $\{S_{\mathrm{AGV}_k}(t)\}$，它将根据式（6.22）把任务 TT_{jl} 授予在 t 时刻类激素分泌速率最小的 AGV。

$$S_{\mathrm{AGV}}(t) = \min\{S_{\mathrm{AGV}_k}(t)\}, k = 1 \ldots K \tag{6.22}$$

机床根据 AGV 的类激素分泌速率选择合适的 AGV，其分泌速率中包含了机床对 AGV 的需求信息和 AGV 执行运输任务的性能。在 AGV 选择任务时，机床的需求也会产生影响。因此，考虑机床需求的权重装载时间为：

$$lt_{\mathrm{AGV}_k}^{\mathrm{TT}_{jl}} = (lt_{\mathrm{AGV}_k}^{\mathrm{TT}_{jl}} - t) / H_{\mathrm{M}_i}^{\mathrm{TT}_{jl}}(t) \tag{6.23}$$

权重装载时间反映了 AGV 对不同任务的运输效率及类激素的影响 $H_{\mathrm{M}_i}^{\mathrm{TT}_{jl}}(t)$。当 AGV 收到信息 $\{H_{\mathrm{M}_i}^{\mathrm{TT}_{jl}}(t), \mathrm{TT}_{jl}\}$，它将根据式（6.24）选择具有最小权重装载时间的任务运输。

$$lt_{\text{AGV}_k}^{\text{TT}'} = \min\{lt_{\text{AGV}_k}^{\text{TT}_{jl}}\}, j=1\cdots J, L=1\cdots L \tag{6.24}$$

因此，当多个任务刺激 AGV 时，AGV 会选择运送效率最高的任务。

将运输任务当作机床和 AGV 之间的通信媒介，在机床按照类激素分泌速率选择 AGV 和 AGV 按照自身运送效率选择任务的相互选择过程中，既保证了任务的准时送达，又提高了 AGV 的运输效率。在相互寻优过程中，AGV 可以对下一个运输任务提前进行选择，保证了前后工序的加工连贯性。

6.4 机床与 AGV 在线同时调度的协作机制

AGV 在线调度的协作机制主要解决机床和 AGV 之间的多重选择和优化问题，保证系统处于一个相对最优状态，维持高生产力水平。如图 6.8 所示，机床和 AGV 按照如下步骤执行操作，完成在线调度：

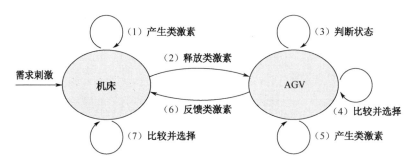

图 6.8　机床与 AGV 在线调度的协作机制

Step 01：t 时刻，当任务(TO_{jl})在一个机床(M_i)上加工，M_i 需要寻找一个 AGV 运输后续任务(TT_{jl})。受 TO_{jl} 刺激，机床 M_i 根据加工任务的完工时间(ct_{jl})和当前时间(t)的偏差按照式（6.15）计算 $H_{\text{M}_i}^{\text{TT}_{jl}}$。

Step 02：机床 M_i 将任务信息和需求 $\{H_{\text{M}_i}^{\text{TT}_{jl}}, \text{TT}_{jl}\}$ 以激素的形式扩散至车间环

境中。

Step 03：AGV_k 受到 $\{H_{M_i}^{TT_{ji}}, TT_{ji}\}$ 刺激，将会检测自身的运输能力。若 AGV_k 运输任务的数量为 "0" 或 "1"，意味着其有能力完成运输任务，进入 Step 04；否则反馈最大类激素分泌速率至相关机床，进入 Step 06。

Step 04：AGV_k 从 $\{H_{M_i}^{TT_{ji}}, TT_{ji}\}$ 中提取必要信息，根据式（6.23）计算权重装载时间 $\{li_{AGV_k}^{TT_{ji}}\}$。然后根据式（6.24）选择完成效率最高的运输任务(TT')。

Step 05：受 $(H_{M_i}^{TT'}, TT')$ 刺激，AGV_k 根据式（6.21）计算类激素分泌速率 $S_{AGV_k}^{TT'}$。

Step 06：AGV_k 将 $S_{AGV_k}^{TT'}$ 反馈至相关机床。

Step 07：机床 M_i 感受到来自 AGV 的反馈信息 $\{S_{AGV}^{T_{ji}}\}$，将根据式（.22）把任务 TT_{ji} 授予具有最小类激素分泌速率的 AGV。

Step 08：循环执行 Step 01～Step 07 直至所有的运输任务被分配，然后根据式（6.14）计算最大完工时间。

利用该协调机制，机床可以根据 AGV 的类激素分泌速率分配运输任务；AGV 根据运输效率选择运输任务。最终优化 AGV 与机床的在线同时调度的最大化完工时间。

6.5 实验研究

为了验证本章提出的基于激素调节的 AGV 在线调度方法，本次实验选择 Bilge 和 Ulusoy 设计的经典案例作为实验实例。许多研究者为了验证自己的方法利用该案例进行仿真实验，其中既有离线的调度方法，也有在线的调度方法。本次实验选取上述方法中最优化的离线调度方法和唯一的在线调度方法作为对比实验，并以最大完工时间（Z）为衡量指标。离线调度方法的性能指标可以作为在线调度方法的极值参考。实验约束和假设如下。

（1）工件的一道工序必须在前一道工序完成以后才可以加工，每个机床都设置了足够的缓冲区。

（2）工件的加工时间和运输时间确定。

（3）AGV 一次只能运输一个任务。

（4）不允许抢占运输。例如，当一个运输任务开始以后到结束之前都无法被中断。

（5）不考虑制造系统中的扰动，如冲突、死锁、延迟、资源故障等。

实验场景中，2 个 AGV 在 4 台机床和 1 个装卸（load/unload，L/U）站之间运输。实验布局方案如图 6.9 所示；AGV 在不同布局的运输时间矩阵见表 6.1，加工任务集数据见表 6.2。运输时间和加工时间的比率设计，是该实验案例的一大特点。该比率为 $\overline{tt}/\overline{pt}$，其中 $\overline{tt}$ 代表运输时间的平均值，$\overline{pt}$ 代表加工时间的平均值。按照比率 $\overline{tt}/\overline{pt}$，实验分为两组：一组的比率范围是 $\overline{tt}/\overline{pt} < 0.25$，另外一组比率范围是 $\overline{tt}/\overline{pt} > 0.25$。

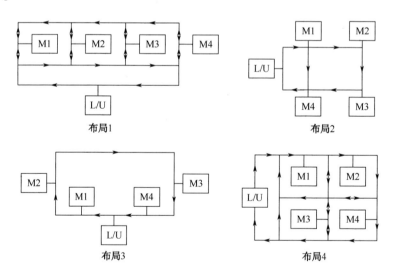

图 6.9　实验布局方案

表 6.1　AGV 的运输时间矩阵

布局1	L/U	M1	M2	M3	M4	布局2	L/U	M1	M2	M3	M4
L/U	0	6	8	10	12	L/U	0	4	6	8	6
M1	12	0	6	8	10	M1	6	0	2	4	2
M2	10	6	0	6	8	M2	8	12	0	2	4
M3	8	8	6	0	6	M3	6	10	12	0	2
M4	6	10	8	6	0	M4	4	8	10	12	0
布局3	L/U	M1	M2	M3	M4	布局4	L/U	M1	M2	M3	M4
L/U	0	2	4	10	12	L/U	0	4	8	10	14
M1	12	0	2	8	10	M1	18	0	4	6	10
M2	10	12	0	6	8	M2	20	14	0	8	6
M3	4	6	8	0	2	M3	12	8	6	0	6
M4	2	4	6	12	0	M4	14	14	12	6	0

表 6.2　加工任务集数据

任务集 1	任务集 2
任务 1：M1(8); M2(16); M4(12)	任务 1：M1(10); M4(18)
任务 2：M1(20); M3(10); M2(18)	任务 2：M2(10); M4(18)
任务 3：M3(12); M4(8); M1(15)	任务 3：M1(10); M3(20)
任务 4：M4(14); M2(18)	任务 4：M2(10); M3(15); M4(12)
任务 5：M3(10); M1(15)	任务 5：M1(10); M2(15); M4(12)
	任务 6：M1(10); M2(15); M3(12)
任务集 3	**任务集 4**
任务 1：M1(16); M3(15)	任务 1：M4(11); M1(10); M2(7)
任务 2：M2(18); M4(15)	任务 2：M3(12); M2(10); M4(8)
任务 3：M1(20); M2(10)	任务 3：M2(7); M3(10); M1(9); M3(8)
任务 4：M3(15); M4(10)	任务 4：M2(7); M4(8); M1(12); M2(6)
任务 5：M1(8); M2(10); M3(15); M4(17)	任务 5：M1(9); M2(7); M4(8); M2(10); M3(8)
任务 6：M2(10); M3(15); M4(8); M1(15)	
任务集 5	**任务集 6**
任务 1：M1(6); M2(16); M4(9)	任务 1：M1(9); M2(11); M4(7)
任务 2：M1(18); M3(6); M2(15)	任务 2：M1(19); M2(20); M4(13)
任务 3：M3(9); M4(3); M1(12)	任务 3：M2(14); M3(20); M4(9)
任务 4：M4(6); M2(15)	任务 4：M2(14); M3(20); M4(9)
任务 5：M3(3); M1(9)	任务 5：M1(11); M3(16); M4(8)

续表

任务集 7	任务集 8
任务 1：M1(6); M3(6)	任务 1：M2(12); M3(21); M4(11)
任务 2：M2(11); M4(9)	任务 2：M2(12); M3(21); M4(11)
任务 3：M2(9); M4(7)	任务 3：M2(12); M3(21); M4(11)
任务 4：M3(16); M4(7)	任务 4：M2(12); M3(21); M4(11)
任务 5：M1(9); M3(18)	任务 5：M1(10); M2(14); M3(18); M4(9)
任务 6：M2(13); M3(19); M4(6)	任务 6：M1(10); M2(14); M3(18); M4(9)
任务 7：M1(10); M2(9); M3(13)	
任务 8：M1(11); M2(9); M4(8)	
任务集 9	任务集 10
任务 1：M3(9); M1(12); M2(9); M4(6)	任务 1：M1(11); M3(19); M2(16); M4(13)
任务 2：M3(16); M2(11); M4(9)	任务 2：M2(21); M3(16); M4(14)
任务 3：M1(21); M2(18); M4(7)	任务 3：M3(8); M2(10); M1(14); M4(9)
任务 4：M2(20); M3(22); M4(11)	任务 4：M2(13); M3(20); M4(10)
任务 5：M3(14); M1(16); M2(13); M4(9)	任务 5：M1(9); M3(16); M4(18)
	任务 6：M2(19); M1(21); M3(11); M4(15)

程序运行环境为 Java 环境下 JDK1.7.0，在搭载英特尔酷睿双核 2.0GHz、2GB 内存的 Windows 7 操作系统的计算机上运行。将表 6.4 和表 6.5 中的 10 组任务集合 4 个实验布局在两种比率下进行组合，创建了 82 个测试实例。仿真实验分别采用本章提出的激素调节方法、启发式方法和 MAS 的方法对这些测试实例分别测试。比率为 $\overline{tt}/\overline{pt} > 0.25$ 的测试结果见表 6.3；比率为 $\overline{tt}/\overline{pt} < 0.25$ 的测试结果见表 6.4。两个表格及本章余下章节中所出现的符号含义如下：

HA：启发式的方法。

MAS：多智能体制造系统方法。

HRA：基于激素调节的方法。

Dev1：MAS 对 HA 的偏差。

Dev2：HRA 对 HA 的偏差。

Dev3：HRA 对 MAS 的偏差。

MTD：平均总偏差；

EX：实验。

表 6.3 和表 6.4 中符号 EX 后面的两位数字分别代表任务集编号和布局编号；表 6.4 中最后一位的数字 0 或 1 分别代表加工时间翻倍和三倍，并且运输时间减半。

表 6.3　$\overline{tt}/\overline{pt}<0.25$ 情况下的实验对比结果

测试实例	$\overline{tt}/\overline{pt}$	HA	MAS		HRA		
		Z	Z	Dev1%	Z	Dev2%	Dev3%
EX11	0.59	**96**	130	35.42	122	27.08	−6.15
EX21	0.61	**100**	143	43.00	140	40.00	−2.10
EX31	0.59	**99**	142	43.43	148	49.49	4.23
EX41	0.91	**112**	198	76.79	174	55.36	−12.12
EX51	0.85	**87**	130	49.43	129	48.26	−0.77
EX61	0.78	**118**	153	29.66	153	29.66	0.00
EX71	0.78	**111**	129	16.22	146	31.53	13.18
EX81	0.58	**161**	196	21.74	199	23.60	1.53
EX91	0.61	**116**	178	53.45	147	26.72	−17.42
EX101	0.55	**147**	188	27.89	175	19.05	−6.91
EX12	0.47	**82**	98	19.51	100	21.95	2.04
EX22	0.49	**76**	86	13.16	86	13.16	0.00
EX32	0.47	**85**	114	34.12	114	34.12	0.00
EX42	0.73	**87**	129	48.28	120	37.93	−6.98
EX52	0.68	**69**	98	42.03	100	44.93	2.04
EX62	0.54	**98**	123	25.51	106	8.16	−13.82
EX72	0.62	**79**	92	16.46	101	27.85	9.78
EX82	0.46	**151**	172	13.91	156	3.31	−9.30
EX92	0.49	**102**	123	20.59	127	24.51	3.25
EX102	0.44	**135**	154	14.07	158	17.04	2.60
EX13	0.52	**84**	109	29.76	102	21.43	−6.42
EX23	0.54	**86**	98	13.95	96	11.63	−2.04
EX33	0.51	**86**	103	19.77	115	33.72	11.65
EX43	0.80	**89**	155	74.16	127	42.70	−18.06
EX53	0.74	**74**	109	47.30	113	52.70	3.67
EX63	0.54	**103**	128	24.27	110	6.80	−14.06
EX73	0.68	**83**	93	12.05	119	43.37	27.96
EX83	0.50	**153**	172	12.42	167	9.15	−2.91
EX93	0.53	**105**	119	13.33	122	16.19	2.52

续表

测试实例	$\overline{tt}/\overline{pt}$	HA	MAS		HRA		
		Z	Z	Dev1%	Z	Dev2%	Dev3%
EX103	0.49	**139**	158	13.67	159	14.39	0.63
EX14	0.74	**103**	168	63.11	162	57.28	−3.57
EX24	0.77	**108**	169	56.48	156	44.44	−7.69
EX34	0.74	**111**	167	50.45	170	53.15	1.80
EX44	1.14	**126**	242	92.06	217	72.22	−10.33
EX54	1.06	**96**	168	75.00	160	66.67	−4.76
EX64	0.78	**120**	189	57.50	182	51.67	−3.70
EX74	0.97	**126**	156	23.81	180	42.86	15.38
EX84	0.72	**163**	251	53.99	243	49.08	−3.19
EX94	0.76	**122**	181	48.36	170	39.34	−6.08
EX104	0.69	**158**	246	55.70	222	40.51	−9.76
MTD				**37.04**		**33.83**	**−1.65**

表 6.4　$\overline{tt}/\overline{pt} < 0.25$ 情况下的实验对比结果

测试实例	$\overline{tt}/\overline{pt}$	HA			MAS	HRA	
		Z	Z	Dev1%	Z	Dev2%	Dev3%
EX110	0.15	**126**	135	7.14	131	3.97	−2.96
EX210	0.15	**148**	157	6.08	151	2.03	−3.82
EX310	0.15	**150**	154	2.67	156	4.00	1.30
EX410	0.15	**119**	211	77.31	129	8.40	−38.86
EX510	0.21	**102**	118	15.69	108	5.88	−8.47
EX610	0.16	**186**	204	9.68	189	1.61	−7.35
EX710	0.19	**137**	138	0.73	150	9.49	8.70
EX810	0.14	**272**	330	21.32	287	5.51	−13.03
EX910	0.15	**176**	191	8.52	190	7.95	−0.52
EX1010	0.14	**238**	269	13.03	260	9.24	−3.35
EX120	0.12	**123**	127	3.25	127	3.25	0.00
EX220	0.12	**143**	151	5.59	145	1.40	−3.97
EX320	0.12	145	**144**	−0.69	148	2.07	2.78
EX420	0.12	**114**	161	41.23	121	6.14	−24.84
EX520	0.17	**100**	110	10.00	104	4.00	−5.45
EX620	0.12	**181**	196	8.29	**181**	0.00	−7.65
EX720	0.15	136	**132**	−2.94	144	5.88	9.09
EX820	0.11	**287**	319	11.15	**287**	0.00	−10.03

测试实例	$\overline{tt}/\overline{pt}$	HA		MAS		HRA	
		Z	Z	Dev1%	Z	Dev2%	Dev3%
EX920	0.12	**173**	187	8.09	181	4.62	−3.21
EX1020	0.11	**236**	266	12.71	250	5.93	−6.02
EX130	0.13	**122**	134	9.84	127	4.10	−5.22
EX230	0.13	**146**	151	3.42	147	0.68	−2.65
EX330	0.13	146	**129**	−11.64	154	5.48	19.38
EX430	0.13	**114**	228	100.00	126	10.53	−44.74
EX530	0.18	**99**	111	12.12	110	11.11	−0.90
EX630	0.14	**182**	198	8.79	183	0.55	−7.58
EX730	0.17	**137**	**132**	−3.65	146	6.57	10.61
EX830	0.13	288	**273**	−5.21	288	0.00	5.49
EX930	0.13	**174**	187	7.47	183	5.17	−2.14
EX1030	0.12	**237**	266	12.24	245	3.38	−7.89
EX140	0.18	**124**	137	10.48	138	11.29	0.73
EX241	0.13	**217**	230	5.99	224	3.23	−2.61
EX340	0.18	**151**	155	2.65	167	10.60	7.74
EX341	0.12	**221**	227	2.71	232	4.98	2.20
EX441	0.19	**172**	344	100.00	187	8.72	−45.64
EX541	0.18	**148**	158	6.76	158	6.76	0.00
EX640	0.19	**184**	211	14.67	189	2.72	−10.43
EX740	0.24	**137**	158	15.34	154	12.41	−2.53
EX741	0.16	**203**	206	1.48	214	5.42	3.88
EX840	0.18	**293**	331	12.97	**293**	0	−11.48
EX940	0.19	**175**	195	11.43	191	9.14	−2.05
EX1040	0.17	**240**	276	15.00	253	5.42	−8.33
MTD				**14.09**		**5.23**	**−5.28**

EX23 的甘特图如图 6.10 所示，甘特图中数字代表任务的编号。例如，M2 中的数字"21"代表工件 2 的第 1 道工序；AGV1 中的数字"21"代表工件 2 的第 1 次运输任务。如图 6.10 所示，在 $t=48$ 时，新一轮的 AGV 和机床之间的相互选择开始，两个 AGV 都有运输能力来接受新的运输任务。此时工序"61"、"52"和"32"都对运输任务有需求。在 AGV 的选择阶段，受权重的任务装载时间影响，两个 AGV 都选择了同一个任务"61"。相比于 AGV1，AGV2 完成任务"61"

的性能更佳,其类激素分泌速率更低,因此在机床选择阶段,任务被授予了 AGV2。
如图 6.10 所示,两个 AGV 共同完成 21 个运输任务,运输任务的时间消耗分布如
图 6.11 所示,其中大多数运输任务的时间消耗小于 15s。AGV 的利用率相对平衡,
并保持在较高水平,如图 6.12 所示。

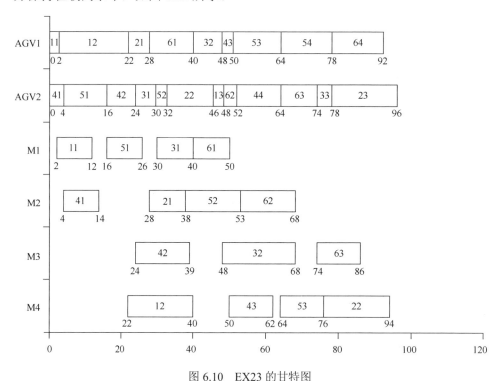

图 6.10 EX23 的甘特图

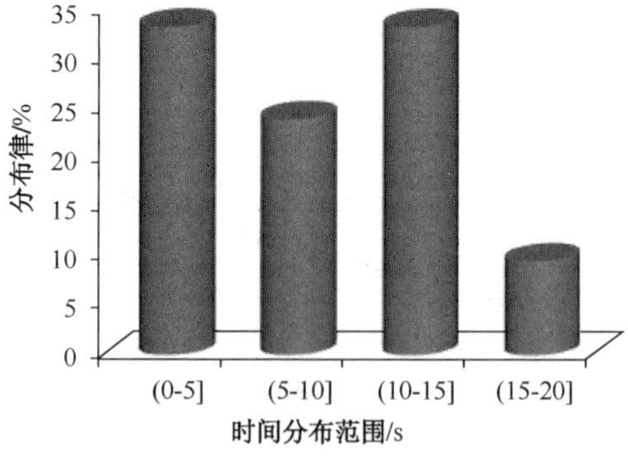

图 6.11 AGV 运输时间消耗分布

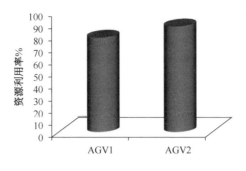

图 6.12　AGV 的利用率

　　从表 6.3 的结果中可以看出，本章提出的 HRA 方法与成熟的启发式方法(HA)相比，平均总偏差为 33.83%，这表明 HRA 方法还需要改进和优化。但这个结果在我们的预期之中。由于 HRA 方法不是离线优化算法，而是一种分布式的在线算法，相比于在线算法（MAS），HRA 中 55%的结果比 MAS 好，并且 HRA 对 MAS 的平均偏差为-1.65%。因此，HRA 方法表现出了较好的性能。

　　在表 6.4 的结果中，HRA 表现出了更高的性能，其中 69%的测试结果好于 MAS，并且 HRA 对 MAS 的平均偏差为-5.28%。HRA 对 HA 的平均偏差是 5.23%，表明 HRA 在比率 $\overline{tt}/\overline{pt}$ 较低的情况下，其优化能力比较接近离线算法，如 EX110、EX220 和 EX630 等。在测试实例 EX820、EX 620、EX830 和 EX 840 中，HRA 表现出了和 HA 同样的性能。结果表明，HRA 在比率 $\overline{tt}/\overline{pt}$ 相对较低的情况下可以表现出更好的性能。

　　从上面的讨论可以看出，本章提出的基于激素调节的方法在优化 AGV 和机床在线同时调度中表现出了非常好的性能。

6.6　本章小结

　　本章提出了基于内分泌激素调节的机床与 AGV 在线同时调度方法，并借鉴内分泌系统的激素反应扩散机制，为在线调度问题中快速处理新任务提供了一种新的信息处理机制。在任务分配过程中，根据机床与 AGV 的类激素分泌机制，评估运输任务对机床和 AGV 造成的影响。在 AGV 和机床相互选择的过程中，机床根据最小类激素分泌速率来选择 AGV，AGV 则根据自身完成任务的效率来选择运输任务，从而优化最大完工时间。最后，将本章提出的方法和过去研究的经验数据进行比较，结果表明：基于激素调节的方法在运输加工时间比率低的情况下运算性能接近离线算法；与在线方法比较，基于激素调节的方法表现出了更好的性能。

第 7 章

基于神经内分泌免疫调节机制的 BIMS 扰动处理研究

7.1 引言

　　制造系统中常见的扰动主要分为外部扰动和内部扰动两大类。外部扰动主要包括由于市场变化造成的任务和订单的变化（如紧急订单、任务追加、任务取消等），用户对产品功能需求造成的工艺变化，各种原材料价格和供应的变化等；而内部扰动主要包括设备故障及维护、人员缺席、刀具损坏、生产延迟和操作失误等。这些不确定扰动的发生往往会导致原计划的调度方案无法完成或者无法达到预期的目标；并且扰动的发生会导致制造系统生产力下降，使企业错失商机，从而失去市场竞争力。

　　传统制造系统依赖于集中式的控制构架，优点是可以最大化优化生产，但由于其控制构架的限制，在应对扰动时的响应能力非常弱。通常，在扰动发生时，这些制造系统的运行往往会被迫中断，导致人们需要重新规划生产计划。因此，寻求一种可以快速响应和处理这些扰动的制造模式是现代智能制造系统的一个研究热点。目前，关于这种现代智能制造系统的研究主要分为两种：多智能体制造系统（MAMS）和 Holonic 制造系统（HMS）。MAMS 和 HMS 在之前章节已经进行了详细的分析，由于其自治和协商的分布式特性，在处理扰动方面较传统的制造系统具有很大的优势。例如，可以利用多 Agent 的方法解决制造系统在扰动情况下的动态调度问题，测试了扰动情况下的制造系统性能，并获得了较好的性能参数。为了避免扰动带来的损失，可以采用基于多 Agent 的"主动-反应"调度方法，解决制造系统 Jobshop 调度问题。该调度方法包括两个阶段：在主动调度阶段生成一种稳健性很高的预言性调度计划来应对扰动；在反应调度阶段根据扰动动态的修正预言性调度计划。例如，有学者创建了一种 HMS 的扰动处理构架，利用 HMS 分布式的特性处理扰动，并通过重调度的方法修正调度计划。也有学者创建一种基于多 Agent 的 HMS 自适应调度构架。在正常情况下，任务 Holon 和资源 Holon 通过与集成的调度计划 Holon 协调通信来获得调度方案；在机床故障情况下，采用借鉴人类认知行为的任务重分配机制分配故障机床的任务。

上述研究对扰动处理基本上是通过动态加工任务调度的形式完成的，但它们都没有涉及运输任务的调度。在制造系统动态实时运行环境下，很少有研究者考虑加工任务调度和运输任务的同时调度问题。有研究者利用混合多目标遗传算法解决柔性制造系统中的"车间动态调度"和"AGV 路径选择"，该算法生成了一个综合的调度时间表和详细的路径，同时优化完工时间。由于该方法可归类为离线算法，它很难适应动态实时环境的制造系统。因此，有研究者提出了一种多 Agent 智能系统（Multi-Agent System，MAS）方法来解决动态环境下的车间调度与 AGV 调度。该方法利用 Agent 间的竞标和谈判实时产生可行调度解，但该方法没有充分考虑制造系统的扰动对调度产生的影响，以及制造系统对于扰动的反应。

本章在类生物化制造系统（BIMS）构架的基础上，受神经内分泌免疫调节机制的启发，设计了一种 BIMS 的扰动处理方法。该扰动处理方法可以快速地检测出制造系统中的各种动态事件，并结合第 3 章及第 6 章内容，对扰动做出决策和反应，使系统可以快速地处理动态事件，从而优化任务和资源的分配，保持制造系统的生产性能。

7.2　BIMS 的扰动处理

7.2.1　BIMS 的扰动处理方法

受神经内分泌免疫调节机制的启发，第 2 章提出了 BIMS 的神经内分泌免疫调节模型，该模型可以有效地应对车间层的动态环境，并保持系统的稳定。因此，本章基于该模型，设计了一种基于神经内分泌免疫调节机制 BIMS 扰动处理方法，如图 7.1 所示。该扰动处理方法有 3 种功能。

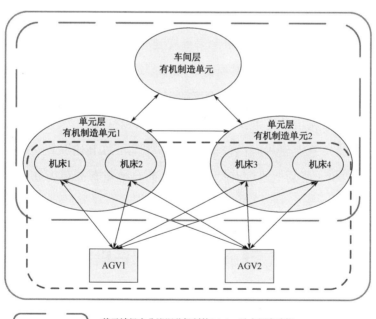

图 7.1　基于神经内分泌免疫调节机制的扰动处理方法

（1）免疫监控功能：实时监控 BIMS 的状态，在异常扰动因素情况下迅速识别出扰动，并向系统中输出策略（抗体）来实现系统对扰动的快速反应。该系统涉及 BIMS 的所有有机制造单元，都有各自的免疫监控模块，实现免疫监控功能。

（2）基于神经内分泌调节的车间动态调度功能：主要解决系统在扰动情况下，加工任务在机床之间的动态分配问题。

（3）基于内分泌协调的多 AGV 调度功能：主要实现在线环境下的运输任务在 AGV 与机床之间的分配。

该系统由车间层有机制造单元、单元层有机制造单元、机床有机制造单元和 AGV 有机制造单元组成。通过各个层次间有机制造单元间的神经内分泌免疫协调来完成 BIMS 的扰动处理。

当系统中出现意外扰动时（如机床故障、紧急订单、AGV 故障和延迟等），BIMS 通过神经内分泌免疫调节机制来维持制造系统的动态稳定。BIMS 通过免疫监控功能对制造系统进行实时检测，甄别制造系统中的扰动，并通过免疫应答机制对扰动进行诊断，产生新的调度命令。调度命令将刺激 BIMS 的 Jobshop 调度功能和 AGV 调度功能运作，进而完成针对特定扰动的任务分配，以减少扰动对系统的影响。在基于神经内分泌免疫调节机制的 BIMS 扰动处理过程中，系统的监控功能和调度功能通过有机制造单元的自治及有机制造单元之间的调节实现。

7.2.2　具有免疫监控和调度功能的有机制造单元

具有免疫监控和调度功能的有机制造单元的基本结构如图 7.2 所示，其本质是一个具有自组织功能的自治体，由感知器、决策器和控制器组成，既能够针对内外部环境的变化进行自我调节，也能够应对各种复杂因素。其中，感知器能够迅速感知环境变化，促使决策器做出快速反应；决策器连接着不同的数据库，可以根据自身的知识对环境变化进行实时监控，并做出合理的决策；控制器则负责解读决策器所做出的决策，并对相应的有机制造单元发送指令并建立通信，对自身进行任务执行操作。

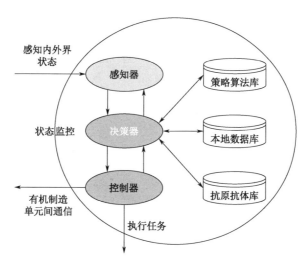

图 7.2 具有免疫和调度功能的有机制造单元组织构架

感知器、决策器和控制器是有机制造单元的必要元素，其中决策器是核心元素。决策器可以分析扰动对系统的影响，可以制定相应的策略，还可以在系统中进行动态调度。按照上述功能，本章所采用的决策器构架设计如图 7.3 所示。决策器包含免疫监控模块和调度模块。免疫监控模块主要完成系统状态的检测和诊断，在发生扰动时，能快速检测出扰动并做出相应的免疫应答反应，产生执行抗体。执行抗体分为控制抗体和调度抗体。控制抗体直接作用于控制器执行控制命令，调度抗体则作用于调度模块触发动态调度。调度模块集成了不同种类的调度算法（如基于内分泌激素调节机制的运输任务调度、基于神经内分泌调节机制的加工任务调度等），可以应对各种调度需求。

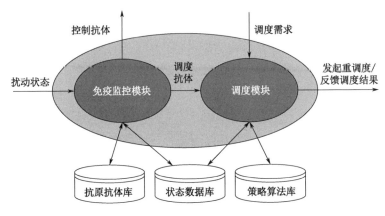

图 7.3 基于神经内分泌免疫协调的决策器

7.2.3 有机制造单元针对扰动的处理过程

由于本地信息具有局限性，有机制造单元虽然可以利用嵌入的算法和其具有的知识在一定程度上处理扰动，但是它们没有足够的能力单独执行这项工作。因此，所有扰动的处理都是通过不同层次的有机制造单元之间相互协作，以分布式的形式实现。图 7.4 给出了有机制造单元针对扰动的处理过程。

简单地说，各个层次有机制造单元实时监控系统的运行状态，并与正常状态进行比较，以验证是否出现偏差。一旦出现的偏差（如机床故障）被相应有机制造单元检测出来，该有机制造单元将执行免疫应答操作，产生抗体（A、B 和 C），指出将要执行和干扰恢复的可能操作。如果是有机制造单元内部不能解决的操作（如调度抗体 B 与控制抗体 C），就需要与其他有机制造单元协调解决。针对扰动，类生物化有机制造系统通过有机制造单元内部的自治及不同层次有机制造单元之间的调节，实现扰动的检测、诊断和处理策略。接下来将详细介绍 BIMS 扰动的检测与诊断及扰动处理策略。

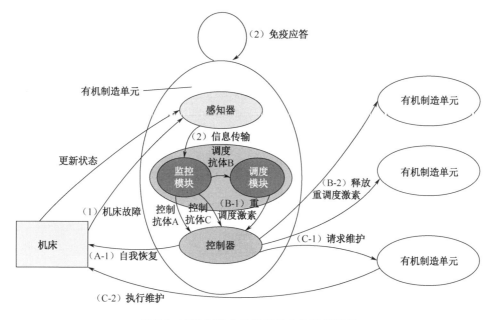

图 7.4　有机制造单元针对扰动的处理过程

7.3　BIMS 扰动的检测与诊断

制造系统的扰动也可以被认为是使系统偏离既定计划的偏差，且对生产过程产生负面影响的活动。制造系统中常见的扰动主要有机床故障、AGV 故障、紧急订单、延迟和人员缺席等，通常会对制造系统计划和控制层面产生较大的影响。为应对这些扰动，BIMS 首先要迅速检测出扰动，然后对扰动进行诊断、选择最合适的方式来处理扰动，保证系统的连续运行以提高制造系统的稳健性和生产力。

7.3.1　扰动的检测

在 BIMS 中，扰动的检测主要由各个层次有机制造单元实现。每个有机制造单元持续监控生产计划的全过程，并在检测过程中扮演不同的角色，起不同的作用。

车间层有机制造单元的作用是进行车间内部系统的检测，并监控其他有机制造单元的信息，包括调度计划完成情况、系统实时状态和健康状态及外部订单到达情况。

单元层有机制造单元的作用是进行单元内部的检测，并聚集单元内的有机制造单元的信息和其他有机制造单元的信息，包括单元内调度计划完成情况，单元内部的实时状态和健康状态，以及其他有机制造单元的需求信息。

机床层有机制造单元的监控主要分为任务检测、质量检测和资源状态检测。任务检测是对机床所完成的订单进行检测，检测执行操作的构成顺序及完成任务的时间节点；质量检测对生产项目的质量进行检测；资源检测实时检测机床的运行状态和健康状态。

AGV 层有机制造单元监控主要分为任务检测和 AGV 状态检测。任务检测对 AGV 所完成的运输任务进行检测，观察运输的顺序及 AGV 运行的时间节点；AGV 状态检测实时检测 AGV 的运行状态、健康状态和位置。

这种检测模式利用了 BIMS 的分布式特性，以实现从底层到上层的监控。检测过程涉及信息的获取及分类，而信息的评估过程则由扰动的诊断功能实现。

7.3.2 扰动的诊断

BIMS 中信息的诊断过程由有机制造单元中免疫监控模块的免疫应答过程完成，如图 7.5 所示。有机制造单元免疫监控模块的应答过程包含状态向量模块、常规反应模块、抗原产生模块、免疫评估抗原识别模块、抗体匹配模块和学习模块的应答过程。

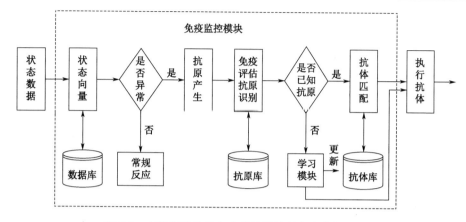

图 7.5　有机制造单元免疫监控模块的免疫应答过程

BIMS 不同层次有机制造单元检测和采集系统的状态数据，有机制造单元的监控模块对信息进行管理和筛选，以获得有效的信息。在这些状态数据中，只有极少一部分包含了系统的扰动信息，状态向量模块对这些状态数据进行处理，凝练为状态向量，并与正常状态下的向量进行比较。若状态向量正常，监控模块执行常规反应；若状态向量异常，表明系统中存在扰动，并标记为扰动向量。抗原产生模块将扰动信息从向量中提取并产生抗原，不同类别扰动的集合构成了系统的抗原库。免疫评估和识别模块首先对抗原产生的扰动进行评估，当免疫力指数低于阈值时，表明抗原对系统有较大影响，此时监控模块根据已有的抗原库进行抗原识别。对于已知抗原，抗体匹配模块产生执行抗体，使系统可以快速、准确地消除抗原的影响；对于新抗原，BIMS 将利用学习模块，在特殊情况下会借助人工辅助，产生新的抗体以消除抗原的影响，最后将新抗体写入抗体库。

当执行抗体命令被下发到相关的有机制造单元时，各个有机制造单元间利用调度模块，实现分布式的动态调度，消除抗原，最终控制或弱化系统的扰动，使系统再次达到稳定状态。

7.4 BIMS 扰动处理策略

在生产过程中，系统将受到各种各样不确定的扰动影响。本节将以 AGV 故障、机床故障、紧急订单和生产延迟四种最常见的扰动为例，来分析基于神经内分泌免疫调节机制的 BIMS 对这些扰动的处理策略。为便于描述，本节余下部分将使用车间、单元、机床和 AGV 分别代替车间层有机制造单元、单元层有机制造单元、机床有机制造单元和 AGV 有机制造单元来对策略进行描述。相关符号定义如下。

TO：加工任务。

TT：运输任务。

H：机床受运输任务刺激的激素分泌浓度。

S：AGV 受运输任务刺激的激素分泌速率。

ρ：加工任务的权重价值激素。

p：调度计划。

I：单元集。

M：机床集。

K：AGV 集。

J：任务集。

L：操作集。

Δd：交货期偏差。

7.4.1 AGV 故障的扰动处理策略

在系统内 AGV 出现故障的情况下，有故障的 AGV 利用免疫监控功能识别出扰动，并给出相应的策略（抗体）。同时，由 AGV 故障引起的任务与资源的偏差被视作激素的震荡，并激发系统的神经内分泌免疫调节。如图 7.6 所示，各阶层的有机制造单元根据各自的操作按照如下步骤，执行 AGV 故障情况下的扰动处理策略。

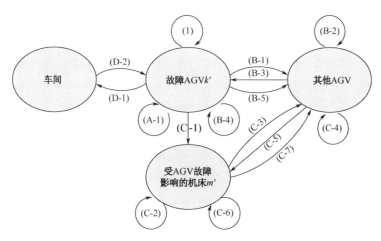

图 7.6　在 AGV 故障情况下的扰动处理策略

Step 01：当 AGV 故障发生后，$AGV_{k'}$ 通过免疫评估和免疫应答反应给出相应的策略{(A), (B), (C), (D)}。策略(A)是针对 AGV 的自诊断和自修复；策略(B)和策略(C)是分配 $AGV_{k'}$ 未完成的运输任务；策略(D)是请求车间介入维修。

策略 A 将按如下步骤执行：

Step (A-1)：$AGV_{k'}$ 对设备执行自诊断和自修复操作。

策略 B 将按如下步骤执行：

Step (B-1)：故障时，若 $AGV_{k'}$ 正在运输工件，则提取出正在运输任务的信息 $TT^{k'}$，并将该运输任务的优先级设置为最高，然后以激素刺激的形式向其他 AGV 发起运输请求；若 $AGV_{k'}$ 没有运输工件，则进入 Step (C-1)。

Step (B-2)：受 $TT^{k'}$ 刺激，AGV 按照式（6.21）计算激素分泌速率（$S_{AGV}^{TT^{k'}}$）。

Step (B-3)：AGV 将 $S_{AGV}^{TT^{k'}}$ 以激素的形式反馈至故障 $AGV_{k'}$。

Step (B-4)：$AGV_{k'}$ 收到其他 AGV 的反馈信息 $\{S_{AGV}^{TT^{k'}}\}$，根据式（6.22）选择

合适的 AGV。

Step (B-5)：$AGV_{k'}$ 将 $TT^{k'}$ 分配给相应的 AGV。

策略 C 将按如下步骤执行：

Step (C-1)：若 $AGV_{k'}$ 的任务列表中有一个未执行的运输任务 $TT^{m'}$，$AGV_{k'}$ 将 $TT^{m'}$ 退回至机床 m'；若故障 $AGV_{k'}$ 的任务列表中没有运输任务，则进入 Step (D-1)。

Step (C-2)：机床 m' 收到运输任务的退回信息，受 $TT^{m'}$ 刺激，将按照式（6.15）计算激素浓度 $H_{M'}^{TT^{m'}}$，并寻找新的 AGV。

Step (C-3)：机床 m' 将 $(H_{M'}^{TT^{m'}}, TT^{m'})$ 以激素的形式释放到车间环境中，并与其他的运输任务共同竞争 AGV。

Step (C-4)：一旦有 AGV 选择了 $TT^{m'}$，则其将按照式（6.21）计算激素分泌速率（$S_{AGV}^{TT^{m'}}$）。

Step (C-5)：AGV 将 $S_{AGV}^{TT^{m'}}$ 以激素的形式反馈至机床 m'。

Step (C-6)：机床 m' 收到其他 AGV 的反馈信息 $\{S_{AGV}^{TT^{m'}}\}$，根据式（6.22）选择合适的 AGV。

Step (C-7)：机床 m' 将 $TT^{m'}$ 分配给相应的 AGV。

策略 D 将按如下步骤执行：

Step (D-1)：AGV 向车间发送维护请求。

Step (D-2)：车间对故障 AGV 执行维护操作。

7.4.2　机床故障的扰动处理策略

当系统内出现机床故障的情况下，故障机床利用免疫监控功能识别出扰动，并给出相应的策略（抗体）。同时，由机床故障引起的任务与资源的偏差被视作激素的震荡，并激发系统的神经内分泌免疫调节。如图 7.7 所示，各阶层的有机制造单元按照如下步骤，处理机床故障情况下的扰动。

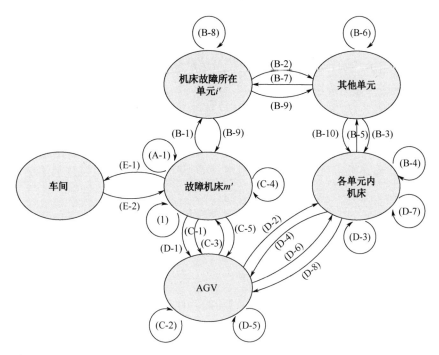

图 7.7　机床故障情况下的扰动处理策略

Step 01：当机床故障发生后，机床 m' 通过免疫评估和免疫应答反应给出相应的策略{(A), (B), (C), (D), (E)}。策略(A)是针对机床 m' 的自诊断和自修复；策略(B)是分配机床 m' 加工列表中未完成的任务；策略(C)和策略(D)是分配策略(B)中未完成工件的运输任务；策略(E)是请求车间介入维修。

策略 A：将按如下步骤执行。

Step (A-1)：机床 m' 对设备执行自诊断和自修复操作。

策略 B：将按如下步骤执行。

Step (B-1)：故障机床 m' 预估自身状态和预计修复时间，提取出在修复时间段不能完成的加工任务信息{TO_{jl}}，并反馈至所在单元 i'。

Step (B-2)：单元 i' 将任务(TO_{jl})以 CRH 的形式释放到车间环境中。

Step (B-3)：各单元受到 TO_{jl} 刺激，将其以 ACTH 的形式释放到自身单元环境中。

Step (B-4)：机床受到 TO_{jl} 刺激，判断是否可以完成 TO_{jl}。若有能力完成 TO_{jl}，机床对原计划进行重新调度，过程如下：首先将任务按照优先级尝试插入原调度计划中，然后计算出价值激素增量（$\rho_{im}^{\text{TO}_{jl}}$），最后比较所有的可行调度方案，选择插入任务中导致价值激素增幅最小的方案（p_{im}）为最优方案；若机床没有能力完成 TO_{jl}，不执行任何操作。

Step (B-5)：机床将带有价值激素增量的新计划（$p_{im},\rho_{im}^{\text{TO}_{jl}}$）以皮质醇的形式反馈至所在单元。

Step (B-6)：单元收到来自相关机床的反馈信息 $\{(p_{im},\rho_{im}^{\text{TO}_{jl}})\}$，将对原计划进行重新调度，并从调度方案集中选择价值激素增幅最小的方案（$p_i,\rho_i^{\text{TO}_{jl}}$）为最优计划。

Step (B-7)：单元将带有价值激素增量的新计划（$p_i,\rho_i^{\text{TO}_{jl}}$）以皮质醇的形式反馈至单元 i'。

Step (B-8)：单元 i' 收到来自相关单元的反馈信息（$p_i,\rho_i^{\text{TO}_{jl}}$），将从调度方案集中选择价值激素增幅最小的方案（$p_i^{\text{opt}},\rho_i^{\text{TO}_{jl}}$）为最优计划。

Step (B-9)：单元 i' 分配任务 TO_{jl} 至相关单元，执行 Step(B-10)；同时将 ΔTO_{jl} 被释放的消息通知故障的机床，执行 Step (C-1)。

Step (B-10)：单元 i' 分配任务 TO_{jl} 至相关的设备。

Step (B-11)：循环执行 Step (B-2) 至 Step (B-10)，直至 $\{T_{jl}\}$ 分配完毕。

策略 C 将按如下步骤执行。

Step (C-1)：若工件 j 当前处在故障机床 m' 位置，此时需要 AGV 将其运送至新分配的机床。受 TT_{jl} 的刺激，机床 m' 将按照式（6.15）计算 $H_{\text{M}'}^{\text{TT}_{jl}}$，并将（$H_{\text{M}'}^{\text{TT}_{jl}},\text{TT}_{jl}$）以激素形式释放到车间环境中；否则，进入 Step (D-1)。

Step (C-2)：一旦有 AGV 选择了 TT_{jl}，将按照式（6.21）计算激素分泌速率（$S_{\text{AGV}}^{\text{TT}_{jl}}$）。

Step (C-3)：AGV 将 $S_{\text{AGV}}^{\text{TT}_{jl}}$ 反馈至机床 m'。

Step (C-4)：机床 m' 收到反馈信息 $\{S_{\text{AGV}}^{\text{TT}_{jl}}\}$，并根据式（6.22）选择合适的 AGV。

Step (C-5)：机床 m' 将 TT_{jl} 分配给相应的 AGV。

策略(D)将按如下步骤执行。

Step (D-1) 若工件 j 当前不在故障机床 m' 位置，而在某个 AGV 的任务列表中，此时机床 m' 对相关 AGV 发送运输任务 $(\text{TT}^{m'})$ 退回指令；否则，进入 Step (E-1)。

Step (D-2) 若 AGV 正在运输工件 j，将继续完成运输任务，并把 $\text{TT}^{m'}$ 退回至运输目的地机床；否则 AGV 将 $\text{TT}^{m'}$ 退至分配该运输任务的机床。

Step (D-3) 机床收到运输任务的退回信息，受 $\text{TT}^{m'}$ 刺激，机床将按照式（6.15）计算激素浓度 $(H_{\text{M}}^{\text{TT}^{m'}})$，并寻找新的 AGV 运输。

Step (D-4) 机床将 $(H_{\text{M}}^{\text{TT}^{m'}},\text{TT}^{m'})$ 释放到车间环境中，并与其他运输任务共同竞争 AGV。

Step (D-5)：一旦有 AGV 选择 $\text{TT}^{m'}$，将按照式（6.21）计算激素分泌速率 $(S_{\text{AGV}}^{\text{TT}^{m'}})$。

Step (D-6)：AGV 反馈 $S_{\text{AGV}}^{\text{TT}^{m'}}$ 至相关机床。

Step (D-7)：机床收到反馈信息 $\{S_{\text{AGV}_k}^{\text{TT}^{m'}}\}$，并根据式（6.22）选择合适的 AGV。

Step (D-8)：机床分配 $\text{TT}^{m'}$ 至相应的 AGV，并执行 Step (E-1)。

策略 E 将按如下步骤执行。

Step (E-1)：AGV 向车间发送维护请求。

Step (E-2)：车间对故障 AGV 执行维护操作。

7.4.3 紧急订单的扰动处理策略

紧急订单是一种任务，通常有很高的优先级，并且有非常紧迫的交货时间。

因此，当紧急订单到达车间以后必须立即被执行。由于全局最优的调度计划先前已经由车间层控制器制定，紧急订单进入系统将被视作对系统的干扰。在该情况下，由紧急订单引起的实际任务与计划的偏差被视作任务激素的震荡，并激发系统的神经内分泌免疫调节。如图 7.8 所示，各阶层的有机制造单元将按照如下步骤执行扰动处理。

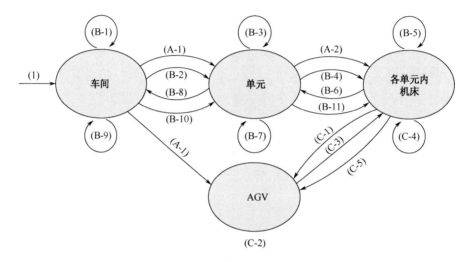

图 7.8　紧急订单情况下的扰动处理策略

Step 01：当紧急订单进入系统后，车间接收紧急订单，并通过免疫评估和免疫应答反应给出相应的策略{(A), (B), (C)}。策略(A)完成车间对下层发送紧急订单到达通知；策略(B)分配紧急订单中的加工任务；策略(C)分配紧急订单中的运输任务。

策略 A 将按如下步骤执行。

Step (A-1)：车间对单元和 AGV 发送紧急订单到达指令：所有设备在完成当前任务后不得继续执行非紧急订单任务。

Step (A-2)：单元将紧急订单到达指令下发到机床。

策略 B：将按如下步骤执行。

Step (B-1)：车间将订单任务 TO 划分至单元可独立完成的任务 {TO$_j$}。

Step (B-2)：车间将任务(TO_j)以 CRH 的形式释放到车间环境中。

Step (B-3)：单元受到 TO_j 刺激，将 TO_j 划分为该单元各个机床可以独立完成的任务 $\{\mathrm{TO}_{jl}\}$ 。

Step (B-4)：各单元将任务(TO_{jl})以 ACTH 的形式释放到自身单元环境中。

Step (B-5)：机床受到 TO_{jl} 刺激，并判断是否可以完成 TO_{jl} 。若有能力完成 TO_{jl} ，机床对原计划进行重新调度，过程如下：首先将任务按照优先级尝试插入原调度计划中，然后计算出价值激素增量($\rho_{im}^{\mathrm{TO}_{jl}}$)，最后比较所有的可行调度方案，选择插入任务中导致价值激素增幅最小的方案(p_{im})为最优方案；若机床没有能力完成 TO_{jl} ，不执行任何操作。

Step (B-6)：机床将带有价值激素增量的新计划($p_{im},\rho_{im}^{\mathrm{TO}_{jl}}$)反馈至所在单元。

Step (B-7)：单元收到来自相关机床的反馈信息 $\{(p_{im},\rho_{im}^{\mathrm{TO}_{jl}})\}$ ，将对原计划进行重新调度，并从可行调度方案中选择价值激素增幅最小的方案($p_i,\rho_i^{\mathrm{TO}_j}$)为最优计划。

Step (B-8)：单元将带有价值激素增量的新计划($p_i,\rho_i^{\mathrm{TO}_j}$)以激素的形式反馈至车间。

Step (B-9)：车间收到来自相关单元的反馈信息 $\{(p_i,\rho_i^{\mathrm{TO}_j})\}$ ，从所有调度方案中选择价值激素增幅最小的方案($p_i^{\mathrm{opt}},\rho_i^{\mathrm{TO}_j}$)为最优计划。

Step (B-10)：车间把任务 TO_{jl} 分配给相关单元。

Step (B-11)：单元把任务 $\{\mathrm{TO}_{jl}\}$ 分配至相关机床。

Step (B-12)：循环执行 Step (B-2)至 Step (B-11)，直至所有任务分配完毕。

策略 C 将按如下步骤执行。

Step (C-1)：当 TT_{jl} 在机床上开始加工时，受 TT_{jl} 的刺激，机床将按照式（6.15）计算激素浓度($H_{\mathrm{M}}^{\mathrm{TT}_{jl}}$)并释放到车间环境中，寻求 AGV 执行运输任务。

Step (C-2)：一旦有 AGV 选择了 TT_{jl} ，AGV 将按照式（6.21）计算激素分泌速率($S_{\mathrm{AGV}}^{\mathrm{TT}_{jl}}$)。

Step (C-3)：AGV 反馈分泌速率($S_{\mathrm{AGV}}^{\mathrm{TT}_{jl}}$)至机床。

Step (C-4)：机床收到 AGV 的激素分泌速率 $\{(S_{\text{AGV}}^{\text{TT}_{jl}})\}$，并根据式（6.22）选择合适的 AGV。

Step (C-5)：机床分配 TT_{jl} 给相应的 AGV。

Step (C-6)：循环执行 Step (C-1)至 Step (C-5)，直至所有运输任务分配完毕。

7.4.4　生产延迟的扰动处理过程

当紧急订单、机床故障或 AGV 故障等干扰在系统中被处理后，将会在系统中出现生产的延迟。同时，相关的机床会检测到交货期的偏差。在这种情况下，由生产延迟引起交货期偏差被视作激素的震荡，并激发系统的神经内分泌免疫调节。如图 7.9 所示，各阶层的有机制造单元根据各自的操作，按照如下步骤执行扰动处理。

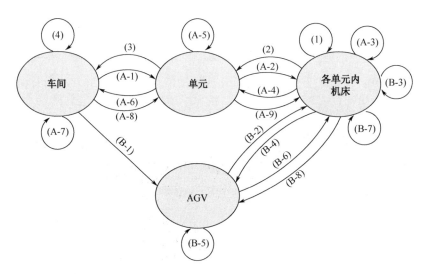

图 7.9　生产延迟情况下的扰动处理策略

Step 01：当不确定扰动事件结束后，受事件影响的各机床检测设备状态并提取出相关的任务信息 $(\text{TO}_{jl}, \Delta d_{jl}^{\text{TO}_{jl}}, \rho_{im,\text{orig}}^{\text{TO}_{jl}})$，其中包含任务的交货期偏差和相关任务产生的价值激素增量。

Step 02：机床反馈 $(\mathrm{TO}_{jl}, \Delta d_{jl}^{\mathrm{TO}_{jl}}, \rho_{im,\mathrm{orig}}^{\mathrm{TO}_{jl}})$ 至自身单元。

Step 03：单元收到 $(\mathrm{TO}_{jl}, \Delta d_{jl}^{\mathrm{TO}_{jl}}, \rho_{im,\mathrm{orig}}^{\mathrm{TO}_{jl}})$，将信息汇总并反馈至车间。

Step 04：车间收到扰动信息，从中选出一组交货期偏差严重的瓶颈任务集 $\{\Delta\mathrm{TO}_{jl}\}$，并通过免疫评估和免疫应答反应给出相应的策略 $\{(A),(B)\}$。策略 A 表示分配瓶颈加工任务；策略 B 表示分配瓶颈运输任务。

策略 A 将按如下步骤执行。

Step (A-1)：车间将任务信息 (TO_{jl}) 以 CRH 的形式释放到车间环境中。

Step (A-2)：各单元将 TO_{jl} 以 ACTH 的形式释放到自身单元环境中。

Step (A-3)：机床受 TO_{jl} 刺激，并判断是否可以完成 TO_{jl}。若有能力完成 TO_{jl}，则机床对原计划进行重新调度，过程如下：首先将任务尝试插入原调度计划中，然后计算出价值激素增量 $(\rho_{im}^{\mathrm{TO}_{jl}})$，最后比较所有的可行调度方案，选择插入任务导致价值激素增幅最小的方案 (p_{im}) 为最优方案；若机床没有能力完成 TO_{jl}，则不执行任何操作。

Step (A-4)：机床将带有价值激素增量的新计划 $(p_{im}, \rho_{im}^{\mathrm{TO}_{jl}})$ 以皮质醇的形式反馈至所在单元。

Step (A-5)：单元收到来自相关机床的反馈信息 $\{(p_{im}, \rho_{im}^{\mathrm{TO}_{jl}})\}$，将对原计划进行重新调度，并从可行调度方案中选择价值激素增幅最小的方案 $(p_i, \rho_{im}^{\mathrm{TO}_{jl}})$ 为最优计划。

Step (A-6)：单元将带有价值激素增量的新计划 $(p_i, \rho_{im}^{\mathrm{TO}_{jl}})$ 以皮质醇的形式反馈至车间。

Step (A-7)：车间收到来自相关单元的反馈信息 $\{(p_i, \rho_{im}^{\mathrm{TO}_{jl}})\}$，将从调度方案集中选择价值激素增幅最小的方案 $(p_i^{\mathrm{opt}}, \rho_{im}^{\mathrm{TO}_{jl}})$ 为最优计划。

Step (A-8)：车间分配 TO_{jl} 至相关单元。

Step (A-9)：单元分配 TO_{jl} 至相关机床。

Step (A-10)：循环执行 Step (A-1) 至 Step (A-9)，直至所有瓶颈加工任务分配

完毕。

策略 B 将按如下步骤执行。

Step (B-1)：车间选出瓶颈任务后，它将对相关 AGV 发送运输任务 $\{TT_{jl}\}$ 的退回指令。

Step (B-2)：若 AGV 正在运输 TT_{jl}，将继续完成任务并把 TT_{jl} 退回至运输目的地机床；否则，AGV 将 TT_{jl} 退回至分配该运输任务的机床。

Step (B-3)：当机床收到运输任务的退回信息，受 TT_{jl} 的刺激，机床将按照式（6.15）计算激素浓度（$H_M^{TT_{jl}}$），以寻找新的 AGV 运输。

Step (B-4)：机床将（$H_M^{TT_{jl}}$, TT_{jl}）释放到车间环境中，并与其他的运输任务共同竞争 AGV。

Step (B-5)：一旦有 AGV 选择了 TT_{jl}，AGV 将按照式（6.21）计算激素分泌速率（$S_{AGV}^{TT_{jl}}$）。

Step (B-6)：AGV 反馈 $S_{AGV}^{TT_{jl}}$ 至机床。

Step (B-7)：机床收到 AGV 的反馈信息 $\{S_{AGV}^{TT_{jl}}\}$，并根据式（6.22）选择合适的 AGV。

Step (B-8)：机床将 TT_{jl} 分配给相应的 AGV。

Step (B-9)：循环执行 Step (B-1) 至 Step (B-8)，直至所有的 $\{TT_{jl}\}$ 被释放完毕。

在基于神经内分泌免疫调节原理的 BIMS 扰动处理过程中，紧急订单、机床故障及 AGV 故障属于事件型的扰动，生产延迟属于状态型扰动。不管哪种扰动，都会使生产偏离原计划，在此情况下利用免疫监控机制可以快速地检测出扰动，并给出应对策略；利用 BIMS 神经内分泌调节和内分泌激素调节的调度方法分别使加工任务和运输任务得到合理的配置，并且控制和调整了生产偏离原计划的程度，进而降低了扰动对系统的影响。以下内容将用实验验证 BIMS 扰动处理方法的优越性。

7.5 案例描述及分析

7.5.1 实验描述

针对 BIMS 应对不确定性扰动的问题，本节提出了基于神经内分泌免疫调节机制的 BIMS 扰动处理方法。为了验证该方法的可行性和有效性，并获得该模型的对比实验，根据 Cavalieri 定义的基准框架，本节对考虑不同的干扰条件下执行不同方法的制造系统动态调度模型进行了实验，并给出性能分析。

实验做出如下假设。

（1）一个加工任务完成之前，机床不可以加工另外一个任务，每个机床都有足够的缓冲区存放代加工任务。

（2）工件的一道工序必须在其前一道工序完成后才可以开始加工。

（3）不考虑加工准备时间和加工后处理时间，每一台机床都有足够能力完成所安排的任务。

（4）机床的加工任务的加工时间，以及 AGV 的运输时间都是确定的。

（5）AGV 每次只可以运输一个任务。

（6）运输任务和加工任务都不可以被强制取代，例如一个任务一旦开始执行，就必须在没有干扰的情况下执行完毕。

实验中设定 4 台机床，2 个 AGV，4 组订单任务，每组订单包含 5~6 个任务，每个任务包含 2~4 道工序。其订单任务信息见表 7.1。为了简化实验，假设在正常情况下机床 M1、M2、M3 和 M4 是四种单独类型的机床，只能分别完成一种加工操作；在其他机床故障情况下，M1 变为加工中心，可完成四种加工操作。AGV在机床和仓库之间的运输时间如矩阵（7.1）所示。

表 7.1 订单任务信息

订单 1	订单 2
任务 1：M1(10); M4(18);	任务 1：M4(11); M1(10); M2(7)
任务 2：M2(10); M4(18)	任务 2：M3(12); M2(10); M4(8)
任务 3：M1(10); M3(20)	任务 3：M2(7); M3(10); M1(9); M3(8)
任务 4：M2(10); M3(15); M4(12)	任务 4：M2(7); M4(8); M1(12); M2(6)
任务 5：M1(10); M2(15); M4(12)	任务 5：M1(9); M2(7); M4(8); M2(10); M3(8)
任务 6：M1(10); M2(15); M3(12)	
订单 3	订单 4
任务 1：M1(9); M2(11); M4(7)	任务 1：M1(11); M3(19); M2(16); M4(13)
任务 2：M1(19); M2(20); M4(13)	任务 2：M2(21); M3(16); M4(14)
任务 3：M2(14); M3(20); M4(9)	任务 3：M3(8); M2(10); M1(14); M4(9)
任务 4：M2(14); M3(20); M4(9)	任务 4：M2(13); M3(20); M4(10)
任务 5：M1(11); M3(16); M4(8)	任务 5：M1(9); M3(16); M4(18)
任务 6：M1(10); M3(12); M4(10)	任务 6：M2(19); M1(21); M3(11); M4(15)

基于神经内分泌免疫调节机制的 BIMS 扰动处理实验以 Java 为仿真环境，采用 Windows7 操作系统：处理器为 Intel 酷睿双核，主频为 2.0GHz，内存为 2GB。实验主要分两步进行：首先，验证 BIMS 针对不同扰动（如机床故障、AGV 故障、紧急订单和延迟）情况下调度的可行性；然后，评估在不同车间场景下运行多次实验后系统的性能参数。具体车间场景如下。

（1）没有扰动发生。

（2）M2、M3 和 M4 中的一台机床有 20%的概率发生故障。

（3）一台 AGV 有 20%的概率发生故障。

（4）有 20%的概率发生紧急订单。

同第 6 章一样，本章评估执行 BIMS 扰动处理方法的定量性能指标为产率、资源利用率、生产周期和灵敏度。

$$D = \begin{bmatrix} & \text{AS/RS} & \text{M1} & \text{M2} & \text{M3} & \text{M4} \\ \text{AS/RS} & 0 & 2 & 4 & 10 & 12 \\ \text{M1} & 12 & 0 & 2 & 8 & 10 \\ \text{M2} & 10 & 12 & 0 & 6 & 8 \\ \text{M3} & 4 & 6 & 8 & 0 & 2 \\ \text{M4} & 2 & 4 & 6 & 12 & 0 \end{bmatrix} \tag{7.1}$$

7.5.2 实验分析

为了验证基于神经内分泌免疫调节机制的 BIMS 扰动处理方法的可行性，对订单 1 引入扰动分别进行了三次调度实验。实验 1 设定机床 M2 在 t=20s 时发生故障，在 t=40s 时恢复；实验 2 设定 AGV2 在 t=30s 时发生故障，在 t=60s 时恢复；实验 3 设定在 t=40s 时引入紧急订单（订单 3）。如图 7.10 至图 7.12 所示，是通过实验得到的调度甘特图。

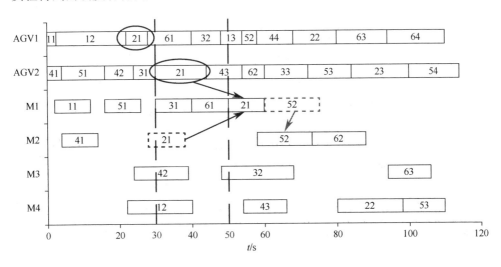

图 7.10 机床故障发生时的调度甘特图

如图 7.10 所示，在 t=30s 时，机床 M2 发生故障，机床有机制造单元 2 的免疫监控模块迅速检测出扰动，并利用神经内分泌免疫调节发起动态调度和机床修复操作。经过重新调度，工序 21 和工序 52 被分配到 M1 加工，此刻由机床故障引起的扰动暂时被消除。在 t=50s 时，机床 M2 恢复，此时 M1 免疫监控模块检测出生产延迟（工序 52），并进行新一轮的调度，将工件 52 重新分配回机床 M2。系统的扰动被消除，恢复正常生产状态。

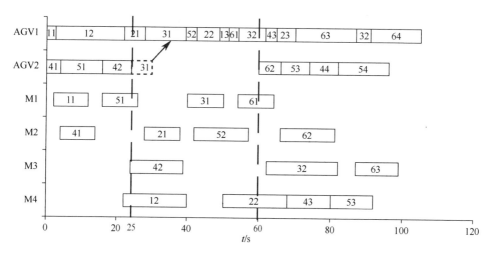

图 7.11　AGV 故障发生时的调度甘特图

如图 7.11 所示，在 t=25s 时，AGV2 发生故障，AGV 有机制造单元 2 的免疫监控模块迅速检测出扰动，并利用神经内分泌免疫调节发起动态调度和 AGV 修复操作。在 t=25s 时，AGV2 准备运送工件 31，由于还没有取到工件，AGV2 发生故障，此时运输任务 31 被退回至 AS/RS，随后 AS/RS 利用基于内分泌激素调节机制的调度方法重新将运输任务 31 分配至 AGV1。在 AGV2 恢复期间（25～60s），系统内只有 AGV1 在执行运输任务。当 AGV2 恢复后，系统恢复正常生产状态。

如图 7.12 所示，在 t=32s 时，系统接到紧急订单（订单 3），车间层有机制造单元的免疫监控模块迅速检测出扰动并发出任务停止通知。此时 AGV1、M1、M2、M3 和 M4 正在执行任务，待当前任务结束后立即执行订单 3 的任务。随后 BIMS 利用基于神经内分泌调节机制的调度方法分配加工任务，在紧急订单开始加工时，BIMS 利用基于内分泌激素调节的调度方法分配运输任务。在 $t=146s$ 时，紧急订单的运输操作释放完毕，AGV 可以接收非紧急订单的运输任务。在 $t=160s$ 时，紧急订单完成，系统恢复正常生产状态。

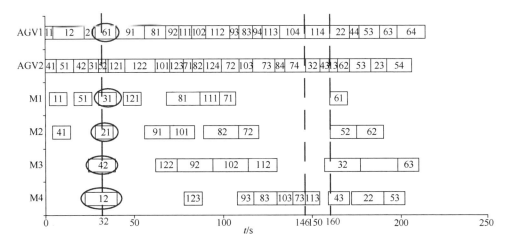

图 7.12　紧急订单发生时的调度甘特图

从上述实验可以看出，基于神经内分泌免疫调节的 BIMS 扰动处理方法可以快速有效地处理系统中突发的扰动。为了验证其优越性，下节将该方法和其他方法进行比较，并对比两种方法的性能参数。

7.5.3　性能指标分析

为了验证基于神经内分泌免疫调节机制的 BIMS 扰动处理方法的优越性，本节将所提出的方法和 MAS 动态调度方法进行比较，对两种方法引入相同的扰动，并应用于同一个实验中。

（1）在 MAS 方法中，正常情况下，该方法利用 Agent 间的谈判和竞标机制解决制造系统加工任务和运输任务的在线分配问题；当扰动发生时，MAS 通过 Agent 间的通信、竞标和谈判，将扰动任务视作新任务分配。

（2）在 BIMS 的方法中，在正常状态下，各个层次的有机制造单元被组织成阶层体系结构，利用神经内分泌调节机制和内分泌激素调节机制在线分配加工任务和运输任务；在受干扰的状态下，有机制造单元采用免疫监控快速发现扰动，并通过免疫应答给出策略，然后利用神经内分泌免疫调节机制完成对扰动的处理。

不同的订单按顺序到达制造系统，并且属于相同订单的各种任务同时到达制造系统。两种方法的仿真程序分别运行 25 次，然后提取实验数据并计算得到两种方法的定量性能指标（见图 7.13）和定性性能指标（见图 7.14）。从定量性能指标的对比可以看出，两种方法在正常情况下性能非常接近；在扰动情况下，BIMS 的方法在产率和资源利用率两个指标上比 MAS 的方法高，而在生产周期的指标上比 MAS 的方法低。因此，在扰动情况下，BIMS 方法的定性性能指标优于 MAS 方法，体现了其较好的生产优化能力。从定性性能指标的对比可以看出，BIMS 的动态调度方法比 MAS 的动态调度方法产率损失低，因此表现出了较高的敏捷性。

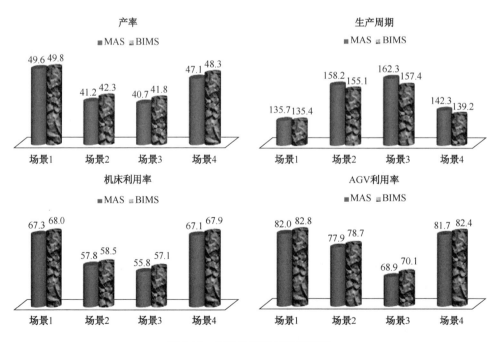

图 7.13　定量性能指标结果比较

通过分析定量性能指标和定性性能指标，在处理制造系统扰动方面，BIMS 方法较 MAS 方法表现出了更好的性能。对比实验结果表明，本章提出的基于神经内分泌免疫调节的 BIMS 扰动处理方法有更好的潜能来提高系统的性能。

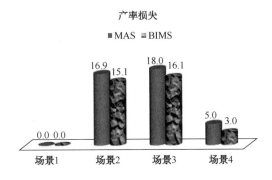

图 7.14　定性性能指标结果比较

7.6　本章小结

　　本章是在第 3 章和第 6 章所建立的调度模型基础上提出了，基于神经内分泌免疫调节机制的 BIMS 扰动处理方法。利用免疫监控和应答机制，快速检测制造系统内外界扰动，并做出相应的免疫应答反应。针对免疫应答反应的策略，受扰动的加工任务采用 BIMS 的神经内分泌调节机制完成车间动态调度；相应的运输任务根据 BIMS 的内分泌激素调节机制完成 AGV 的动态调度。在实现针对扰动的动态调度过程中，不同阶层有机制造单元扮演不同的角色，通过相互刺激协调，发现扰动、处理扰动并最终消除扰动。最后，通过案例分析，来对比 BIMS 方法和 MAS 方法在处理扰动时系统运行的性能参数。实验结果证明，BIMS 扰动处理方法可以有效地提高制造系统性能。

第 **8** 章

基于激素反应扩散原理的
制造系统动态协调机制

8.1 引言

随着人工智能研究领域的拓展与深入，人体信息处理机制的智能模型逐渐成为一个新的研究热点，其系统结构、功能及其调控机制的多样性、复杂性、可靠性、适应性和高效性等值得我们在研究制造系统时进行借鉴和参考。而内分泌系统更是人体信息处理系统中的核心部分，其基于激素反应扩散机制的信息处理方式可以给研究者很多启发。这种基于内分泌系统激素反应扩散机制的协调方法是一种隐式的动态协调方法，根据体液中激素浓度变化时的调节作用，可以将众多独立的个体迅速地引导协调到当前系统总体所最需要的工作中，从而实现了系统内部资源之间的全面协调与合作。内分泌系统通过激素的反应扩散来实现调控作用，其通信量小，能实现快速同步协调与合作，通过刺激或抑制其他内分泌细胞的分泌活动来保持机体内环境的稳定，从而达到机体功能整体最优的目的。这种基于激素反应扩散机制的非符号式通信方法称为隐式协调机制，其与基于制造系统控制中常用的 LR、Petri Net 和 CNP 等显示协调机制相比较，具有信息通信量小、协调简单、易于实现等优点。基于此，本章受内分泌系统中激素反应扩散机制的启发，设计了一种基于激素分泌调节原理的任务协调优化算法，对生产任务进行实时优化分配，并能够针对各种突发事件进行快速反应，使设备资源得到合理利用。

8.2　内分泌系统中激素反应扩散机制

8.2.1　内分泌系统中激素反应的扩散过程

人体自我调控系统是一个非常复杂的生理系统，机体内部存在许多不同的调节系统，各自均具有不同的生理功能，但它们皆受神经-内分泌调节系统的支配，并且"神经-内分泌"这两大系统之间也存在复杂的双向调节机制，具有良好的自适应性和稳定性。生物内分泌系统是一个由多种可以相互影响的内分泌细胞构成的复杂的生理网络，其中，各种内分泌细胞构成了网络节点，节点之间的相互联系则是通过内分泌细胞合成、传递并响应各种激素信号来实现的。各种不同功能的激素分泌细胞的细胞膜上都存在着各自专有的激素受体，它们通过对体液环境中的各种不同浓度的激素做出相应的或增强或抑制对应激素的分泌速率的反应，来实现对机体内环境的协调控制。内分泌系统通过无选择扩散的方式将激素信息在机体内环境中进行全面扩散，而各个不同的靶细胞则通过各自对应的特异激素受体对体液环境中的激素信息做出相应的反应，其相互之间扩散反应作用示意图如图 8.1 所示。

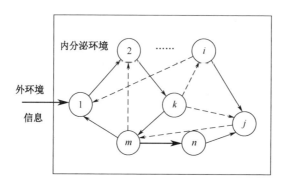

图 8.1　内分泌系统激素扩散反应作用示意图

如图 8.1 所示，其中，实线表示上一级内分泌细胞分泌的激素对下一级内分泌细胞所分泌的激素具有激励作用，而虚线则表示上一级内分泌细胞所分泌的激素对下一级内分泌细胞的分泌功能具有抑制作用。例如，内分泌细胞 k 既受到内分泌细胞 2 分泌激素的激励作用影响，也同时分泌激素影响别的细胞；内分泌细胞 m 就受到内分泌细胞 k 所分泌激素的激励作用，而内分泌细胞 i 和内分泌 j 则受到内分泌细胞 k 分泌激素的抑制作用。虽然内分泌系统中激素种类繁多，功能多样，作用机理繁复，但其反应扩散机制具有以下 3 个明显的作用。

（1）激素扩散过程中的信息传递功能。在内分泌系统这种协调控制生物机体稳定的重要生理系统中，激素发挥着不可替代的关键性作用，类似于控制网络中的低带宽全局通信策略。激素反应扩散机制中没有任何集中式的控制组成部分，仅需要一个可以传递激素的体液环境，且内分泌细胞分泌激素的行为与体液环境中的各种激素信息有关，而不需点对点的联络通信。

（2）激素的特异性作用功能。激素是一种由内分泌细胞释放出来的化学物质，其与激素受体的结合是有特异性的，即一种激素受体只会对某种特定的化学物质（激素）起反应。换而言之，在相同的体液环境中，不同的靶细胞（激素受体）所触发的反应也各不相同，其反应类型则是由遗传信息所决定的。

（3）激素反应扩散过程中的相互作用。在内分泌系统中，各个内分泌细胞通过体液环境来接受各种刺激并释放激素，由此各细胞之间产生协同或拮抗作用，从而实现内分泌系统的自适应调控作用。

通过这种基于化学信号反应扩散和内分泌细胞通过特异性反应来实现自身的自组织与协调控制的动态协调机制，人体内分泌系统实现了人体对内外环境变化快速调整、高度适应的自组织过程。在制造业日趋信息化，而生命科学走向工程化的今天，制造系统与生物系统之间的相似性变得愈发明显与突出，两种系统相互之间的借鉴、启发和促进作用也显得愈发必要。随着产品需求小批量化、客户需求个性化和市场环境动态化的要求，现代制造企业要想在市场竞争中获得优势，必须要能够快速敏捷地响应市场要求，调节自身生产。因此，挖掘内分泌系统激素扩散反应机制中所蕴含的协调控制机制，可以给分布式智能控制系统带来很多新的启发和思路，为类生物化制造系统寻找一种更加合理的快速响应制造环境变化的协调处理方法，以便提高类生物化制造系统的快速响应能力、自我调节能力及系统整体的稳健性。

8.2.2　激素反应扩散机制模型

内分泌系统中的内分泌细胞通过将激素信息扩散到体液内环境中来刺激相应的靶细胞（特异性激素受体）实现激素的反应扩散机制，并透过内分泌细胞的相互作用构成了内分泌网络系统。最早研究神经-内分泌调节系统关系并借鉴其机制的学者是 Neal 和 Timmis，他们深入研究了已有的人工神经网络模型与人工内分泌网络模型，并于 2003 年提出了结合神经网络的人工内分泌网络模型。在该模型中，人工神经网络为前馈神经网络，负责接受外界刺激，并通过运算输出给内部的人工内分泌调节模型。不同的刺激由不同的内分泌腺体接受，然后产生不同数量的激素。激素可以和神经元以不同的亲和度结合，从而调节最后的激素分泌输出。

激素分泌的调节公式如下所示：

$$J_g(t+1) = J_g(t) + \alpha_g \sum_{i=1}^{N} X_i \qquad (8.1)$$

$$J_g(t+1) = \beta J_g(t) \qquad (8.2)$$

式（8.1）为激素分泌过程，式中，$J_g(t)$ 为 t 时刻激素 g 的浓度，α_g 为激素 g 的分泌速率系数，N 表示内分泌系统所接受的外部刺激的个数，X_i 表示第 i 个外部刺激。式（8.2）为分泌后的激素递减规律，式中，β 为激素衰减系数，其取值范围为 $0 < \beta < 1$。

内分泌系统是一个动态平衡的网络系统，当处于正常状态时，人体内环境整体位于某个平衡点上；当外界有刺激信号输入时，人体内环境平衡状态被打破，接受刺激的部分内分泌细胞开始按式（8.1）分泌相应的激素来响应外界刺激，并通过激素在体液内环境中的反应扩散机制（即按式（8.1）和式（8.2）共同作用），调节整个内分泌系统的相关效应机构动作，使其达到一个新的动态平衡状态，并对外界刺激信号做出合理的反应。

8.2.3　激素反应扩散过程中的隐式协调机制

内分泌系统中通过激素反应扩散机制来实现机体内环境的动态平衡维持的过程，也可以看成众多内分泌细胞通过体液环境协调求解某个问题的过程。参与协调工作的各个内分泌细胞均可以看作一个独立的具有自治性的有机制造单元，它们通过相互协调实现目标。

根据前面的相关分析，可以归纳出内分泌系统中激素反应扩散机制在协调控制作用过程中的几个特点。

（1）非符号通信：内分泌系统调节机体内环境的平衡状态时，其协调过程的参与者——内分泌细胞之间并没有任何直接的点对点的传递符号信息，而只是各自感受体液环境中的各种数字信息（不同的激素浓度），其信息获取与释放均是处于匿名状态的。因此，在内分泌系统利用激素反应扩散机制进行协调控制时，各个参与者——内分泌细胞仅知道自己处于体液内环境和内分泌系统中，而不知道内分泌系统中有多少内分泌细胞在工作，也不知道自己需要和谁进行协调。

（2）简单的自治单元：非符号通信（激素）使得参与动作的各个自治单元（内分泌细胞）无须复杂的通信模块及对应的控制信号处理模块。在决策方面，自治单元（内分泌细胞）只需要一些简单的行为策略（特异性的激素受体）。

（3）异步通信功能：在内分泌系统中，应激内分泌细胞的激素分泌与靶细胞的受激反应之间在时间上并不存在确定性的关系。

（4）总合的（Aggregated）抽象信息：系统中自治单元（内分泌细胞）给出的信息（内分泌细胞分泌激素量）并不是其对问题最终解的直接表述，而是抽象的数字（激素分泌浓度）。各个自治单元（内分泌细胞）获取的问题信息（体液环境中激素）也不是来自某个自治单元（内分泌细胞），而是众多自治单元（内分泌细胞）所给出的信息（体液环境中各种激素）的总和。

（5）以周围环境为信息传递媒介：内分泌系统中激素反应扩散机制作用的关键是机体内环境，激素信息的传递与改变均发生在机体的体液环境中，并且其最终平衡状态也蕴含在机体内环境中。这种方式使自治单元（内分泌细胞）求解信息（变化中的激素浓度）和所求的最终解（平衡状态的激素浓度）具有相同的拓扑结构，从而使问题解的优劣对比更方便。

由以上几个特点可以看出，内分泌系统的激素反应扩散机制是一种基于非符号通信的隐式协调机制，其具有模型简单、计算量小、优化能力强及协调通信需求少等多方面的优点。因此，受人体内分泌协调机制模型的启发，本节针对制造系统的任务与资源协调优化模型，设计了基于激素反应扩散调节原理的制造系统任务与资源动态协调算法。

8.3 制造系统中的生产任务与资源协调优化模型

在类生物化制造系统的智能生产模式下，制造企业的生产任务一般同时存在多个可供选择工艺路线，加工任务的各个工序往往需要在多种可用制造资源中进行选择。那么，生产企业如何在满足交货期的前提下，合理地选择制造资源和分配加工任务，以便使最终的生产成本最低呢？

基于此，本节所研究的制造系统生产任务与制造资源协调优化问题可以描述为：数量为 N_P 的代加工工件 p，将其中的加工任务进行工艺分解后，可以得到一个如图 8.2 所示的多工艺路线的加工任务与制造资源对应的可选资源工序有向图，其中，T_{pr} 表示工件 p 的第 r 条可执行工艺路线；S_p 表示针对工件 p 的加工中可用的制造资源。为此，本节以生产成本最小为目标，建立了制造系统任务与资源协调模型及其约束条件。

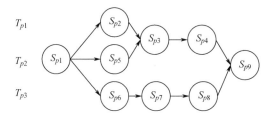

图 8.2 工件 p 的多工艺路线的加工任务与制造资源对应的可选资源工序有向图

目标函数：

$$\min C_{\text{total}}(P) = C_p(P) + C_T(P) \tag{8.3}$$

其中，

$$C_p(P) = \sum_{Rp}(N_{\text{rp}} \times C_{\text{rp}}) \tag{8.4}$$

$$C_T(P) = \sum_{Rp} N_{rp} \times C_{trp} \qquad (8.5)$$

约束为：

$$N_P = \sum_{Rp} N_{rp} \qquad (8.6)$$

$$T = \sum_{Rp}(N_{rp} \times T_{rp} + T_{trp}) \leqslant D_P \qquad (8.7)$$

式（8.3）中，$C_{total}(P)$ 表示总生产成本，$C_p(P)$ 表示工件加工费用，由式（8.4）决定；$C_T(P)$ 表示工件运输费用，由式（8.5）决定。其中，C_{rp} 表示在工艺路线 r_p 上单个工件 p 的生产成本；N_{rp} 表示在工艺路线 r_p 上工件 p 的生产数量；C_{trp} 表示在工艺路线 r_p 上工件 p 的运输成本；R_p 表示可以加工的工艺路线总数。

制造任务与资源协调优化问题约束条件为：要保证所有加工任务均能够与对应的资源配对，且能够在规定的时间内完成。因此，本模型通过式（8.6）保证加工任务总量 N_p，通过式（8.7）保证完工时间 T。其中，T_{rp} 表示在工艺路线 r_p 上工件 p 的加工时间；T_{trp} 为在工艺路线 r_p 上工件 p 的运输时间，D_P 为加工任务的交货期。

8.4 基于激素反应扩散机制的"任务-资源"动态协调算法

根据生产任务对制造系统中的可用资源进行优化配置的方法，构成了制造系统的"任务-资源"协调优化模型，其主要功能是描述在现有的制造资源中如何利用某种有效的方法来寻求最优（或近优）的"任务-资源"匹配形式，以便提升制造系统的自适应性、可靠性和运行效率等生产性能。而生物体内的内分泌网络中腺体受激分泌激素，破坏了体内激素平衡，从而引起相关的其他类型激素的分泌活动，并最终再次恢复到另一个动态平衡状态的调节过程，其实质与"任务-资源"

匹配问题的求解过程有很多类似地方，即在没有干扰时，系统（制造系统）保持正常工作状态，即体液中激素浓度（制造资源的生产状态）稳定，但当外界有刺激（突发事件）时，腺体应对刺激（突发事件）分泌激素，通过激素之间的相互影响，调节各个器官（制造资源）的工作状态，使其重新达到一个新的动态平衡状态的过程。因此，在制造系统中，任务与资源优化配置的问题上，模拟内分泌系统中激素反应扩散机制设计的类生物化制造系统协调优化算法可以为其提供一个行之有效的解决方案。

8.4.1 构建类生物化制造系统的激素信息

为了模仿内分泌系统中激素反应扩散机制的调节过程来求解类生物化制造系统中生产任务与制造资源之间的协调优化问题，首先必须设计类生物化制造系统中激素的相关概念，并对激素分泌量进行定义。就像在生物内分泌系统中，激素分泌量的多少往往表示了机体所受外界各种刺激的强度一样，类生物化制造系统中的激素分泌量表示的是某一类加工任务根据系统目标函数选择某种工艺路径后给制造系统全局性能所能带来的改善程度。它被定义为一个数值，高的激素值意味着该类加工任务选择某条工艺路线进行生产时，可以更好地满足制造系统目标，改善系统全局性能。

因此，在设计基于激素反应扩散机制的类生物化制造系统隐式协调算法之前，第一步就是合理地构建类生物化制造系统的激素信息的表达方式。为了方便设计协调算法，本节设计了两种制造系统的激素信息，一种为加工任务激素信息，另一种为工艺路线反馈激素信息，其主体包括以下表达方式。

（1）构建车间管理层的加工任务激素 x 信息。

当有加工任务来临时，首先由车间管理层向生产资源层传递加工任务的刺激信息，用三元组 h_x(Job_id, Num, Info) 来表示。其中，Job_id 表示代加工任务的编号；Num 表示工件的数量；Info 表示任务的具体加工信息，包括任务的交货期、所需工序、加工时间和加工费用等。

（2）构建工艺路线的反馈激素 y 信息。

当生产资源层向车间管理层传递自身针对任务的响应时，以四元组 $h_y(Routh\_id, c, t, \rho)$ 来表示。其中，Routh_id 表示工艺路线编号；c 表示该工艺路径的成本信息；t 表示该路径上工件所需的加工时间；ρ 表示激素分泌量。

8.4.2　激素容留环境的建立

为了在类生物化制造系统中模拟内分泌系统中激素反应扩散机制的隐式协调机制，实现类生物化制造系统中的自适应协调控制，让实际完成物理加工的工艺路线与对应的激素分泌之间建立稳定的对应关系，我们对所有制造资源的加工能力建立了一个统一的能力表，并对表中各个制造资源进行能力评估，建立其激素信息节点，存放其针对各种生产任务对应的激素分泌量，以此构成可以容留激素的制造系统体液内环境，如图 8.3 所示。

在内分泌系统中，激素信息的传递与改变均发生在机体的体液内环境中，并且其最终平衡状态也蕴含在机体内环境中。这种方式使自治单元（内分泌细胞）求解信息（变化中的激素浓度）和所求的最终解（平衡状态的激素浓度）都是结合在环境中的，它们具有统一的拓扑结构，从而便于自治单元（内分泌细胞）在进行决策时能比较问题解的优劣。如图 8.3 所示，为了使容留激素的制造系统内环境能够与其实际组成及功能的拓扑结构一致，功能表将各种待加工的生产任务与分属于各个制造资源的激素信息节点进行了关联，方便系统实际运行时的操作与比较。

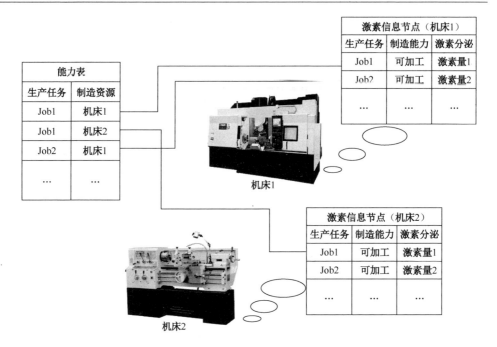

图 8.3　容留激素的制造系统内环境

8.4.3　基于激素反应扩散机制的隐式协调算法

在构建了激素容留环境和定义了制造系统中的激素相关概念后，参考内分泌系统中激素反应扩散作用的协调控制机制，设计了类生物化制造系统隐式协调控制算法。

具体算法步骤如下。

Step 01：任务 Job_P 到达后，进行工艺分解，其可根据车间实际资源状况生成 R_P 条工艺路线，然后由式（8.7）进行校验，对实际情况进行调整，并随机生成在各个工艺路径上加工的产品数量 Num_x，其过程如下：

```
If  ( N_P×min(T_rp)>D_P)  Then
    {交货期D_P设置不合理，调整D_P}
Else
    {取rand为[0,1]区间上的随机数，
```

则Num$_x$=rand × N_P, x=1,2,3, ···, R_P-1; }
    End if;

同时，为了满足约束方程式（8.6），最后一条路径的代加工产品数量则由式（8.8）求得：

$$\text{Num}_{R_P} = R_P - \sum_{x=1}^{R_p-1} \text{Num}_x \qquad (8.8)$$

Step 02：生成激素 h_x(Job_id, Num, Info)，并将其释放到公共环境中。

Step 03：车间生产资源层感知到该激素信息，根据各个工艺路线的实际状态对其进行响应，当某条工艺路线上的生产资源生产成本低，且满足约束方程式（8.7）的要求时，则增大其激素分泌量 ρ；反之则减少其分泌量 ρ。其更新过程如下：

$$\rho_{rp}(t+1) = \alpha\rho_{rp}(t) + \Delta\rho \qquad (8.9)$$

其中，

$$\Delta\rho = \frac{Q}{\text{Num}_{rp} \times C_{rp}} \qquad (8.10)$$

式（8.9）中，ρ_{rp} 表示路径 r_p 上的激素分泌量，α 表示激素的保留率。而式（8.10）中，Q 为已知固定常数量，Num$_{rp}$ 表示在路径 r_p 上加工的产品数量。

Step 04：生成反馈激素 h_y(Routh_id, c, t, ρ)，并将其释放到公共环境中。

Step 05：车间管理层感应到反馈激素 h_y(Routh_id, c, t, ρ)，再根据其中的信息对 h_x(Job_id, Num, Info)进行更新，调整其中各个路径上的加工数量。为了扩大可行解的解空间搜索范围，本节根据多工艺路线资源的有向图，选取 m 种可行分配方案为解空间 $\boldsymbol{X}_m$，其矩阵表示为：

$$\boldsymbol{X}_m = \begin{bmatrix} x_{11} & x_{12} & \cdots & x_{1R_p} \\ x_{21} & x_{22} & \cdots & x_{2R_p} \\ \cdots & \cdots & \cdots & \cdots \\ x_{m1} & x_{m2} & \cdots & x_{mR_p} \end{bmatrix} \qquad (8.11)$$

矩阵中，每一行 x_i 构成了解空间的动态候选组，通过遗传变异的手段来进行全局优化。在选择过程中，根据目标函数式（8.3）对可行解中各个候选解进行计算，根据式（8.12）得到的概率 h_{ri} 选取解空间中的两个可行解进行交叉变异操作。

$$h_{ri} = \frac{C_{\text{Total}}(P,i)}{\sum\limits_{i=1}^{m} C_{\text{Total}}(P,i)} \qquad (8.12)$$

其中，$C_{\text{Total}}(P, i)$ 表示解空间中第 i 个解的任务生产总成本。由式（8.12）可以看出，在各个可行解中，其生产成本越小，则其被选择出来进行交叉变异的概率越小，因为该可行解更加接近于最优解，适合保留。在交叉变异操作中，按实际交叉概率为 $p_c = P_C \times h_{ri}$ 和实际变异概率为 $p_m = P_M \times h_{ri}$ 进行操作，这样可以以较大的概率留住优质解，交叉变异掉较差的可行解。

Step 06：根据目标函数对交叉变异后的新分配方案进行计算，并对所有解进行排序、筛选及末位淘汰，更新可行解空间矩阵 $\boldsymbol{X_m}$，并生成反馈激素 h_y(Routh_id, c, t, ρ)。

Step 07：设置 N 为算法的循环次数，

```
If (n≤N) Then
    {n=n+1,
     Goto Step 08}
    Else
    {更新激素h_y(Routh_id, c, t, ρ),
     更新激素h_x(Job_id, Num, Info),
     输出最优分配结果,
     Goto Step 09}
    End if;
```

Step 08：检测动态事件，

```
If (有突发事件) then
    {检测事件类型,
     更新激素h_y(Routh_id, c, t, ρ),
     更新激素h_x(Job_id, Num, Info),
     Goto Step 03}
    Else
    {Goto Step 02}
    End if;
```

Step 09：到此为止，本算法结束。

上述算法模型主要是受内分泌系统激素反应扩散机制的启发，设计了两种可以相互影响的参数组来迅速寻优。其中，为了拓展寻优的解空间，还使用了遗传交叉变异的方法来对可行解进行操作，以便在多工艺路线的情况下，根据加工任务可以对生产资源进行更合理地选择和分配。通过 Step 08 的检测，有利于本算法对制造系统中的动态事件进行响应，可以提高系统的敏捷性，其主要流程如图 8.4 所示。

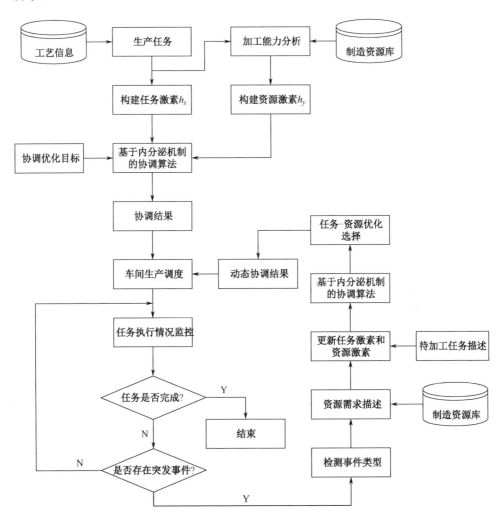

图 8.4　基于激素反应扩散机制的"任务-资源"动态隐式协调算法流程图

8.4.4　突发事件动态处理策略

如图 8.4 所示，整个算法设计过程中考虑到制造系统的各种随机事件可能造成影响，其在步骤 Step 08 中专门设计了针对动态事件的检测环节，本节主要针对新任务加入和突发性的设备故障这两种制造系统运行过程中常见的随机事件进行讨论，研究基于激素协调算法下更合理的突发事件动态处理策略。

1. 新任务加入

在充满变数的动态制造环境中，新任务出现往往意味着在制造系统中各种资源可能已有生产计划在使用，那么对新任务的安排就必须要考虑系统中各个制造资源的实际工作状态，然后根据新任务中工艺路线的安排，合理地进行资源选择和协调分配。为了能够简洁明了地阐述清楚本节所设计的基于激素反应扩散原理的隐式协调算法的动态协调机制，此处假设新任务中仅包含一种类型的产品 i 需要生产（多种产品组合的生产任务可以依次类推），其生产工艺特征为：$i_1 \rightarrow i_2 \rightarrow \cdots \rightarrow i_n$（$i_n$ 表示制造产品 i 过程中的车、铣、磨等工序，n 表示其所需要的流程数量）。

如图 8.5 所示为新任务到达时本算法采取的动态协调策略，其具体协调步骤如下。

Step 01：根据新任务的生产工艺，从制造资源库中选取合适的可加工设备。由于具备某种加工功能的制造资源不止一台，因此，新任务可能对应多条不同的工艺路线对生产进行更新。

Step 02：依据激素容留环境中残留在各个制造资源激素信息节点中的激素量 ρ_{re}，可以叠加得到各条工艺路线的现有的反馈激素 $h_{yre}(\text{Routh\_id}, c, t, \rho_{re})$ 中的激素分泌量 ρ_{re}：

$$\rho_{re} = \sum_{i=1}^{n} \rho_i \tag{8.13}$$

式中，ρ_i 表示工艺路线中所选择的制造资源 i 上所残留激素分泌量，n 表示工艺路线长度。

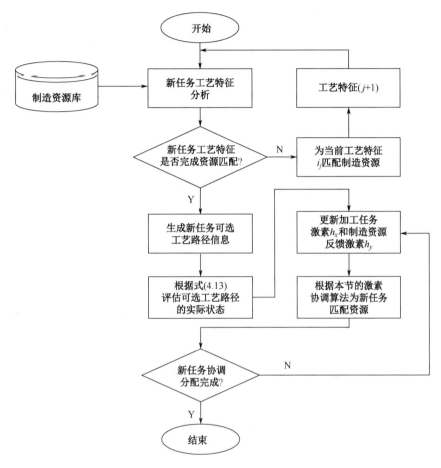

图 8.5　新任务加入时的动态协调策略

各个工艺路线上的激素残留量的不同，正标志着制造系统中制造资源现有的工作状态和加工能力的强弱。以此为前提。

Step 03：更新类生物化制造系统中的生产任务激素信息 h_x(Job_id, Num, Info) 和工艺路线的反馈激素信息 h_y(Routh_id, c, t, ρ_{re})。

Step 04：运行已有的激素协调算法为新任务协调匹配合适的制造资源。

Step 05：新任务加入的动态协调过程完成。

2．突发性设备故障

在制造系统的运行过程中，由于各种不可控因素的干扰，因此，不可避免地导致加工设备发生故障。对于短时间内可修复的故障，生产计划不受太大影响，等待修复后继续按原有分配任务进行生产即可。而有些设备故障则可能需要较长时间的修理，甚至有些设备完全损毁无法修复，对于这种情况，原有的生产计划必然无法顺利进行，则必须将该工艺路线的生产任务转移到其具有相似功能的制造资源上，以保证制造活动的顺利进行。

假设制造系统中某加工任务具有多条工艺路线，在 t 时刻某条工艺路线上的设备发生故障，导致其无法完成加工任务，此时，本算法针对故障的具体动态协调策略设计如下所述，图 8.6 为其协调策略的流程框图。

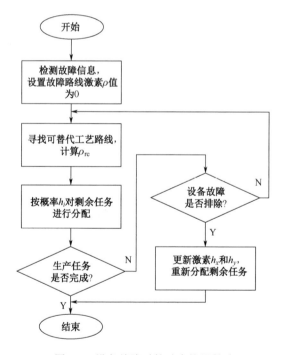

图 8.6　设备故障时的动态协调策略

Step 01：发现故障信息，若短期内无法修复，则将该生产路径中的激素 ρ 设置为 0。

Step 02：寻找具有类似加工能力的制造资源组合（即其余生产路径），计算这些路径上的残留激素量 ρ_{re}（可由式（8.13）求得）。

Step 03：将故障工艺路线上的未完成生产任务按照基丁激素分泌量（此时的各备选工艺路径的激素残留量 ρ_{re}）的任务分配算法进行匹配，将之协调分配到其他可替代的工艺路线上。各条工艺路线分配到未完成任务的概率为：

$$h_i = \frac{\rho_{\mathrm{re}}^i}{\sum_{i=1}^{n} \rho_{\mathrm{re}}^i} \tag{8.14}$$

式中，h_i 表示任务转移概率，ρ_{re}^i 表示第 i 条备选工艺路线上的残留激素量。

Step 04：故障路线剩余任务分配完成后，更新激素信息 h_x 和 h_y。

Step 05：检测故障路径是否修复：

```
If (故障排除) then
    If (生产任务完成) then
        {Goto Step 06}
    Else
        {更新激素hy(Routh_id, c, t, ρre),
         更新激素hx(Job_id, Num, Info),
         重新分配未完成生产任务}
    End if;
End if;
```

Step 06：结束。

8.5 应用分析

8.5.1 制造任务协调优化

在某生产企业的某个车间所需加工的生产任务为{P1，P2，P3，P4}，其中，

P1 的加工数量为 60，交货期为 3 000；P2 的加工数量为 100，交货期为 2 000；P3 的加工数量为 36，交货期为 2 800；P4 的加工数量为 50，交货期为 950。其生产任务加工信息见表 8.1。

表 8.1　生产任务的原始加工信息表

工件序号（数量）	交货期	工艺路径	加工设备/加工时间/加工成本/运输时间/运输成本			
P1 (60)	4 700	1-1	m1/20/10/0/0→	m5/20/14/10/5→	m7/20/8/0/0	
		1-2	m2/20/6/0/0→	m4/20/5/0/0→	m6/15/5/0/0→	m8/10/8/0/0
		1-3	m1/15/7/0/0→	m5/25/15/0/0→	m6/40/7/10/5→	m7/10/8/0/0
P2 (100)	2 000	2-1	m4/5/12/0/0→	m1/15/20/0/0→	m8/3/5/0/0	
		2-2	m9/5/30/8/10→	m7/5/20/0/0		
		2-3	m4/20/12/0/0→	m9/5/30/15/10→	m1/10/20/15/10→	m8/3/5/15/10
P3 (36)	2 800	3-1	m1/10/7/0/0→	m3/20/7/0/0→	m5/30/7/10/5→	m7/20/8/0/0
		3-2	m2/20/6/0/0→	m4/20/5/0/0→	m6/15/5/0/0→	m8/10/8/0/0
		3-3	m2/20/10/0/0→	m5/20/14/10/5→	m7/20/8/0/0	
P4 (50)	950	4-1	m1/5/4/0/0→	m2/10/4/0/0→	m6/5/4/0/0	
		4-2	m1/5/4/0/0→	m3/4/14/0/0→	m6/4/10/0/0	
		4-3	m1/5/4/0/0→	m4/5/10/4/4→	m5/5/8/0/0	

采用本章设计的基于内分泌调节机制的动态协调算法对加工任务与资源进行优化分配，当任务到达车间层时，车间层控制器接收加工任务，并对其进行工艺分解，得到表 8.1 中所示各种信息，此时，按本算法步骤对该问题进行求解，构建激素 h_x(Job_id,Num,Info)，其中，数组 Num=[Num_1,Num_2,Num_3,Num_4,Num_5,Num_6,Num_7,Num_8,Num_9,Num_{10},Num_{11},Num_{12}]^T 表示加工任务在各个路径上的分配数量，如，在三条工艺路线 P1 的分配数量为[Num_1,Num_2,Num_3]，P2 的分配数量为[Num_4,Num_5,Num_6]，P3 的分配数量为[Num_7,Num_8,Num_9]，P4 的分配数量为[Num_{10},Num_{11},Num_{12}]。则根据式（8.3）目标函数可写为：

$$\min C_{total}(P) = C_{RP} \times Num + C_{TRP} \times Num \qquad （8-15）$$

其中，C_{RP}=[32,24,37,37,50,67,29,24,32,12,28,22]，C_{TRP}=[5,0,5,0,10,30,5,0,5,0,0,4]。

约束方程式（8.6）可写成：

$$N_P = A \times \text{Num} \tag{8-16}$$

式中，矩阵 A 可表示为：

$$A = \begin{bmatrix} 1 & 1 & 1 & 0 & 0 & 0 & 0 & 0 & 0 & 0 & 0 & 0 \\ 0 & 0 & 0 & 1 & 1 & 1 & 0 & 0 & 0 & 0 & 0 & 0 \\ 0 & 0 & 0 & 0 & 0 & 0 & 1 & 1 & 1 & 0 & 0 & 0 \\ 0 & 0 & 0 & 0 & 0 & 0 & 0 & 0 & 0 & 1 & 1 & 1 \end{bmatrix} \tag{8-17}$$

而约束方程式（8.7）可写成：

$$T_{\text{RP}} \times \text{Num} + T_{\text{TRP}} \leqslant D_P \tag{8-18}$$

式中，矩阵 T_{RP} 和 T_{TRP} 可分别表示为：

$$T_{\text{RP}} = \begin{bmatrix} 47 & 65 & 90 & 0 & 0 & 0 & 0 & 0 & 0 & 0 & 0 & 0 \\ 0 & 0 & 0 & 23 & 10 & 38 & 0 & 0 & 0 & 0 & 0 & 0 \\ 0 & 0 & 0 & 0 & 0 & 0 & 80 & 65 & 60 & 0 & 0 & 0 \\ 0 & 0 & 0 & 0 & 0 & 0 & 0 & 0 & 0 & 20 & 13 & 15 \end{bmatrix} \tag{8-19}$$

$$T_{\text{TRP}} = \begin{bmatrix} 10 & 0 & 10 & 0 & 0 & 0 & 0 & 0 & 0 & 0 & 0 & 0 \\ 0 & 0 & 0 & 0 & 8 & 30 & 0 & 0 & 0 & 0 & 0 & 0 \\ 0 & 0 & 0 & 0 & 0 & 0 & 10 & 0 & 10 & 0 & 0 & 0 \\ 0 & 0 & 0 & 0 & 0 & 0 & 0 & 0 & 0 & 0 & 0 & 4 \end{bmatrix} \tag{8-20}$$

$$D_P = [3\,000，2\,000，2\,800，950] \tag{8-21}$$

在算法运算过程中，设置最大循环次数 $N=30$；其可行解空间 $m=5$，算法中激素分泌量中的激素保留率 $\alpha=0.9$，加工任务与生产资源协调优化结果如表 8.2 所示。

表 8.2　加工任务与生产资源协调优化结果

工件序号	工艺路径	加工设备	分配数量	加工成本 （含运输成本）	加工时间 （含运输时间）
	1-1	$m1$，$m5$，$m7$	14		
P1	1-2	$m2$，$m4$，$m6$，$m8$	46	1 622	2990<3000
	1-3	$m1$，$m5$，$m7$	0		

工件序号	工艺路径	加工设备	分配数量	加工成本 （含运输成本）	加工时间 （含运输时间）
P2	2-1	$m4$，$m1$，$m8$	74	4 298	1978<2000
	2-2	$m9$，$m7$	26		
	2-3	$m4$，$m9$，$m1$，$m8$	0		
P3	3-1	$m1$，$m3$，$m5$，$m7$	0	1 020	2780<2800
	3-2	$m2$，$m4$，$m6$，$m8$	24		
	3-3	$m2$，$m5$，$m7$	12		
P4	4-1	$m1$，$m2$，$m6$	33	852	941<950
	4-2	$m1$，$m3$，$m6$	7		
	4-3	$m1$，$m4$，$m5$	10		

在表 8.2 所示的计算结果中可以看出，本算法经过两种激素多次的相互协调，在满足约束条件的前提下，使生产系统尽可能获得较好的工作特性，并降低生产任务的总生产成本。在这之前的研究中，针对此类问题采用将模拟退火算法与粒子群算法混合的方式（LPEPSO-SA）来进行计算，其计算结果见表 8.3。同时，本节还运用 LINGO 软件中的分枝界定法（B&B）对本案例进行求解测试，其计算结果同样列在表 8.3 中。从表 8.10 中可以看出，LPEPSO-SA 算法和 LINGO 软件虽然也可以解决问题，但是在求解过程中变量数目较多，当问题规模变大时，其计算量和运行时间将大大增加，尤其是 LINGO 软件中的 B&B 算法，这些都极大地影响了模型的计算效率。而利用合作型优化协同进化算法对制造资源的优化选择配置问题进行求解，可以取得不错的近优解，但是其同样存在设计编码的方案复杂、计算过程繁琐、收敛速度较慢等问题。相比较而言，本章所提出的基于内分泌调节机制的动态协调算法则具有算法结构简单、收敛速度较快、所得最优方案比较准确等特点。

表 8.3　不同算法性能比较

	LPEPSO-SA 算法	LINGO 软件-B&B 算法	本章算法
加工成本（C_{TOTAL}）	7792	7792	7792
CPU time/s	17	158	11

8.5.2　突发事件动态协调

在实际生产过程中，制造设备有时会随机出现各种故障，若不及时处理，就会对正在进行的生产任务产生不良影响。为了验证本算法在处理动态突发事件时的敏捷性和自适应性，假设在上述实验中，当任务 P4 中的工件生产到第 20 个时，生产设备 $m2$ 突然发生故障，而经过检修，当 P4 中的工件生产到第 40 个时，生产设备 $m2$ 又被修复，重新投入生产。

在本实验中，当生产任务 P4 进行到第 20 个工件时，生产设备 $m2$ 突然发生故障，其所影响的工艺路线 4-1 的属性就会发生改变，激素 h_y 中工艺路径 4-1 的激素分泌量 ρ 变为 0（因为该工艺路线已经不具备加工能力）。而激素 h_x 发现激素 h_y 变化后，会迅速根据激素 h_y 变化后的状态对自身信息进行相应调整，激素 h_x 中 P4 的待加工总数量 Num 会更新为 30，进而反馈给激素 h_y，使其可以在剩余的两条工艺路线（4-2 和 4-3）中快速地对 P4 的剩余任务进行二次协调优化，最后反过来更新激素 h_x 中的 Num_{rp}。当生产任务 P4 进行到第 40 个时，生产设备 $m2$ 修复重新投入生产，工艺路线 4-1 恢复生产，激素 h_y 中工艺路线 4-1 的激素分泌量 ρ 重新恢复，进而导致激素 h_x 再次随之变化，使剩余任务可以在不影响正常生产的情况下，再次进行协调优化。整个协调过程如表 8.4 和图 8.7 所示。

表 8.4　故障协调优化过程

工艺 路线	正常工作			设备 $m2$ 故障 （已加工 20 个工件）				设备 $m2$ 修复 （已加工 40 个工件）			
	Num	Num_{rp}	ρ	Num	n'	Num_{rp}	ρ	Num	n'	Num_{rp}	ρ
4-1		33	1 228.76		6	0	0		0	10	854.79
4-2	50	7	676.81	30	7	14	337.859	10	11	0	320.31
4-3		10	726.10		7	16	334.74		9	0	323.73

注：Num 表示任务 P4 中实际待加工数量；n' 表示已完成加工工件的数量；Num_{rp} 表示激素 h_x 中各个工艺路线重新分配后的待加工工件数量；ρ 表示激素 h_y 中对应的激素分泌量。

从表 8.4 中可以看出，当故障发生时，制造系统加工状态发生变化，激素 h_y 中的激素分泌量 ρ 的值也发生变化，其必然会带动激素 h_x 中的实际待加工数量 Num 的变化，而激素 h_x 中的状态变化又会导致变动后的激素 h_y 中不同工艺路线上的激素分泌量 ρ 变化，进而再次对激素 h_x 中的各个工艺路线的分配量 Num_{rp} 产生影响，最终通过本算法步骤获得一个新的动态平衡。图 8.7 为突发事件处理过程中激素分泌量 ρ 动态变化曲线，由图 8.7 可以看出，通过合理地设计激素分泌量 ρ 的公式，可以较好地反映任务与制造资源之间的匹配程度。并且，当遇到突发情况时，本算法可以根据各个工艺路线的残留信息素了解到当前生产状态，进而迅速做出各种相应的处理。在本实验平台中，总体的任务分配安排是由上位机进行安排的，而突发意外情况则是由现场控制器（ARM）负责处理的，这样就可以避免多层控制所带来的滞后效应，保证了生产任务的延续性和系统反应的敏捷性，提高了制造系统的局部动态自适应能力。

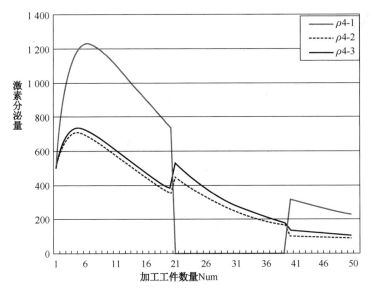

图 8.7　突发事件处理过程中激素分泌量 ρ 动态变化曲线

与传统的 CNP 等协调机制相比，本算法在动态协调过程中具有通信量小、避免死锁等优点。如本章案例中有 4 个任务需要加工，制造系统中有 3 个制造资源都有能力完成这 4 个任务。如果应用传统的 CNP 协调机制的话，每一个任务都要经历"标书信息发布→投标→中标通知→签约"四个阶段，需要 8(2×3＋2)次通信，因此需要的总的通信量为 32(2×3× 4＋2×4)次。但是，如果利用基于激素反应扩散机制的这种隐式协调方法，完成这些任务的分配调度和加工需要的总信息量为 20(4×3＋4×2)次。而且，随着制造系统的复杂程度越来越高，基于内分泌系统激素反应扩散调节原理的隐式协调机制在通信量上的优势将会更加明显。

因此，通过上述实验可以发现，基于激素反应扩散机制的类生物化制造系统隐式协调优化方法包含简单、稳定可靠的协调优化机制，在静态任务分配时表现出良好的寻优能力，同时应对动态干扰又具有很强的自适应性，并且在通信协调过程中，可以有效地减小控制系统的通信量，降低制造系统的复杂程度，更好地避免死锁等现象，从而可以进一步提高制造系统控制的稳健性、敏捷性和自适应性。

8.6　本章小结

本章将内分泌系统中激素反应扩散机制应用到了制造系统协调控制领域，针对制造系统中生产任务具有多条不同的工艺路线、产品加工工序具有多个可选加工设备的任务与资源协调问题，建立了任务与资源协调优化的数学模型，模仿内分泌系统维持机体内环境动态平衡的过程提出了基于激素反应扩散机制的类生物化制造系统隐式协调控制算法，设计了制造系统的激素信息，构建其交互作用的容留环境，并对其动态协调策略进行了讨论。最后，通过具体案例验证了基于激素反应扩散机制的隐式协调方法的可行性和优越性。该协调机制通过简单的协调控制策略，降低了制造系统的资源与任务优化配置问题的复杂程度，减少了系统协调控制中的信息通信量，避免了死锁等问题，提高了系统针对突出事件的响应能力，改善了类生物化制造系统的动态自适应性，为加工任务与制造资源优化分配协调问题提供了有效的技术支持。

第 9 章

基于神经内分泌多重反馈机制的 WIP 库存优化控制

9.1 引言

本书前面的几章对基于生物启发式的分布式智能制造系统的生产规划、车间调度和任务协调分配机制进行了研究，但是，对生产企业来说，企业及时完成生产任务的数量并不仅仅是由其设备生产能力所决定的，还有一个关键因素，就是企业内部物流系统的配送能力。在制造系统中，产品的生产节拍决定了生产一个产品所需要的时间，即制造系统的生产率，主要包括加工时间和等待时间。当制造系统的生产率达到其所能实现的生产能力并保持基本不变时，根据 Little 定理（在制品（WIP，Work In Process）的库存等于生产节拍乘以生产率），此时生产节拍的变化量与 WIP 库存的变化量成正比，即制造系统可以通过控制 WIP 的库存来实现对生产节拍的调控。在制造系统中，生产节拍的计算考虑的因素较多，问题比较复杂，尤其是在装配环节，其实际生产节拍难于测量。因此，利用易于观测的 WIP 库存间接控制生产节拍，进而提高企业的加工能力，具有较高的使用价值。

智能控制技术的发展离不开对自然界各种生物智能行为的研究，现有的大部分智能控制理论及技术都是受到了某种生物理论的启发而得到的，其中针对人类自身的各种智能研究又是其中非常重要的组成部分。早在半个多世纪以前，人们就已经尝试将各种智能控制技术应用于各种工业过程控制系统、智能机器人系统和智能化制造系统等方面。从 20 世纪 70 年代开始，随着生物控制论的发展与对人体生理系统的研究，研究者从中受到很多启发，相继开发出了神经网络控制、遗传算法和人工免疫系统等智能算法及模型，但基于神经内分泌方面的生物智能控制理论及模型的研究还比较少，对人工内分泌系统的研究也刚刚起步。虽然有学者曾提出了几种激素调节控制模型，但其主要用于医学领域和智能机器人的行为控制方面，在制造系统中的应用几乎没有。神经内分泌系统作为人体各种激素调控中心，其能够稳定地调节人体内外环境的各种平衡，具有优秀的自适应性和稳定性等优点。因此，对基于神经内分泌系统的生物智能控制结构及其机制进行深入研究，将对控制复杂对象提供重要的参考模型。

本章在对制造系统中的 WIP 库存的相关概念、组成及其作用进行分析的基础上，综合考虑了国内外现有的各种 WIP 库存控制模型和方法，建立了制造系统 WIP 库存的通用控制框架。通过对内分泌系统的多重反馈控制结构和超短反馈控制机制的研究，在已有的复杂制造系统通用控制框架的基础上，建立了新型改良的复杂系统控制模型，并通过具体案例的仿真实验对其控制性能进行了分析，验证了其合理性、可行性和优越性。

9.2 制造系统在制品库存控制模型

在制造系统中，库存环节对生产过程的顺利进行具有重要影响，其一般主要包括 4 种库存，即原料库存、WIP 库存、成品库存和备件库存。WIP 库存与生产节拍对应，且相互影响，并直接关系制造系统的生产率，因此，现在流行的所谓零库存生产的口号只是一种理想状态，在现实中不太可能实现。本章的研究对象是工段间零件的 WIP 库存控制，我们的目标并不是实现零库存，而是通过合理地控制 WIP 的库存量来提高制造系统生产率，降低制造成本。

9.2.1 在制品库存简介

1. 在制品定义

所谓在制品，就是指完成了部分加工工序的零件半成品，其通常由三部分组成，即理想 WIP、间接 WIP 和额外 WIP。

理想 WIP 是指制造系统中每个生产工段计划中的平均直接 WIP。

间接 WIP 是指在当前工序之前的制造中的 WIP。其不仅与加工时间与本道工序时间之间的比值有关，还与制造资源的利用率有关。如果在设计 WIP 库存控制时不考虑间接 WIP，制造系统中的 WIP 库存量经常就会产生比较大的波动，因此，在设计 WIP 库存控制模型时，必须要考虑间接 WIP 这个重要因素。

额外 WIP 则是由于制造系统中某一加工工段的直接 WIP 和间接 WIP 总量之和超过了该工段所能承受的 WIP 界限，则其超出部分即为额外 WIP。由于当代制造系统的生产环境干扰因素众多，动态性强，因此，对于额外 WIP 的计算暂时还没有精确的计算公式，经实验和数据分析发现，额外 WIP 通常可以看作任务需求时间的加权均值。

因此，制造系统某一道工段的 WIP 可以表示为：

$$\text{WIP}_{\text{限定值}} = \text{WIP}_{\text{理想}} + \text{WIP}_{\text{间接}} - \text{WIP}_{\text{额外}} \tag{9.1}$$

2. 在制品库存的作用

在制造系统的生产过程中，WIP 库存的存在及其控制一直备受人们关注。对于制造系统中两个相连的工段，如果没有 WIP 库存，若这两个工段想正常生产就必须具备完全一致的加工节拍，否则就会相互干涉，以致影响生产率。即便它们设法将生产任务的平均加工时间设计成相同的，但是前置工段可能会出现先于后续工段完成加工任务，但由于后续工段还未完成任务，它必须等待后续工段完成任务后，取走其成品方可继续生产，此时就会出现阻塞状态；同样道理，如果前置工段也可能会晚于后续工段完成加工任务，则后续工段必须等待前置工段输入待加工工件，此时就会出现饥饿状态。在制造系统生产过程中，无论是出现哪种状态，都会造成生产停顿，从而损失制造系统的潜在制造能力。而此时如果工段间设置了 WIP 库存，则会在一定程度上减少这种生产波动对于制造系统生产能力的影响。

同样，在动态多变的制造系统运行环境中，如果因为意外因素（如设备故障、刀具损坏、操作者请假、缺少辅料等）导致制造系统某个环节无法正常工作，其往往会造成整个制造系统停止运转，导致生产停顿。而此时 WIP 库存的存在则可以使故障环节的后续生产可以继续进行，宽限了制造系统的故障恢复时间。但是 WIP 库存的存在也使企业额外增加了一些生产成本，如场地存储费用、运输费用等。

如前文所述，WIP 库存对于制造系统的最重要的影响就在于其对加工任务生产节拍的影响。在工件生产过程中，除去加工时间以外，其余流通时间均与 WIP 库存有关。比如，某生产车间每两个相邻的工段之间均设置容量为 1 的 WIP 库存，如果运输时间较短可忽略，则每个工件的加工时间与其在 WIP 库存中的等待时间大约相同，即该工件的生产节拍与加工时间的比值是 2 : 1。根据相关资料可知，在当今现代化的制造企业中，其工件生产过程中用于加工的时间往往还不到生产节拍的 10%，因此，WIP 库存对于制造系统的生产率有很重要的影响。

有研究者针对自动化制造系统中的 WIP 库存容量设计与生产效率之间的关系进行了系统研究，结果指出：

（1）若 $E_0 \approx E_\infty$（E_0 指的是 WIP 库存量为 0 时的制造系统生产效率，E_∞ 指的是 WIP 库存量为无限时的制造系统生产效率），则制造系统内设置 WIP 库存用处不大；而如果 $E_\infty \gg E_0$ 时，则 WIP 库存的设置将可以极大地改进制造系统的生产性能。

（2）若某一个 WIP 库存总是处于 Empty 或 Full 两种状态，则该 WIP 库存的设置对制造系统生产性能的改善不起任何作用。

鉴于此，在制造系统生产过程中，如何在保证制造活动连续运行的前提下，合理地设计 WIP 的库存限定值，控制 WIP 库存的变化幅度及其附加的生产成本成为本章的研究重点。

3. 制造系统中 WIP 库存限定值设计

在制造系统中，WIP 库存的限定值的设计需要考虑多方面因素，若 WIP 库存容量过大，会延长生产节拍，占用多余空间，增加生产成本，同时也会损失制造控制系统自身的自适应调度和工艺柔性；而如果容量设计过小，则又无法满足生产需求，限制了制造系统最大性能的发挥。因此，必须选择一种合理的规则对 WIP 库存的限定值进行优化设计。

日本丰田公司最早通过看板（在制品）机制来安排公司产品的制造过程，其方法如下：

$$\text{Num }_{看板}=D\times L\times(1+\alpha) \tag{9.2}$$

式中，D 表示平均需求，L 表示生产节拍，α 表示安全系数。

虽然该方法在丰田公司已经成功应用，但是其在执行过程中还是存在着如下缺点。

（1）Num 看板的确定主要依赖式（9.2）中的 L 和 α 这两个主观参数，而这两个参数的确定需要通过大量的实验才能得到合理的数值。

（2）对多变的制造环境适应性很差。如果制造系统的制造能力增加，或生产需求发生变化，调整 WIP 库存的唯一方法就是针对式（9.2）中的 L 和 α 这两个参数进行调整，然而，这两个参数的调整很难做到快速和准确。

日本丰田公司能够成功应用此方法的原因在于：（1）其在 L 和 α 这两个参数的设置上花费了很长时间去调整。（2）该公司的生产类型为大批量制造，产品种类稳定，变化幅度小。

有学者通过仿真的手段得到制造系统中的生产节拍，对准时生产模式下的 WIP 库存的影响因素进行了详细的分析，比如制造系统生产率的突变、工件加工时间与机床利用率的相关程度、工艺流程的差异等，并进而确定了制造系统中各个工段中 WIP 库存数量，以避免在动态多变的制造环境中发生任务积压现象。

针对车间调度中的 WIP 动态库存问题，也有学者进行了研究，他们考虑了每次加工之前的安装时间和运输物流的停留时间，对离散化的车间调度采取了两阶段的控制模型和一种基于网络的启发式算法，大大提高了生产过程的效率性和稳定性。

针对产品物流自动化信息系统中 WIP 库存的实时控制模型进行研究，并对 WIP 库存状态中的一些关键因素进行了分析，通过对离散化制造企业实时数据反馈模型的研究，有研究者设计了 WIP 状态驱动模型，并对 WIP 状态中的基本状态信息认证和模型根轨迹进行了计算分析，指出智能化的数据挖掘技术和物联网技术是实现实时 WIP 动态库存模型的关键技术。

也有研究者提出了基于物联网技术的智能敏捷车间物流控制系统，并对该环境下的 WIP 库存控制模型进行了研究，建立了基于 B2MML（Business-to-Manufacturing Markup Language）和 wipML（work-in-progress Markup Language）的实时制造物流信息反馈系统。

针对制造系统多级控制中 WIP 库存的设置和优化问题，有研究者对不同的生产控制策略进行了对比，综合考虑了设备负载、制造系统生产量、不同产品的生产节拍等影响 WIP 库存的各种因素，给出了 WIP 库存计算的各项组成公式，本章以此计算方法来确定 WIP 库存的限定值。

9.2.2　WIP 库存控制模型

1. WIP 库存控制策略

如前文所述，动态化的市场需求给现代制造系统带来了如下要求。

（1）个性化的顾客需求导致制造的产品品种增多，进而造成生产过程中的加工工艺各不相同，生产路线也存在很大灵活性。

（2）在生产过程中，有时会突然接到很多不同的生产任务，并且由于大部分企业现在都是订单生产，因此，产品的生产数量无法固定，必须跟随订单的变化而变化。

（3）在制造过程中，有时会出现一些需要优先完成的紧急订单，因此，生产过程中总是存在各种不确定的动态干扰，需要制造系统能够及时发现并调整。

同时，对于规模较大的制造系统而言，其结构复杂，加工工段繁多，不仅存在顺向物流，有时还会出现反向物流，生产过程中会出现很多随机故障。即使是同一种类的产品，其生产批量和加工时间也会存在着差异。因此，即便现代制造系统的控制模型很多，各种智能算法很好，但是要在制造物流控制系统中实现WIP库存的动态优化控制依旧非常困难。

通过对现有研究进行分析，WIP的常用库存控制和调度策略主要可以分为调整输入策略、任务分派策略和积压任务外协三种策略。其主要是通过规定产品批次、指定设备生产及任务外协等方式来保持WIP库存稳定。通常情况下，WIP库存的控制调度模型在推动或拉动这两种工作方式下均可以工作。但在以推动方式工作的制造系统中，上游设备不考虑下游设备的实际情况（如是否超负荷、是否发生故障等），其一直接受工作指令并按要求生产，结果就会造成部分工段负载过高，而部分工段等待原料，使整条生产线运行失衡。而以拉动方式工作的制造系统中，通过对工段之间WIP库存的限制来避免个别工段的超负荷运行，进而稳定了整个制造系统的负载平衡，提高了生产效益。

2．WIP 库存控制的基本加工模块

在制造系统实际生产过程中，不同产品的加工方案、设备与人力资源协调、原料分配等都存在很多不同的组合和可能性，要提出一个适用于所用情况的通用WIP库存控制模型几乎不可能，因此，为了研究WIP库存对大多数制造系统性能

的影响，应先分析其共性，必须对实际制造过程进行相应的简化。复杂的控制模型实现起来太过困难，而过于简单的控制模型又显得脱离实际，没有实际应用价值，因此，模型简化和控制效果之间需要进行一些折中处理。

制造领域中，常用 BOM 表来对产品的零部件及其组件进行结构层次化表达，但其应用主要集中于装配环节，而对产品零部件的生产过程信息涵盖不多，加工工序单含有制造过程信息，但这些信息过于详细，不利于控制模型提取有用信息。因此，在这两种表格的基础上无法建立合适的 WIP 控制模型。针对该问题，工序清单（Bill Of Processes，BOP）概念的提出，补全了上述两种表达方式的不足之处。如图 9.1 所示，R_1^1 表示产品 P_1 的生产装配过程信息，可以分解为第二层 P_{11} 到 P_{1m_1} 的 n_1 个元件的实际装配加工环节；在第二层中，每一个装配加工环节按其工序需要可以将其操作过程继续往下一层分解，如 P_{11} 环节中的 R_{11}^i 表示将 P_{11} 环节中的第 i 个装配零部件所需要的加工装配操作动作，并且在完成第 i 个操作以后继续上行，对第 $i+1$ 个零部件完成操作，最后完成部件 P_{11} 这个环节的所有操作，后续环节与此类似。需要特别注意的是，在 BOP 清单最后一层的 R_{1m,n_1m}^1 并不代表实际的加工装配操作，而是表示所有进入产品 P_1 生产过程的外协部件的交付环节。

根据工序清单 BOP 图中表示出来的层次关系中可以看出，R_{xy}^1 表示组件 xy 连续加工或装配操作的最后一道工序，或者表示外协部件的递送过程，而 R_{xy}^k 表示组件 xy 加工装配过程的第一步操作。但 BOP 表中对产品加工制造过程的表达并不全面，仅是对其中主要加工步骤进行了信息提取，必要时可以对多个工段的操作过程进行合并以便得到制造系统中 WIP 库存控制的一个通用模型。

从图 9.1 中 BOP 标的层次结构可以看出，产品 P_1 的整个制造过程主要由两类活动构成，一类是纵向相连的串行操作（如零件的加工过程），另一类则是其横向相关的并行操作（如部件的装配过程）。因此，在建立制造系统 WIP 库存通用控制模型之前，必须对产品的整个制造过程进行必要的分析，简化相关单位，比如将机床、加工中心、表面处理设备等统一视为加工单位，然后根据产品制造过程分析结果建立 BOP 表。

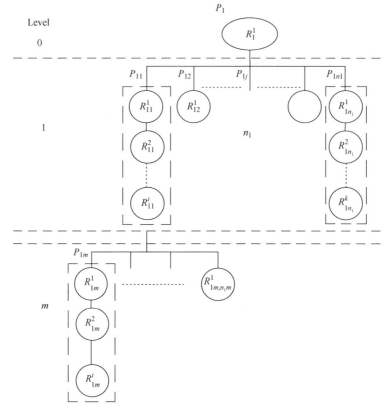

图 9.1　工序清单（BOP）

在制造生产物流控制系统的设计中，设计人员通常只对两个工段进行分析，因为整个制造过程可以看成由许多加工工段组成，只需要对相邻的两个加工工段进行分析建模，然后将这些模型拼成一个整体就成为总体的模型了。由于本章主要研究制造系统的加工环节的 WIP 库存的控制模型，因此，有关装配环节的并行模式不做讨论。

3. WIP 库存控制的控制模型

建立现代制造系统的 WIP 库存控制模型，最终目的是为了使制造系统的系统性能得到改善，而制造系统性能改善的目的则是为了使企业能够在短时间内完成更多的生产任务或订单，在激烈的市场竞争中赢得胜利。那么，我们在建模之前首先需要针对企业生产决策所确定的制造系统生产任务进行分析，将制造系统各个关键因素（如原材料供应、人力资源和生产设备加工能力等）与制造任务进行反复的协调平衡，从时间上对生产任务进行分解，从空间上对生产任务进行调度，将其落实到车间、制造单元等以保证任务的按时完成。但是，市场时刻在发生变化，用户对具体产品种类及数量的需求也在不断改变，这要求企业在应对市场变化时应该能够根据市场的趋势做出一些规律性的预测，以便在制订自身生产任务计划时可以根据实际做好需求计划。同时，由于预测和实际订单是不一致的，都是随着市场变化而变化的，若直接根据预测去安排生产或直接按照实际订单去生产，则可能会出现有时没活干，大量机器设备闲置，或有时忽然很多任务即便加班加点也无法完成生产任务的情况，这些不稳定、不均衡的生产安排将会给制造企业带来灾难性的后果。同时，如果出现了渐增的需求信息，而在制造系统调度策略中忽略了这一点，则库存会出现收支失衡、持续下降的情况；而如果出现突变阶跃需求信息，调度策略中同样忽略这一点的话，则会发生永久性库存短缺现象。因此，在建立制造系统的 WIP 库存控制模型时，企业在满足市场需求的同时，在适时调整其生产能力的前提下，应在控制模型中首先选择合适的预测前向通路，尽量降低制造系统中的生产率波动，维持企业的平稳运行。

本控制模型中的前向通路需求预测模块选择的预测平稳化公式为 $\dfrac{1}{1+T_a s}$，其中 T_a 为需求平稳时间常数，表示理想生产量达到实际需求量所需要花费的时间。由于本预测平稳化模块形式简单，类似控制理论中的一阶滞后表达公式，且所需数据存储量极少，对短期预测准确性较高，所以用在此处较为适宜。

其次，制造系统在实际加工过程中，其内部零部件、原材料等物资始终处于流动状态，每个加工工段都会有物资流入和流出，由于制造系统各个生产设备能力不同、物流系统运输时间不等及设备故障等随机干扰因素的影响，会导致各加工工段中的物资输入速率与产品输出速率存在差异，从而出现生产延迟现象。为了便于控制和统计分析，将各类延迟现象统一用生产延迟时间常数 T_p 来表示，其二项表达式如下。

$$e^{-T_p s} = \frac{1}{(1 + \dfrac{T_p s}{n})^n} \qquad (9.3)$$

式中，n 表示系统阶数。其中，$n=1$ 称为指数延迟，$n=3$ 称为立方延迟。

仿真实验及生产实践表明式（9.3）可以有效地协调生产过程复杂性与实验结果精确性之间的关系，且早已成功地应用到各种控制模型之中。同时，多年的仿真实验发现立方延迟方式难以控制，而指数延迟能够更好地体现出制造系统的流动性，并且也可以实现良好仿真效果。因此，本控制模型的加工过程模块就以生产延迟的形式表示，采用的指数生产延迟，其传递函数表达式为 $\dfrac{1}{1 + T_p s}$。式中，T_p 为已知值，和生产周期有关，通常认为其等于实际生产节拍，为不可控参数。

最后，在完成前两个模块的分析建模后发现，库存恢复速率对制造系统稳定运行也具有重要意义，因此，研究 WIP 库存控制模型时必须要考虑恢复库存的策略。在制造系统进行产品生产的过程中，传统的做法通常是在制定目标时，会留有一个单独的时间段用于恢复库存误差，以便起到控制库存量的作用。但是这样就会造成生产工段产生大量 WIP，从而使局部库存过量，后续工段又以低于需求的水平生产，直到库存回落到要求为止。如此反复，生产效率连续波动，必然导致生产成本的增加。因此，为了控制制造生产效率的波动性，减少生产现场 WIP 的堆积，本模型采用了前馈与反馈相结合的复合式控制结构，采用扰动补偿技术设计对恢复库存的反馈环节进行了设计，其前馈传递函数为 $\dfrac{1}{K_p}$。

由此，在参考 BOP 中加工模块的定义及上文所分析的三大控制模块的基础上，我们建立两个相邻工段间的 WIP 库存通用控制模型，如图 9.2 所示。其中，$D(s)$ 表示顾客需求，I_D 表示期望产品产量，I_A 表示实际产品产量，W_D 表示期望 WIP 库存量，W_A 表示实际 WIP 库存量。图 9.2 中积分环节 $\dfrac{1}{s}$ 表示时间的积累，即当生产指令完成速率减去顾客需求而产生的多余量经过一段时间后就会形成库存。在该控制模型中，制造系统是以拉动方式进行工作的，工段 1 通过给工段 2 发出 WIP 需求指令，带动工段 2 同时工作，它们之间通过工段 1 的生产率相互关联。而其中的三个关键的系统参数 K_{pk}、T_{ak}、$T_{pk}(k=1,2)$ 分别对应 WIP 库存控制模型中的库存恢复策略、需求平稳化策略及生产延迟策略，其取值大小决定了制造系统对顾客需求 $D(s)$ 的反应时间和库存恢复的速度。

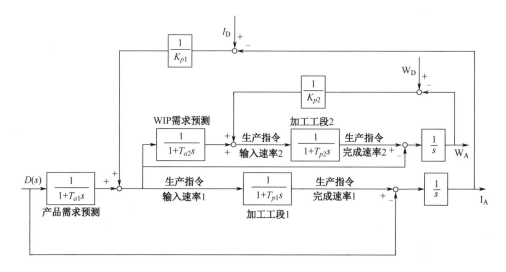

图 9.2　制造系统 WIP 库存通用控制模型

　　控制模型取不同的系统参数，进行不同形式的组合，对 WIP 库存的影响各不相同，要想取得较好的控制效果，使 WIP 库存始终维持在较低的水平，就需要采用合适的控制算法。而神经内分泌系统是人体各种激素调控中心，其能够稳定地调节人体内外环境的各种平衡，具有良好的自适应性和稳定性等优点。因此，借鉴神经内分泌系统中的部分调节机制提出了双层控制结构模型，并进一步将激素调节中的超短反馈机制应用到其中，并对制造系统 WIP 的通用控制模型进行了优化设计。

9.3 基于神经内分泌调节原理的智能控制器设计

9.3.1 神经内分泌系统的调节原理

作为人体内环境的调控中枢，神经内分泌系统具有良好的自适应性和稳定性，其调控原理属于控制理论中的闭环负反馈结构。内分泌系统中的激素调节过程可以描述为：中枢神经系统针对外界不同的刺激分泌对应的促分泌腺激素，以此对不同的腺垂体进行刺激，而对应的腺垂体则开始分泌内分泌腺体、分泌腺体激素，这些激素最终融入体液环境中，而其在体液环境中的浓度又可以反馈给中枢神经系统进行调节，从而使各种不同种类的激素可以根据身体内外环境的需要保持相应的浓度。

在神经内分泌调节过程中，其反馈回路主要分为长环反馈回路和超短反馈回路两种类型。在激素调节机制中，神经细胞因子感应体液环境中的激素浓度，并将其反馈到上层调控腺体，通常情况下，将靶腺或靶组织分泌化学物质或激素刺激与其对应的垂体分泌激素的这种反馈控制作用称为长环反馈，这是激素在人体内部发挥作用的主要方式。人体内分泌环节中典型的长环反馈回路主要包括如图 9.3 所示的 3 个轴，图中右半部分的实线反馈线路即为长环反馈回路，而虚线段部分表示腺体在分泌激素的同时不仅受到上级信息的刺激，还会感应自身分泌激素的浓度，并实时反馈进行调整，这种形式就是激素调节过程中的超短反馈回路，这是腺体在自分泌和旁分泌中的主要作用方式。

在人体系统中，内分泌调节一般是持久而缓慢的，这是由激素传递速度的缓慢性所决定的，就其本质的反馈结构而言，这种基于激素调节机制的控制模式是快速而有效的。图 9.3 的右半部分为抽象出来的控制框图，下丘脑分泌促激素，促激素刺激腺垂体分泌腺激素，腺激素由刺激对应的腺体分泌激素，发挥其生理调节作用；而体液内各种激素的浓度又通过神经因子传感回下丘脑和垂体，调节促激素和腺激素的分泌，最终使体液环境中的激素浓度达到动态平衡。

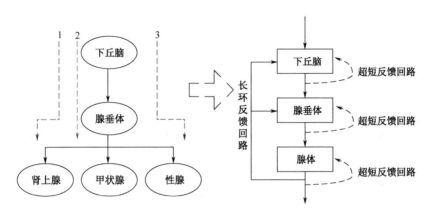

图 9.3 神经内分泌调节回路示意图

根据图 9.3 中的控制框图可以提取出两处关键控制信息，一处为双层反馈，另一处为自身的超短反馈。基于此，将下丘脑看作一级控制器，腺垂体看作二级控制器，而腺体则被看作被控对象。可以将原有控制对象设计成双层控制机构，如在 WIP 库存控制模型中，在原有控制结构的基础上可以考虑在各条分支控制路线上继续增加一层控制，以便实现快速调节的作用。根据超短反馈机制可以知道，激素 x 的分泌速度 S_x 还受自身浓度 C_x 的影响，其关系式为：

$$S_x = aF(C_x) + S_{x0} \qquad (9.4)$$

式（9.4）所表示的超短反馈实质上就是为了稳定快速调节激素浓度而对腺体自分泌的一种补偿行为。在一般的控制算法和模型中，往往很少考虑控制器输出信号对自身的反馈控制作用。因此，在上面双层控制结构的基础上，我们在第二层控制器中构建了超短反馈环节，以便进一步增加控制模型的快速性和稳定性。

9.3.2　基于神经内分泌系统的智能控制器设计

通过对神经内分泌系统的调控原理的分析可以得知，长环反馈回路依靠双层负反馈结构，利用第一层控制器根据反馈信息快速动态地改变第二层副控制器的期望值，从而实现稳定、快速地消除偏差的作用。超短环反馈回路的启发主要起自补偿的作用，根据激素动态调节的分泌规律实时补偿控制信号输出，促使控制器总体性能更加稳定。因此，受神经内分泌系统的调节机制的启发，我们设计了如图 9.4 所示的智能控制模型，将激素调节中的长环反馈结构和部分超短反馈机制应用到其中。

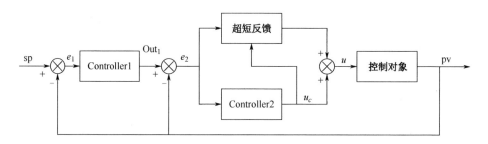

图 9.4　基于神经内分泌系统的智能控制模型

为了实现第一层控制单元 Controller 1 控制的快速性，通常选用 PID 中的 P 控制作为其控制规律。当控制偏差 $e_1(t)=0$ 时，$\text{Out}_1(t)$ 为系统输入设定值 sp；而当 $e_1(t)$ 不为 0 时，$\text{Out}_1(t)$ 会随着 $e_1(t)$ 的动态变化在设定值 sp 附近变化，其值为：

$$\text{Out}_1(t) = \text{sp} + K_{P1}e_1(t) \tag{9.5}$$

式中，K_{P1} 为 P 控制中的比例作用系数。K_{P1} 的值在一定范围内越大，则动态调控偏差能力就会越强，控制效果就会越好。同样，当 $K_{P1}=0$ 时，第一层控制单元将会失效，起不到任何调节作用；而如果 K_{P1} 超出规定范围后，其控制效果反而会变差，因为 K_{P1} 过大会导致振荡。

当控制偏差出现时，第一层控制单元输出值 $\text{Out}_1(t)$ 会动态地进行改变，即第二层控制单元的设定值 sp_2 会发生变化，二层控制单元的偏差 $e_2(t)$ 随之改变，其变化如下：

$$e_2(t) = \text{Out}_1(t) - \text{pv}(t) \tag{9.6}$$

为了更好地体现控制系统的快速性和稳定性，第二层控制单元不仅选用了 PID 控制算法，还引入了超短反馈机制，其中控制器 Controller 2 的输出量为：

$$u_c(t) = K_{P2}\left[e_2(t) + \frac{1}{T_{I2}}\int_0^t e_2(t)\mathrm{d}t + T_{D2}\frac{\mathrm{d}e_2(t)}{\mathrm{d}t}\right] \tag{9.7}$$

式中，K_{P2}、T_{I2} 和 T_{D2} 分别为 PID 控制算法中的比例作用系数、积分时间系数和微分时间系数。

如图 9.4 所示的控制结构，在第二层控制单元中，PID 控制器 Controller 2 的输出信号 $u_c(t)$ 首先反馈给超短反馈控制模块，由该模块按照非线性函数 $f(u(t))$ 处理后再与控制器 Controller 2 的输出信号叠加，通过对第二层控制单元输出的抑制或增强信号来改善控制系统的性能。参考神经内分泌系统的调控原理及 Farhy 的激素上升下降分泌规律，将 PID 控制器 Controller 2 输出信号的变化率 $\Delta u_c(t)$ 作为激素刺激信号，设计出超短环反馈回路的处理函数（取离散化形式），可表示为：

$$\begin{cases} f(\Delta u_c(k)) = a \cdot L_1 \cdot L_2 \cdot \left(\dfrac{\left(|\Delta u_c(k)|\right)^n}{1 + \left(|\Delta u_c(k)|\right)^n} + \beta\right) \\ L_1 = -\dfrac{e(k)}{|e(k)|} \cdot \dfrac{\Delta e(k)}{|\Delta e(k)|} \\ L_2 = \dfrac{\Delta u_c(k)}{|\Delta u_c(k)|} \end{cases} \tag{9.8}$$

其中，

$$\begin{aligned} \Delta u_c(k) &= u_c(k) - u_c(k-1) \\ &= K_{P2}\left\{e_2(k) - e_2(k-1) + \frac{T_s}{T_{I2}}e_2(k) + \frac{T_{D2}}{T_s}[e_2(k) - 2e_2(k-1) + e_2(k-2)]\right\} \end{aligned} \tag{9.9}$$

在式（9.8）中，$\Delta u_c(k)$ 为控制器 2 的离散化控制作用增量，其离散化表达式如式（9.9）所示，k 为计算步数，T_s 为采样时间；a 和 n 为系数因子，决定超短反馈模块的补偿幅度；β 为跟随性补偿系数，当 $\Delta u_c(k)=0$ 时，必须满足 $f(u_c(k))=0$；L_1 和 L_2 共同决定了控制偏差的变化方向和超短反馈的补偿方向，当被控量向着设定值靠拢时，控制作用减弱，反之，增强控制作用。

最终，整体模型的控制信号输出量 $u(k)$ 如式（9.10）所示：

$$u(k) = u_c(k) + f(\Delta u_c(k)) \tag{9.10}$$

基于神经内分泌双层反馈控制结构和超短控制机制的智能控制模型的建立，为制造系统中改良 WIP 库存控制模型提供了良好的思路，可以自适应地调节因控制系统中的部分控制参数设置不合理所带来的负面影响，提高制造系统 WIP 库存控制模型的动态控制性能。

9.4 基于多重反馈机制的 WIP 库存优化控制模型

基于上述研究发现，合理的 WIP 库存控制可以有效地调整制造系统生产过程中的单位时间原料流动速度、加工设备负荷及产品生产节拍，从而缩短生产周期，控制制造成本。从图 9.2 所示的控制模型框图中可以看出，控制参数的不同取值，不同的参数组合形式，对控制模型性能的影响很大，良好的参数选择可以获得优秀的控制性能。要想获得良好的控制性能，必须要选用合适的控制算法以获取优良的控制系统参数，比如使用 PI 控制或 PID 控制等。而经过几十亿年的进化，生物在自然界的优胜劣汰中演变出了优异的内部控制系统，而其中又尤其以人体神经内分泌调节系统最为典型，在 9.3 节中可以看出，人体神经内分泌的调节原理具有良好的控制结构和特性，借鉴其双重反馈控制结构和超短反馈控制机制，可以构建出优良的控制结构和算法。根据相关研究表明，在离散制造业的 WIP 库存控制中成功运用 PI 控制器的案例并不多见，因此，受神经内分泌系统多重控制机制的启发,我们对制造系统 WIP 库存控制模型的改良研究是一个非常有益的尝试。

9.4.1　基于神经内分泌系统的 WIP 库存优化控制模型

以图 9.2 中的 WIP 库存通用控制模型为基础,采用多重反馈机制的智能控制算法对类生物化制造系统中的 WIP 库存进行控制,维持制造系统可以在最优的性能状态下工作,其优化后的基本模型如图 9.5 所示。

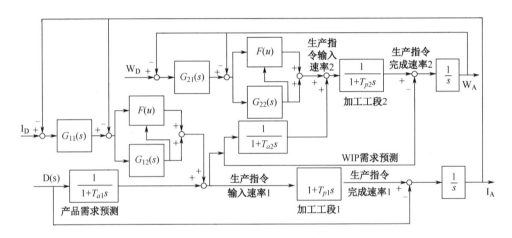

图 9.5　类生物化制造系统 WIP 库存优化控制模型

图 9.5 为基于多重反馈机制的类生物化制造系统 WIP 库存优化控制模型,其在每个加工工段中均串联了带有超短反馈机制的控制器,并以级联控制方式连接在原模型中,通过第一层对实际生产状态的反馈来快速调节第二层的输入,而第二层又通过对生产指令的自身反馈来调整生产指令的输入速率,从而实现对 WIP 的库存的动态调整。

WIP 库存优化控制模型的目标就是能够快速地响应制造系统中的各种动态需求,在保证制造系统能够顺利运行的基础上,提高系统性能。因此,在出现干扰时,过渡过程中的波动程度不可以太大,调整时间也需要控制在合适的范围内,否则会导致控制性能降低。所以，本模型选用控制偏差 $e(t)$ 对时间的积分鉴定为目标函数。如表 9.1 所示为 5 种常见的积分鉴定函数，其中只有第一种指标偏差积分鉴定 IE 相对容易进行解析分析，其余 4 种函数都很难求得解析解。并且对于 PID 算法而言，IE 还包含另外一层重要含义：$IE=T_{ik}$，即可以通过对 PID 控制算法中积分系数的优化设计和选择快速地调控系统性能指标。因此，本模型选用偏差积分鉴定函数 IE 作为控制指标。

表 9.1　常见的积分鉴定函数

函 数 名 称	函 数 公 式
偏差积分鉴定	$IE = \int_0^\infty e(t)\mathrm{d}t$
偏差绝对值积分鉴定	$IAE = \int_0^T |e(t)|\mathrm{d}t$
偏差二次方积分鉴定	$ISE = \int_0^\infty e^2(t)\mathrm{d}t$
偏差绝对值时间积分鉴定	$ITAE = \int_0^T t|e(t)|\mathrm{d}t$
偏差二次方时间积分鉴定	$ITSE = \int_0^\infty te^2(t)\mathrm{d}t$

9.4.2　WIP 库存优化控制模型中的控制参数设计

类生物化制造系统的 WIP 库存优化控制系统的主要任务是实时监测各个加工工段的工作状态，对突发事件或随机干扰合理地进行处理，及时对生产环节中的 WIP 库存量进行调节。虽然基于神经内分泌系统的多重反馈机制的控制结构可以有效地提高控制系统的敏捷性和稳健性，但是，控制模型中需求平稳时间常数 T_a，库存恢复常数 K_p，多重控制算法中的 PID 参数设定等均会对 W_A 的变化产生不同的影响。并且在不同的加工工段，相同参数的取值也是相互关联的，如图 9.2 所示的通用控制模型中，T_{a1} 和 K_{p1} 取值越大，加工工段 1 的实际 WIP 库存 W_{A1} 波动幅度就越小，而当 T_{a2} 和 K_{p2} 取值变大时，W_{A1} 的变化幅度却会随之变大。因此，对控制模型中的参数要进行分析研究，合理选择和优化设计相关控制参数，以保证类生物化制造系统在遇到各种市场变化时，可以将 W_{A1} 的波动维持在最小值，这也是本节采用神经内分泌系统智能控制模型的原因。

定义 1： 制造系统稳定运行且相邻工段间的 WIP 库存量最小的状态，称为制造系统生产过程的最优状态。定义 W_i^b 为制造系统生产最优状态时加工工段 i 在制品库存 W_{ipi} 中的工件数量，W_i^s 则表示此时该工段制品库存 W_{ipi} 中剩余空间，则：

$$W_{ipi} = W_i^b + W_i^s, \qquad W_i^b \geqslant 0, W_i^s \geqslant 0 \qquad (9.11)$$

为了保证生产的连续性，在对模型参数进行设计时，选取制造系统生产过程中的中间三个相邻的加工工段为研究对象。假定在时间 t_1 来临之前，制造系统正处于最优状态，此时，加工工段 i 发生故障，工段 $i-1$ 和工段 $i+1$ 继续工作。在 t_2 时刻，WIP 库存 Wip_{i-1} 被加工工段 $i-1$ 的成品充满，工段 $i-1$ 停止生产。同样，在 t_3 时刻，工段 i 的 WIP 库存 W_i^b 被加工工段 $i+1$ 耗尽，被迫停机待料。直到时间 t_4 后，加工工段 1 恢复正常，三个工段一起恢复生产。其三个加工工段的产量-时间关系图如图 9.6 所示。

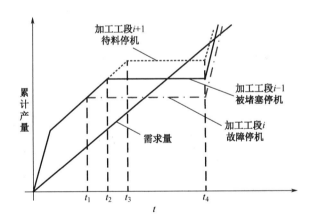

图 9.6 加工工段时间与产量关系图

从图 9.6 可以看出，当需求稳定时，因机器故障带来的干扰会因为 WIP 的库存而得到一定程度缓解，减少生产延误时间，因此，在 WIP 库存优化控制模型中选择需求平稳时间常数 T_{ak} 和恢复库存反馈环节中的 K_{pk} 时，需要认真考虑制造系统中设备故障带来的影响。

定义 2： 假设在制造系统运行过程中，加工工段故障与除时间因素的其他因素均无关联，其工作时间符合正态分布规律，加工工段 k 出现故障的时间概率为 p_k，即其工作时间数学期望为 $1/p_k$；修复的时间概率为 r_k，即其数学期望为 $1/r_k$，则加工工段连续两次故障的时间间隔为 $1/p_k + 1/r_k$。

因为制造系统的加工工段只有在生产运行时才会出现被阻塞或者待料，所以，引入两个时间变量：工段阻塞时间 t_i^b 和工段待料时间 t_i^s。在时间段 $1/p_{i-1} + 1/r_{i-1}$ 内，加工工段 i-1 的待料时间为 t_{i-1}^s/p_{i-1}，所以待料和故障时间为 $t_{i-1}^s/p_{i-1} + 1/r_{i-1}$。当加工工段 i-1 待料或者故障无法生产时，下一级加工工段 i 在时间段 $1/p_i + 1/r_i$ 内，其正常工作的平均时间为：

$$t_i^n = \frac{W_{i-1}^b}{\overline{\mu}_i} \tag{9.12}$$

式中，$\overline{\mu}_i$ 为工段 i 的平均生产率。

当加工工段 i-1 待料或者出现故障无法生产时，加工工段 i 被堵塞或因故障停机的平均时间为：

$$t_i^q = \left(\frac{1}{r_{i-1}} + \frac{t_{i-1}^s}{p_{i-1}}\right)\left(\frac{\dfrac{1}{r_i} + \dfrac{t_i^b}{p_i}}{\dfrac{1}{r_i} + \dfrac{1}{p_i}}\right) \tag{9.13}$$

当加工工段 i-1 待料或者出现故障无法生产时，加工工段 i 待料的平均时间为：

$$t_i^w = \frac{t_i^s}{p_i}\left(\frac{r_i p_i}{r_i + p_i}\right)\left(\frac{1}{r_{i-1}} + \frac{1}{p_{i-1}}\right) \tag{9.14}$$

又因为 $t_i^n + t_i^q + t_i^w = 1/r_{i-1} + f_{i-1}^s/p_{i-1}$，将式（9.12）、式（9.13）和式（9.14）代入得

$$t_i^s = \left(\frac{1}{r_{i-1}} + \frac{t_{i-1}^s}{p_{i-1}} - \frac{W_{i-1}^b}{D}\right)\left(\frac{1 - t_i^b}{\dfrac{1}{r_{i-1}} + \dfrac{1}{p_{i-1}} - \dfrac{W_{i-1}^b}{D}}\right) \geqslant 0 \tag{9.15}$$

式中，参数 D 表示任务需求。

同理可得，

$$t_i^b = \left(\frac{1}{r_{i+1}} + \frac{t_{i+1}^b}{p_{i+1}} - \frac{W_i^s}{D} \right) \left(\frac{1 - t_i^s}{\dfrac{1}{r_{i+1}} + \dfrac{1}{p_{i+1}} - \dfrac{W_i^s}{D}} \right) \geqslant 0 \qquad (9.16)$$

所以，要想满足生产需求，保证制造系统顺利运行，则必须满足

$$t_i^b + t_i^s \leqslant 1 - \frac{D}{r_i}(r_i + p_i) \qquad (9.17)$$

因此，在设置需求平稳时间常数 T_{ak} 和恢复库存反馈环节 K_{pk} 时，需要考虑加工工段 i 可能遇到的故障、堵塞和待料等多种情况，其中，$T_{ak}' = T_{ak} + t_i^b + t_i^s$。

对于 WIP 库存优化控制模型中每个工段的制造过程为开环函数 $(1/s) \times [1/(T_{pk}s+1)]$，双层控制结构中的控制器也需要设置参数，此处，选择第一层控制器 $G_{11}(s)$、$G_{21}(s)$ 为比例控制环节，第二层控制器为 PID 控制器，其在附加了超短反馈机制后，输出函数如式（9.10）所示。针对单个加工工段 k 而言，其对应的开环传递函数为 $G_k(s)=G_{ck}(s)G_{pk}(s)$，$G_{ck}(s)$ 表示控制器的传递函数，而 $G_{pk}(s)$ 表示该工段 k 的生产过程传递函数。针对各个工段的 PID 控制器采用逐个优化的方式进行设置，其参数优化设置模型为：

$$\max f_k(K_{pk}, K_{ik}) = K_{ik}, \left| S_k(j\omega) \right| - M_{sk} \leqslant 0 \qquad (9.18)$$

式中，$S_k(s) = 1 / \left(1 + G_k(s) \right)$，为该工段的灵敏度函数；$M_{sk} = \max \left| G_k(s) / \left(1 + G_k(s) \right) \right|$，为该工段的补灵敏度函数。

9.5　应用实例

9.5.1　问题描述

以某汽车发动机生产有限公司的某零件生产制造过程为例，对本章所设计的

WIP 库存智能控制模型进行验证。根据厂家调研结果，该零件的制造主要包括毛坯处理、机械加工和表面处理三道主要加工过程，对应控制模型如图 9.7 所示。各个加工工段的生产延迟时间常数分别为 $T_{p1}=T_{p3}=10$，$T_{p2}=50$；各个工段故障发生概率为 $p_k=0.02$，（$k=1,2,3$）；故障排除修复概率为 $r_k=0.8$，（$k=1,2,3$）；其生产过程传递函数为 $G_{pk}(s)=1/(T_{pk}s^2+s)$，（$k=1,2,3$）。

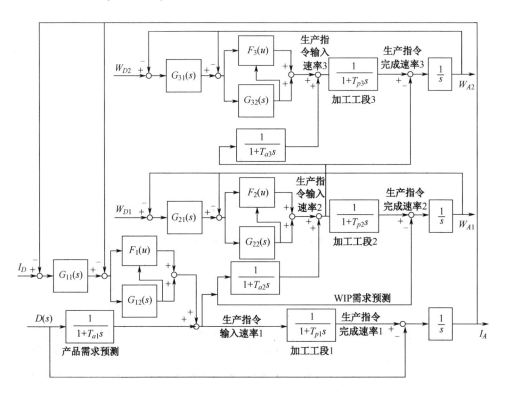

图 9.7　零件生产过程中 WIP 库存优化控制模型

9.5.2　实验结果分析

为了充分验证本模型控制的优良特性，针对三种可能出现的需求信息进行仿真实验，其分别是阶跃需求信号、锯齿形需求信号和正态分布需求信号，并将实验结果与原基础通用控制模型及仅使用 PID 控制的通用模型的仿真实验结果进行比较。

根据式（9.15）至式（9.17）修正需求平稳时间常数 T_{ak}，调研结果 $T_{a1}=10$，$T_{a2}=1$，$Ta3=0.1$；根据式（9.11）及实际调研情况，工段间理想库存量 $W_{D1}=W_{D2}=150$ 件；根据式（9.18）对 3 个工段中的第 2 层控制单元中的控制参数进行设置，见表 9.2。

表 9.2   曲轴生产线各加工工段第 2 层控制器参数设置

控制参数	$G_{12}(s)$	$G_{22}(s)$	$G_{32}(s)$
K_p	9.2	2.87	9.2
K_i	35.4	27.02	35.4
M_s	1.2	1.4	1.2
M_p	0.99	0.99	0.99

不同的激励信号可以反映控制系统的不同性能，阶跃信号波形简单且易于观察，可以反映控制系统的快速反应能力，即其动态特性；而锯齿形需求信号则代表周期性干扰对控制系统的影响，反映控制系统承受周期性干扰的能力。采用正态分布需求信号的原因是，在实际生产销售过程中，市场由于受多方面因素的影响，其对各种产品的需求往往存在很大的随机性，而在统计实践中应用最广泛的一种随机数据形式是正态分布，通常表示为 $X: N(\mu,\sigma)$。WIP 库存控制模型选用这 3 种需求信号针对 3 种不同的控制方式进行对比试验，其各工段实际 WIP 库存 W_{A1} 的变化曲线如图 9.8 至图 9.10 所示。

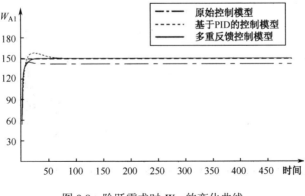

图 9.8   阶跃需求时 W_{A1} 的变化曲线

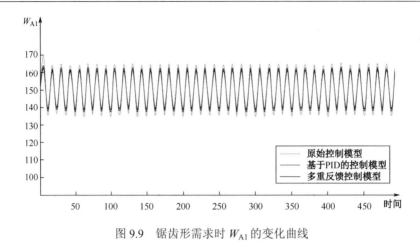

图 9.9　锯齿形需求时 W_{A1} 的变化曲线

　　根据仿真结果可以看出，采用神经内分泌机制的 WIP 库存优化控制模型在顾客需求 $D(s)$ 发生变化时的库存波动幅度最小，并且恢复需求曲线时间最短。而仅使用 PID 控制的库存模型中，在应对阶跃需求（如生产设备突发故障、紧急订单的加入等）和锯齿状需求信号（如产品市场需求季节性波动、生产设备定期检修导致生产能力下降等）时，其控制效果反而不如简单通用模型好，这是因为 PID 控制中的积分效应加剧了波动过程，但在符合实际情况的正态分布的随机信号激励下，积分效应却可以平缓控制输出，取得良好的控制效果。

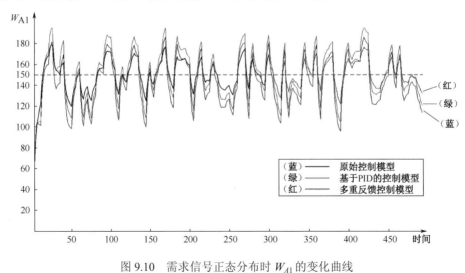

图 9.10　需求信号正态分布时 W_{A1} 的变化曲线

一个优秀的控制系统，除了具有准确性和快速性的特性，还应该具有良好的稳健性，当受控对象 $G_{pk}(s)$ 的参数发生变化时，整个控制系统对其并不敏感，即该控制模型对加工过程和加工时间的变化具有稳健性。在加工时间呈指数延迟时，本模型通过 30 次仿真实验，可以得到 WIP 实际库存量 W_{A1} 和 W_{A2} 的偏差平方值，其分布曲线如图 9.11 所示。从图 9.11 上可以看出，基于优化控制模型中的 WIP 的实际库存量 W_{A1} 和 W_{A2} 的偏差平方值 s^2 始终在 5.53 左右波动，而其余两种控制模型中的偏差平方值 s^2 均远远大于 5.53，这说明相比较而言，基于多重反馈机制的 WIP 库存控制模型的稳健性最好。

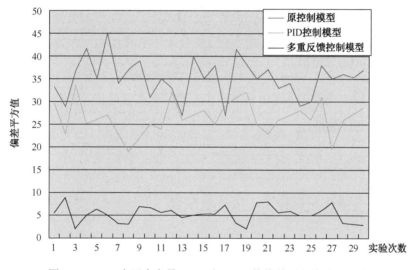

图 9.11　WIP 实际库存量 WA1 和 WA2 的偏差平方值分布曲线

因此，无论是从仿真波形的波动幅度和调节时间上，还是从被控制量的偏差平方值的分布上，均可以看出：基于神经内分泌多重反馈机制的 WIP 库存控制模型在应对各种意外扰动时可以有效地控制 WIP 的库存，使其维持在系统期望的水平，并通过合理地控制 WIP 库存减少单位时间内流入制造系统的原料数量，降低产品的制造成本。同时，通过对 WIP 库存波动幅度的控制可以做到稳定生产节拍，缩短生产周期，保证了现代制造系统的顺利运行。

9.6 本章小结

　　本章将神经内分泌系统中的双层反馈控制结构和超短反馈控制机制结合起来，对类生物制造系统中的 WIP 库存控制模型进行研究。首先，根据国内外现有的各种 WIP 库存控制模型和方法，建立了类生物化制造系统 WIP 库存的通用控制框架。其次，通过对内分泌系统的多重反馈控制结构和超短反馈控制机制的研究，在已有的类生物化制造系统控制框架的基础上，建立了双层控制模型，第一层单元根据实时偏差快速调节第二层输入，而第二层控制单元则利用超短反馈机制快速稳定控制输出，从而设计出了新型改良的类生物化制造系统 WIP 库存优化控制模型。最后，通过具体案例的仿真实验对其控制性能进行分析，验证了其合理性、可行性和优越性。

参 考 文 献

[1]   Aleksandra Z, Monika T, et al. Manufacturing of peptides exhibiting biological activity[J]. Amino Acids, 2013, 44(2): 315-320.

[2]   Baruwa, OT, Piera, MA. A coloured Petri net-based hybrid heuristic search approach to simultaneous scheduling of machines and automated guided vehicles[J]. International Journal of Production Research 2016, 54(16): 4773-4792.

[3]   Carlos H, Sana BB, Andre T. Viable System Model Approach for Holonic Product Driven Manufacturing Systems[J]. Studies in Computational Intelligence, 2012(402): 169-181.

[4]   Confessore G, Fabiano M and Liotta G. A network flow based heuristic approach for optimising AGV movements[J]. Journal of Intelligent Manufacturing, 2013, 24(2): 405-419.

[5]   Dai M, Tang DB, Adriana G, et al. Multi-objective optimization for energy-efficient flexible job shop scheduling problem with transportation constraints[J].

Robot ComputIntegr Manuf 2019, 59: 143-157.

[6] 丁永生著. 基于生物网络的智能控制与优化[M]. 北京：科学出版社，2010.

[7] Duflou J R, Sutherland J W, Dornfeld D, et al. Towards energy and resource efficient manufacturing: A processes and systems approach[J]. CIRP Annals-Manufacturing Technology, 2012, 61(2): 587-609.

[8] Du Juan, Yan Xianguo. Multi-agent system for process planning in STEP-NC based manufacturing [J]. Research Journal of Applied Sciences, 2012, 4(20): 3865-3871.

[9] Farhy L S. Modeling of oscillations in endocrine networks with feedback[J]. Numerical Computer Methods, 2004, 384: 54-81.

[10] FIPA Iterated Contract Net Interaction Protocol Specification.[EB/OL] http://www.fipa.org /specs/ fipa00030/SC00030H.pdf

[11] 国家自然科学基金委员会工程与材料科学部. 机械工程学科发展战略报告（2011—2020）[M]. 北京：科学出版社，2010.

[12] 顾文斌, 唐敦兵, 郑坤. 基于激素调节原理的隐式协调机制的应用研究[J]. 机械科学与技术，2014，33（10）：103-112.

[13] 顾文斌，唐敦兵，郑堃，基于内分泌调节原理的制造任务与资源动态协调机制研究[J]. 中国机械工程，2015，26（11）：1471-1477.

[14] Guangjie Han, Xu Miao, Hao Wang, Mohsen Guizani, Wenbo Zhang. CPSLP: A Cloud-Based Scheme for Protecting Source-Location Privacy in Wireless Sensor Networks Using Multi-Sinks[J]. IEEE Transactions on Vehicular Technology 2019, 68(3): 2739-2750.

[15] Gutowski TG, Branham MS, Dahmus JB, et al. Thermodynamic analysis of resources used in manufacturing processes[J]. Environmental Science and Technology, 2009, 43(5): 1584-1590.

[16] 黄国锐，曹先彬. 基于内分泌调节机制的行为自组织算法[J]. 自动化学报，

2004，30（3）：460-465.

[17] 何平，刘光复，周丹，等. 面向能量优化的产品设计方案评价方法[J]. 农业机械学报，2013，44（3）：219-224.

[18] Ingeneer LD, Mathieux F, Brissaud D. A new 'in-use energy consumption' indicator for the design of energy-efficient electr (on) ics[J]. Journal of Engineering Design, 2012, 23(3): 217-235.

[19] Jana KT, Bairagi B, Paul S, et al. Dynamic schedule execution in an agent based holonic manufacturing system[J]. Journal of Manufacturing Systems 2013, 32 (4): 801-816.

[20] 贾顺，唐任仲，吕景祥. 基于动素的切削功率建模方法及其在车外圆中的应用[J]. 计算机集成制造系统，2013，19（5）：1015-1024.

[21] Kennedy J, Eberhart R. Particle swarm optimization[C]. Proceedings of the 1995 IEEE International Conference on Neural Networks Part 1 (of 6), November 27, 1995 - December 1, 1995, Perth, Aust: IEEE, 1995: 1942-1948.

[22] Khaliq Ali Abdul, Di Rocco Maurizio, Saffiotti Alessandro. Stigmergic algorithms for multiple minimalistic robots on an RFID floor[J]. Swarm Intelligence, 2014, 8(3): 199-225.

[23] Kirkpatrick S, Gelatt CD, Vecchi MP. Optimization by Simulated Annealing[J]. Science, 1983, 220(4598): 671-680.

[24] Komenda J, Masopust T, et al. Coordination control of distributed discrete-event systems[J]. Lecture Notes in Control and Information Sciences, 2013, 433(3): 147-167.

[25] Kun Zheng, Dunbing Tang, Wenbin Gu, et al. Distributed control of multi-AGV system based on regional control model[J]. Production Engineering Research and Development, 7(4): 433-441, 2013.

[26] Kun Zheng, Dunbing Tang, Adriana Giret, et al. Dynamic shop floor

re-scheduling approach inspired by a neuroendocrine regulation mechanism[J]. Proc IMechE Part B: J Engineering Manufacture, 229 (S1): 121-134, 2015.

[27] 路甬祥. 走向绿色和智能制造——中国制造发展之路[J]. 中国机械工程, 2010，21（04）：379-386.

[28] Lv Min, Gao Tong, Zhang Nian. Research of AGV scheduling and path planning of automatic transport system[J]. International Journal of Control and Automation 2016, 9(4): 1-10.

[29] Li GM, Zeng B, Liao W, et al. A new AGV scheduling algorithm based on harmony search for material transfer in a real-world manufacturing system[J]. Advances in Mechanical Engineering 2018, 10(3).

[30] 林广栋，王煦法. 人工内分泌系统调节人工神经网络的动态控制模型[J]. 中国科学技术大学学报. 2012，42（2）：148-153，160.

[31] 吕君. 供应链任务分配和决策机制研究[J]. 北京理工大学学报，2011，13（5）：34-43.

[32] 李义华. 基于多智能体的物流配送车辆调度决策方法研究[D]. 长沙：中南大学，2012.

[33] Lei J, Yang ZY. Disturbance management design for a holonic multiagent manufacturing system by using hybrid approach [J]. Applied Intelligence, 2013, 38(3): 267-278.

[34] 刘飞，刘霜. 机床服役过程机电主传动系统的时段能量模型[J]. 机械工程学报，2012，48（21）：132-140.

[35] Liu Y, Dong H, Lohse N, et al. An investigation into minimising total energy consumption and total weighted tardiness in job shops[J]. Journal of Cleaner Production, 2014, 65(0): 87-96.

[36] Leitão P. A holonic disturbance management architecture for flexible manufacturing systems[J]. International Journal of Production Research, 2011, 49(5):

1269-1284.

[37]   Merdan M, Moser T, Sunindyo W, et al. Workflow scheduling using multi-agent systems in a dynamically changing environment[J]. Journal of Simulation, 2013, 7(3): 144-158.

[38]   Mativenga P T, Rajemi M F. Calculation of optimum cutting parameters based on minimum energy footprint[J]. CIRP Annals-Manufacturing Technology, 2011, 60(1): 149-152.

[39]   宁光，编. 内分泌学高级教程[M]. 北京：人民军医出版社，2011.

[40]   Nabovati H, Haleh H, Vandani B. Fuzzy multi-objective optimization algorithms for solving multi-mode automated guided vehicles by considering machine break time and artificial neural network[J]. Neural Network World 2018, 28(3): 255-283.

[41]   Nylund H, Salminen K, Andersson PH. Framework for Distributed Manufacturing Systems[J]. Enabling Manufacturing Competitiveness and Economic Sustainability. 2012: 172-177.

[42]   Ounnar F, Pujo P. Pull control for job shop: Holonic manufacturing system approach using multicriteria decision-making[J]. Journal of Intelligent Manufacturing, 2012, 23(1): 141-153.

[43]   Paulo Leitao, Francisco Restivo. ADACOR: A holonic architecture for agile and adaptive manufacturing control[J]. Computers in Industry, 2006, 57(2): 121-130.

[44]   Qin L and Kan S. Production Dynamic Scheduling Method Based on Improved Contract Net of Multi-agent[J]. In: Du Z (eds) Intelligence Computation and Evolutionary Computation. Berlin Heidelberg: Springer, 2013, pp. 929-936.

[45]   戚赗徽，王淑旺，刘光复，等. 面向能量优化的产品结构要素组合设计[J]. 机械工程学报，2008，44（1）：161-167.

[46]   Radakovic M, Obitko M, Marik V. Dynamic explicitly specified behaviors in

distributed agent-based industrial solutions[J]. Journal of Intelligent Manufacturing, 2012, 23(6): 2601-2621.

[47]　Renna P. Multi-agent-based scheduling in manufacturing cells in a dynamic environment [J]. International Journal of Production Research 2011, 49 (5): 1285-1301.

[48]　Renna P. Job shop scheduling by pheromone approach in a dynamic environment [J]. International Journal of Computer Integrated Manufacturing. 2010, 23(5): 412-424.

[49]　Reiss M, Ehrenmann F. Next generation in Holonic, Bionic and fractal manufacturing-Empirically based prospects for the development of mainstream production concepts [J]. ZWF Zeitschrift fuer Wirtschaftlichen Fabrikbetrieb, 2011, 106(12): 949-954.

[50]　Smith, R.G. The contract net protocol: high-level communication and control in distributed problem solver[J]. IEEE Transaction on Computers, 1980, 29: 1104-1113.

[51]　Seok Shin K, Park J-O, Keun Kim Y. Multi-objective FMS process planning with various flexibilities using a symbiotic evolutionary algorithm[J]. Computers and Operations Research, 2011, 38(3): 702-712.

[52]　Seow Y, Rahimifard S, Woolley E. Simulation of energy consumption in the manufacture of a product[J]. International Journal of Computer Integrated Manufacturing, 2013, 26(7): 663-680.

[53]　Umar, UA, Ariffin, MKA, Ismail, N, Tang, SH. Hybrid multi-objective genetic algorithms for integrated dynamic scheduling and routing of jobs and automated-guided vehicle (AGV) in flexible manufacturing systems (FMS) environment[J]. International Journal of Advanced Manufacturing Technology 2015, 81(9-12): 2123-2141.

[54] Wenbin Gu, Dunbing Tang, Kun Zheng, A neuroendocrine-inspired bionic manufacturing system[J]. Journal of Systems Science and Systems Engineering, 2011, 20(3): 275-293.

[55] Wenbin Gu, Yuxin Li, Zheng Kun, Yuan Minghai. A bio-inspired scheduling approach for machines and automated guided vehicles in flexible manufacturing system using hormone secretion principle[J]. Advances in Mechanical Engineering, 2020, Vol. 12(2) 1-17.

[56] 王秋莲, 刘飞. 数控机床多源能量流的系统数学模型[J]. 机械工程学报, 2013, 49 (7): 5-12.

[57] 汪恭叔, 唐立新. 并行机实时调度问题的 LR&CG 算法[J]. 控制与决策, 2013, 28 (6): 829-836.

[58] Yeung W L. Formal verification of negotiation protocols for multi-agent manufacturing systems[J]. International Journal of Production Research, 2011, 49(12): 3669-3690.

[59] Zhao L P, Qin Y T, et al. A system framework of inter-enterprise machining quality control based on fractal theory[J]. Enterprise Information Systems, 2014, 8(2): 336-353.

[60] Zhang L, Gao L, Li X. A hybrid genetic algorithm and tabu search for a multi-objective dynamic job shop scheduling problem[J]. International Journal of Production Research, 2013, 51(12): 3516-3531.

读者调查表

尊敬的读者：

    自电子工业出版社工业技术分社开展读者调查活动以来，收到来自全国各地众多读者的积极反馈，他们除了褒奖我们所出版图书的优点外，也很客观地指出需要改进的地方。读者对我们工作的支持与关爱，将促进我们为您提供更优秀的图书。您可以填写下表寄给我们（北京市丰台区金家村 288#华信大厦电子工业出版社工业技术分社　邮编：100036），也可以给我们电话，反馈您的建议。我们将从中评出热心读者若干名，赠送我们出版的图书。谢谢您对我们工作的支持！

姓名：＿＿＿＿＿＿　性别：□男　□女　年龄：＿＿＿＿＿　职业：＿＿＿＿＿＿

电话（手机）：＿＿＿＿＿＿＿＿＿　E-mail：＿＿＿＿＿＿＿＿＿＿＿＿＿＿＿＿

传真：＿＿＿＿＿＿＿　通信地址：＿＿＿＿＿＿＿＿＿＿＿　邮编：＿＿＿＿＿＿＿

1. 影响您购买同类图书因素（可多选）：

□封面封底　　□价格　　　　□内容提要、前言和目录　　□书评广告　□出版社名声
□作者名声　　□正文内容　　□其他＿＿＿＿＿＿＿＿＿＿＿＿＿＿＿

2. 您对本图书的满意度：

从技术角度	□很满意	□比较满意	□一般	□较不满意	□不满意
从文字角度	□很满意	□比较满意	□一般	□较不满意	□不满意
从排版、封面设计角度	□很满意	□比较满意	□一般	□较不满意	□不满意

3. 您选购了我们哪些图书？主要用途？＿＿＿＿＿＿＿＿＿＿＿＿＿＿＿＿＿＿＿

4. 您最喜欢我们出版的哪本图书？请说明理由。

＿＿＿＿＿＿＿＿＿＿＿＿＿＿＿＿＿＿＿＿＿＿＿＿＿＿＿＿＿＿＿＿＿＿＿＿＿＿

5. 目前教学您使用的是哪本教材？（请说明书名、作者、出版年、定价、出版社），有何优缺点？

＿＿＿＿＿＿＿＿＿＿＿＿＿＿＿＿＿＿＿＿＿＿＿＿＿＿＿＿＿＿＿＿＿＿＿＿＿＿

6. 您的相关专业领域中所涉及的新专业、新技术包括：

＿＿＿＿＿＿＿＿＿＿＿＿＿＿＿＿＿＿＿＿＿＿＿＿＿＿＿＿＿＿＿＿＿＿＿＿＿＿

7. 您感兴趣或希望增加的图书选题有：

＿＿＿＿＿＿＿＿＿＿＿＿＿＿＿＿＿＿＿＿＿＿＿＿＿＿＿＿＿＿＿＿＿＿＿＿＿＿

8. 您所教课程主要参考书？请说明书名、作者、出版年、定价、出版社。

＿＿＿＿＿＿＿＿＿＿＿＿＿＿＿＿＿＿＿＿＿＿＿＿＿＿＿＿＿＿＿＿＿＿＿＿＿＿

邮寄地址：北京市丰台区金家村 288#华信大厦电子工业出版社工业技术分社
邮编：100036　电话：18614084788　E-mail：lzhmails@phei.com.cn
微信 ID：lzhairs/ 18614084788　联系人：刘志红

电子工业出版社编著书籍推荐表

姓名		性别		出生年月		职称/职务	
单位							
专业				E-mail			
通信地址							
联系电话				研究方向及教学科目			

个人简历（毕业院校、专业、从事过的以及正在从事的项目、发表过的论文）

您近期的写作计划：

您推荐的国外原版图书：

您认为目前市场上最缺乏的图书及类型：

邮寄地址：北京市丰台区金家村 288#华信大厦电子工业出版社工业技术分社
邮编：100036　电话：18614084788　E-mail：lzhmails@phei.com.cn
微信 ID：lzhairs/18614084788　联系人：刘志红